SHUIGONG SUIDONG GAOWAISHUI YALI
ZUOYONG YU SHENKONG

水工隧洞高外水压力作用与渗控

朱国金　徐卫亚　向天兵　杨小龙　何剑英　等◎著

河海大学出版社
HOHAI UNIVERSITY PRESS
·南京·

内容简介

本书基于长期的水工隧洞理论研究及工程实践，围绕高外水压力作用机理及渗控工程，主要论述了水工隧洞外水压力计算方法、水工隧洞高外水压力数值模拟分析、水工隧洞高外水压力作用模型试验设计、均质围岩及含有不连续结构面分布的水工隧洞高外水压力物理模型试验研究、水工隧洞高外水压力监测技术、高外水压力下水工隧洞全阶段渗控及滇中引水典型工程案例研究。

本书可供高等院校、科研机构、勘测设计及施工管理等单位在水电水利、土木工程、能源工程、交通工程、地质工程和防灾减灾等领域的教学科研人员、工程技术和管理人员，以及相关学科领域的研究生参考使用。

图书在版编目(CIP)数据

水工隧洞高外水压力作用与渗控 / 朱国金等著. --南京：河海大学出版社，2024.9
ISBN 978-7-5630-8860-7

Ⅰ.①水… Ⅱ.①朱… Ⅲ.①深埋隧道－长大隧道－水工隧洞－水压力－研究 Ⅳ.①TV554

中国国家版本馆 CIP 数据核字(2023)第 257378 号

书　　名	水工隧洞高外水压力作用与渗控 SHUIGONG SUIDONG GAOWAISHUI YALI ZUOYONG YU SHENKONG
书　　号	ISBN 978-7-5630-8860-7
责任编辑	齐　岩
文字编辑	史　婷
特约校对	李　萍
装帧设计	徐娟娟
出版发行	河海大学出版社
网　　址	http://www.hhup.com
地　　址	南京市西康路1号(邮编：210098)
电　　话	(025)83737852(总编室)　(025)83722833(营销部)
经　　销	江苏省新华发行集团有限公司
排　　版	南京布克文化发展有限公司
印　　刷	广东虎彩云印刷有限公司
开　　本	710毫米×1000毫米　1/16
印　　张	18
字　　数	305千字
版　　次	2024年9月第1版
印　　次	2024年9月第1次印刷
定　　价	168.00元

作者名单

朱国金　徐卫亚　向天兵　杨小龙　何剑英　张继勋

张　强　王如宾　张延杰　宁　宇　黄　威　张建平

胡明涛　任旭华　王环玲　闫尚龙　王新越　陈　念

刘易鑫　王　超　张　翔

前言
PREFACE

  重大水利水电工程在保障国家水安全和能源安全中具有不可替代的基础性作用。为了强化水旱灾害防治、优化水资源配置、改善水生态环境、促进流域区域协调发展和水电清洁能源开发，我国相继开展了重大水电工程和引调水工程建设，如引大济湟工程、引汉济渭工程、滇中引水工程、引江济淮工程、南水北调工程等以及雅砻江、金沙江、澜沧江等流域的重大水利水电工程，其中复杂地质条件下富水区水工隧洞高外水压力作用机理、分布演化与渗流控制是当前工程设计与施工过程中亟待解决的关键问题。

  近年来国家立足流域整体和水资源空间配置，积极推进一批跨流域跨区域水资源配置工程建设，加快形成以重大引调水工程和骨干输配水通道为纲、以区域河湖水系连通和供水灌溉工程为目、以重点水源工程为结的水网体系。滇中引水工程是继长江三峡、南水北调中线工程之后的中国第三大水利工程，是我国目前规模最大的跨流域调水工程之一，也是世界上规模最大、技术难度最高、影响最广的水利工程之一，是我国西南地区总投资最多、规模最大的民生福祉工程。输水线路涉及云南丽江、大理、楚雄、昆明、玉溪、红河六个州市，输水干线全长 664 km，惠及国土面积 3.69 万 km^2，隧洞占比高达 92%，全线隧洞长近 613 km。

  滇中引水工程建成后每年可引调近 34 亿 m^3 雪域高原一类水，可解决受水区约 1 112 万人的城镇生活用水，创造工业增加值 5 000 多亿元，新增灌溉面积 49.2 万亩，改善灌溉面积 63.6 万亩，同时缓解滇中地区较长时期缺水矛盾，改善河道及高原湖泊的生态及水环境状况。

  滇中引水工程横跨青藏高原东麓和横断山脉地区，地质条件复杂多变，具有六项世界之最要解决十大世界级技术难题，技术难度世界罕见。其中，地下水处理难是工程面临的"十大世界级技术难题"之一。滇中引水工程输水建筑物以隧洞为主,占比92%,埋深大于600 m隧洞共5条,最大埋深1 450 m;全线穿越33个大规模岩溶水系统,高外水压力洞段长达68 km,占比达11.1%;输水线路全线共穿越区域性主要断裂(带)共43条,其他规模较大的断层200多条,多为储水构造且外水压力较大。隧洞施工过程中极易发生变形破坏、涌水突泥灾害和不良水环境影响,建成运行后也将长期面临高地下水渗透破坏的风险。

针对滇中引水工程长大水工隧洞高外水压力作用机理及渗控风险防控,本书依托云南省重大科技项目"西南复杂地质条件下特大型引调水工程安全建设与高效运行关键技术研究",开展了"深埋长隧洞高外水压力作用机理及渗控关键技术研究",围绕理论创新和工程实践取得了丰厚的成果。河海大学、中国电建集团昆明勘测设计研究院有限公司、中国水利水电科学研究院、长江科学院、中国水利水电第十四工程局有限公司、云南省滇中引水工程有限公司等单位,坚持产学研结合,聚焦松林隧洞等工程重点典型洞段,开展了工程地质条件分析、理论计算和数值模拟、大型物理模型试验、工程防控设计施工实践等方面的系统研究,主要包括:深埋长隧洞围岩-灌浆圈-衬砌复合系统与渗透压力互馈作用物理模型试验;深埋长隧洞外水压力分布多场耦合力学模型与高外水压力计算方法;基于监测数据分析的深埋长隧洞高外水压力与衬砌结构互馈影响;考虑渗流场动态演化的深埋长隧洞工程渗流控制关键技术研究。

本书围绕水工隧洞高外水压力作用机理研究及渗控工程实践,主要论述了水工隧洞外水压力计算方法、水工隧洞高外水压力数值模拟分析、水工隧洞高外水压力作用模型试验设计、均质围岩及含有不连续结构面分布的水工隧洞高外水压力物理模型试验研究、水工隧洞高外水压力监测技术、高外水压力下水工隧洞全阶段渗控及滇中引水工程典型案例实践。

本书主要作者为:朱国金、徐卫亚、向天兵、杨小龙、何剑英、张继勋、张强、王如宾、张延杰、宁宇、黄威、张建平、胡明涛、任旭华、王环玲、闫尚龙、王新越、陈念、刘易鑫、王超、张翔等。特别感谢云南省滇中引水工程建设管理局、中国电建集团昆明勘测设计研究院有限公司等滇中引水工程管理、勘测设计、施工单位的大力帮助。

目录
CONTENTS

第 1 章　概述 ·· 001
  1.1　水工隧洞高外水压力 ·· 004
  1.2　典型工程案例 ·· 005
    1.2.1　锦屏二级水电站引水隧洞 ······································ 005
    1.2.2　滇中引水工程松林隧洞 ·· 006
    1.2.3　滇中引水工程芹河隧洞 ·· 007
    1.2.4　滇中引水工程香炉山隧洞 ······································ 008
  1.3　高外水压力作用机理 ·· 008
    1.3.1　理论研究 ·· 008
    1.3.2　试验研究 ·· 011
    1.3.3　数值模拟 ·· 015
  1.4　高外水压力作用渗控 ·· 016
    1.4.1　堵水措施 ·· 017
    1.4.2　排水措施 ·· 017
  1.5　研究及实践展望 ··· 018

第 2 章　水工隧洞外水压力计算方法 ···································· 021
  2.1　高外水压力解析计算方法 ··· 023
    2.1.1　考虑衬砌结构的外水压力解析解 ···························· 024
    2.1.2　考虑固结灌浆圈的衬砌外水压力解析解 ················ 027
    2.1.3　复合支护下衬砌外水压力解析解 ···························· 029
    2.1.4　均匀岩体衬砌外水压力折减系数 ···························· 033

2.1.5　衬砌外水压力折减系数影响因素 ………………………………… 035
　　　2.1.6　隧洞渗流量解析计算 ……………………………………………… 039
　2.2　二衬外水压力及外水压力折减系数 …………………………………… 046
　　　2.2.1　隧洞外水压力解析解数值计算验证 ……………………………… 046
　　　2.2.2　不同渗控措施下二衬外水压力及外水压力折减系数
　　　　　　计算 ……………………………………………………………… 047
　　　2.2.3　六种渗控措施下二次衬砌外水压力计算 ………………………… 048
　　　2.2.4　不同围岩类型衬砌外水压力 ……………………………………… 053
　2.3　小结 ………………………………………………………………………… 053

第3章　水工隧洞高外水压力数值模拟分析 ……………………………… 055
　3.1　水文地质构造分析 ……………………………………………………… 057
　　　3.1.1　水工隧洞水文地质导水构造划分 ………………………………… 057
　　　3.1.2　不同导水构造对水工隧洞开挖的影响 …………………………… 064
　3.2　水工隧洞外水压力分布多场耦合模型 ………………………………… 090
　　　3.2.1　围岩弹塑性渗流－应力－损伤多场耦合模型 …………………… 090
　　　3.2.2　考虑渗流－应力－损伤耦合的隧洞水压力分布 ………………… 095
　3.3　小结 ………………………………………………………………………… 120

第4章　水工隧洞高外水压力作用模型试验设计 ………………………… 123
　4.1　试验系统总体设计 ……………………………………………………… 125
　4.2　物理模型试验应力加载系统设计 ……………………………………… 126
　4.3　物理模型试验水压加载系统设计 ……………………………………… 127
　4.4　物理模型试验观测系统设计 …………………………………………… 128
　4.5　模型相似材料研制 ……………………………………………………… 130
　　　4.5.1　相似材料配比试验 ………………………………………………… 130
　　　4.5.2　基于神经网络的相似材料配比分析 ……………………………… 139
　4.6　小结 ………………………………………………………………………… 141

第5章　均质围岩隧洞高外水压力物理模型试验 ………………………… 143
　5.1　均质围岩高外水压力作用物理模型试验 ……………………………… 145
　5.2　试验设计 ………………………………………………………………… 145
　5.3　相似材料选取 …………………………………………………………… 147

5.4	监测系统布置	148
5.5	试验步骤	148
5.6	均质模型物理模型试验	150
	5.6.1 渗压分布规律	150
	5.6.2 埋深及地下水水头对渗压分布的影响	153
	5.6.3 折减系数	157
	5.6.4 排水量	159
5.7	小结	159

第6章 竖直断层分布隧洞高外水压力物理模型试验 161

6.1	试验设计和监测系统布置	163
6.2	模型制作	164
6.3	物理模型试验结果	165
	6.3.1 渗压分布规律	165
	6.3.2 埋深及地下水水头对渗压分布的影响	168
	6.3.3 断层对渗压分布的影响	172
	6.3.4 折减系数取值	180
	6.3.5 排水量	182
6.4	小结	182

第7章 倾斜断层分布隧洞高外水压力物理模型试验 185

7.1	松林隧洞 Fv-163 断层高外水压力作用物理模型试验	187
	7.1.1 试验设计和监测系统布置	187
	7.1.2 物理模型试验结果	187
7.2	松林隧洞交叉倾斜断层高外水压力作用物理模型试验	194
	7.2.1 试验设计和监测系统布置	194
	7.2.2 物理模型试验结果	195
7.3	小结	202

第8章 水工隧洞高外水压力监测 203

8.1	隧洞外水压力监测体系	205
8.2	外水压力监测技术	207
	8.2.1 地表深孔分层水压监测技术	207

8.2.2　洞内水压与流量监测技术 ·· 211
　　　8.2.3　关键技术室内实验 ·· 212
　8.3　地表深孔分层水压监测 ·· 220
　　　8.3.1　工程地质概况 ·· 220
　　　8.3.2　现场实施过程 ·· 221
　　　8.3.3　现场实施建议 ·· 223
　8.4　洞内水压监测 ·· 224
　8.5　小结 ·· 226

第9章　高外水压力下水工隧洞全阶段渗控 ·· 227
　9.1　水工隧洞围岩-灌浆圈-衬砌复合渗控系统设计 ·································· 229
　　　9.1.1　围岩-灌浆圈-衬砌复合渗控系统设计原则 ······························ 229
　　　9.1.2　衬砌厚度选择 ·· 230
　　　9.1.3　衬砌结构设计 ·· 232
　　　9.1.4　衬砌分缝与止水设计 ··· 236
　9.2　水工隧洞全阶段渗控体系设计 ·· 238
　　　9.2.1　开挖前渗控设计 ··· 238
　　　9.2.2　开挖支护阶段渗控设计 ·· 242
　　　9.2.3　二衬阶段渗控设计 ·· 242
　9.3　水工隧洞复合渗控体系动态调整 ··· 243
　　　9.3.1　水工隧洞复合渗控体系设计复核 ··· 243
　　　9.3.2　水工隧洞复合渗控体系动态调整 ··· 245
　9.4　小结 ·· 250

第10章　高外水压力水工隧洞渗控工程案例 ··· 251
　10.1　龙泉隧洞过铁峰庵断裂及松林水库段渗控 ····································· 253
　　　10.1.1　工程地质条件分析 ··· 253
　　　10.1.2　龙泉隧洞与松林水库位置关系分析 ···································· 255
　　　10.1.3　渗控体系设计 ··· 256
　10.2　凤屯隧洞涌突水段渗控 ··· 259
　　　10.2.1　工程地质条件 ··· 259
　　　10.2.2　凤屯隧洞涌水过程 ··· 260
　　　10.2.3　渗控体系设计 ··· 262

  10.2.4 渗控效果分析 ································· 263
 10.3 松林隧洞涌突水段渗控 ······························ 264
  10.3.1 工程地质条件 ································· 265
  10.3.2 渗控体系设计 ································· 266
 10.4 小结 ·· 268

参考文献 ·· 269

第 1 章

概述

长距离引调水工程和高坝工程建设中的长大水工隧洞建设往往遭遇复杂地质物理环境,特别是西南重大水利水电建设中的水工隧洞岩体赋存条件极为复杂,常面临高外水压力、高地应力、高温等多重问题。

我国水工隧洞工程建设可分为如下几个阶段[1,2]:

第一阶段:20世纪50—70年代,我国隧洞工程施工方法多采用钻爆法,隧洞长度覆盖从几百米到两三千米范围,埋深多在200 m以下,遇到的主要为浅埋隧洞问题,此阶段可称为钻爆短洞阶段。

第二阶段:20世纪70—80年代,隧洞施工采用了"长洞短打"的钻爆法,隧洞长度和埋深都有一定提升,如天津市引滦入津隧洞,工程全长12.39 km,其中隧洞总长9 669 m,埋深为10~160 m。隧洞施工遇到了宽大的断层及断层交会带、浅埋风化岩带、隧洞涌水塌方、隧洞出口边坡滑动,以及隧洞排水造成的环境地质问题等。

第三阶段:20世纪80年代末至21世纪初,我国许多地区开展长距离、跨流域水资源调配及优化配置,并充分利用地形落差进行高水头水力发电建设,有力地推动了水工隧洞建设的快速发展。在该阶段,我国开始引进隧洞掘进机(Tunnel Boring Machine,TBM)以及先进的勘测设计、施工和管理技术,以解决水工隧洞建设设计施工关键技术问题。采用TBM或TBM与钻爆法相结合的施工方法,使得隧洞长度从小于10 km急剧增加到数十千米,隧洞埋深也从数百米增加到1 000 m左右,标志着我国水工隧洞发展进入了新时期,水工隧洞工程施工技术得到显著进步和提升。

第四阶段:进入21世纪以来,我国陆续兴建大量深埋长大水工隧洞工程,主要用于远距离调水和水力发电。隧洞施工长度可达数十至百余千米,而埋深则普遍超过1 000 m,最大埋深达2 500 m。工程多分布在我国西部地区,地形地质条件异常复杂,穿越许多复杂的地质单元或地质构造带,断层频布且规模巨大,岩性复杂多变,面临隧洞突涌水、岩爆、围岩大变形、高外水压力、高地温、放射性元素和有害气体等不良工程地质问题。对于深埋富水区水工隧洞岩体工程性质围岩渗透性、地下水分布、补给径流与排泄、地应力状态等规律需要进一步研究,深埋长大水工隧洞施工难度达到世界最高水平,开展复杂地质条件下深埋长大引水隧洞设计施工运行关键技术问题,特别是高外水压力作用机理和风险防控的研究十分重要和紧迫。

1.1 水工隧洞高外水压力

水工隧洞外水压力是指作用于水工隧洞衬砌外壁上的水压力,外水压力大小主要取决于地下水位,因此也被称为地下水压力,外水压力示意图如图1.1.1所示。

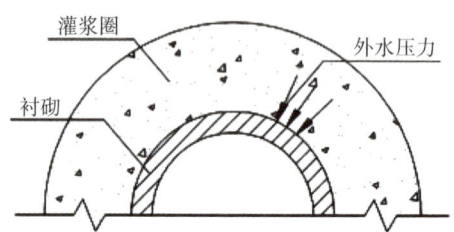

图 1.1.1　水工隧洞外水压力示意图

隧洞围岩衬砌外水压力本质上是围岩中渗透水作用在衬砌结构上的体积力。当衬砌与围岩间存在间隙时,可用衬砌外缘的水压力替代作用于衬砌上的渗流体积力,此时衬砌外缘的水压力被称为外水压力。

张有天等[3,4]早在20世纪80年代初就提出了隧洞设计三原则:(1)隧洞外水荷载是指作用于地下水位以下整个空间的渗流场力;(2)按渗流荷载增量理论分析隧洞应力;(3)衬砌与围岩有条件的联合作用。

隧洞衬砌外水压力分析主要采用两种方法[5]:第一种方法将外水压力视为作用于衬砌外缘的面力,这种方法概念简单,易于进行分析和计算;第二种方法将外水压力视为渗透体积力,采用渗流场理论进行分析,通过考虑衬砌及围岩内的渗流特性,计算渗流场,然后确定在渗流场作用下的衬砌应力。

水工隧洞外水压力设计是长距离输调水工程及高坝建设中的关键技术难题。在隧洞工程设计和运行中,主要考虑两方面,一是地下水对衬砌结构作用,二是衬砌结构对地下水适应程度。根据现行《水工隧洞设计规范》(SL 279—2016),作用于隧洞衬砌结构上的外力压力可由隧洞上方的初始水头乘以折减系数来估算。在进行水工隧洞设计时,需要确定开挖前隧洞上方的初始水头。由于深埋长大水工隧洞与浅埋隧洞不同,其埋深大,隧洞上方普遍会分布有多个不同透水能力的地层,而且局部可能还存在有一个或多个隔水层,使上、下地层间失去水力联系,需分层监测不同地层间的水力联系,才能准确获得开挖前隧洞上方的初始水头[6]。

作用于水工隧洞衬砌结构上的外水压力,除了与隧洞上方初始水头有关,还受为应对高外水压力所采取的渗控措施(如围岩注浆和衬砌排水)的影响,不同渗控措施会使得作用于水工隧洞的外水压力有所不同,两者之间存在互馈作用。

1.2 典型工程案例

表1.2.1为国内外部分隧洞工程外水压力统计表。从表中可见,随着隧洞的埋深增加,外水压力普遍呈现上升趋势,埋深大的隧洞普遍面临更高的外水压力,这给隧洞工程设计、施工和渗控措施制定都带来了更大的挑战。本节通过分析典型的高外水压力工程案例,探讨这些工程在应对高外水压力方面的方法和经验,为深埋隧洞工程的外水压力研究提供有益的借鉴。

表1.2.1 部分隧洞工程外水压力统计表

工程名称	埋深/m	外水压力/MPa
锦屏二级水电站引水隧洞	2 525	10.2
滇中引水工程松林隧洞	606	2~2.5
滇中引水工程芹河隧洞	458	2~3
青函隧洞(日本)	100	2.4
天生桥二级水电站	700	3.8
歌乐山隧洞	280	2.6
中天山隧洞	1 700	6.3
圆梁山隧洞	780	3.0

1.2.1 锦屏二级水电站引水隧洞

锦屏二级水电站位于四川省凉山彝族自治州雅砻江干流上,利用大河湾天然落差截弯取直通过隧洞引水发电,总装机容量4 800 MW,引水隧洞共4条,隧洞上覆岩体埋深1 500~2 000 m,最大埋深达到2 525 m。

在施工过程中,长探洞发生多次大的涌水,涌水点水头高、流量大,在有其他出水孔释放的情况下,实测最大涌水压力达 3.5 MPa,集中涌水量达 4.91 m³/s,稳定流量为 2~3 m³/s,探洞施工后期,在其集中出水段处分 3 段进行全断面封堵,探洞封堵后最大实测水压力达到 10.22 MPa[7,8]。锦屏二级水电站在隧洞施工过程中由于地下水的渗漏排放,造成了当地泉水断流。施工过程中的高压涌水造成工程多次停工及重大经济损失,钢筋混凝土无法承受 10 MPa 的外水压力,若采用全封堵式的衬砌支护方式,则衬砌将完全承担地应力、外水压力,而高地应力、高外水压力及变动的内水压力对衬砌要求高,在工程建设过程中经济性也较差,因此在水工隧洞施工中采用全封堵式衬砌结构的可行性较低,而过高的排水量会降低隧洞区域的地下水位,进而影响隧洞区域的生态环境。任旭华等[7,8]针对锦屏二级水电站隧洞进行了多种渗控措施计算方案论证,考虑工程对地下水环境的影响,提出了最优渗控方案,采取"以堵为主、堵排结合"的渗控设计原则,在预注浆的基础上采取高压注浆的方式充填岩体孔隙,降低围岩渗透率,利用围岩灌浆圈与衬砌联合承载,在保证隧洞安全稳定的基础上,有效降低工程施工难度。锦屏二级水电站引水隧洞采取了以堵为主、堵排结合的渗控措施,灌浆压力达到 10 MPa,同时布置了排水孔对外水压力进行控制[9,10]。

1.2.2 滇中引水工程松林隧洞

滇中引水工程昆明段松林隧洞最大埋深 606 m,开挖至桩号 1+826 时,超前探孔钻进速度明显加快,地下水沿超前排水孔及大管棚大量涌出(图 1.2.1),开挖至桩号 1+836 时,右边墙至顶拱开挖揭露一条宽 1.0~2.0 m、高大于

图 1.2.1 滇中引水工程松林隧洞开挖至桩号 1+826 出现涌水,1+836 揭露断层

10 m,向右侧狭长延伸大于 15 m 的宽缝,隧洞涌水量超过 40 000 m³/d,实测外水压力 1.5 MPa,最大外水压力为 2.0～2.5 MPa,原设计断面只能满足外水水头 50 m 工况,同时隧洞存在袭夺泉水点及水井风险。为应对这些问题,设计施工单位对隧洞渗控措施采取了动态调整,通过固结灌浆和排水措施降低外水压力,并对衬砌结构进行复核。根据外水压力实测情况,改变了衬砌结构设计以满足工程需求。这些措施的实施对于确保隧洞施工的顺利进行起到了关键作用。

1.2.3 滇中引水工程芹河隧洞

滇中引水工程大理段芹河隧洞穿越芹河-北衙岩体水系统,系统内的北衙组灰岩为强富水地层。开挖隧洞的主要问题在于其穿越软岩和强富水岩体、断层地段及穿过承压含水层,桩号 DLI85+020 洞段初次支护后钢拱架变形达到 60～100 cm,隧洞变形情况如图 1.2.2,为解决钢拱架变形和衬砌破裂问题,采取了换拱措施。芹河隧洞 3♯ 支洞与 4♯ 支洞间岩体存在承压结构,上部古泥石流为隔水层,承压含水层被断层剪切并被挤压向上移动,地表深孔测得地下水头高于地表近 50 m,在开挖至承压含水层过程中出现高水压,涌水量超过 10 000 m³/d[11]。

图 1.2.2 滇中引水工程芹河隧洞 4♯ 支洞钢拱架变形

1.2.4 滇中引水工程香炉山隧洞

滇中引水工程香炉山隧洞总长 62.596 km，最大埋深达 1 450 m，其中超过 600 m 埋深的洞段占了隧洞总长的 67.40%[①]。隧洞所处区域地质构造复杂，穿越多条全新世活动性断裂，包括龙蟠-乔后断裂(F10)、丽江-剑川断裂(F11)、鹤庆-洱源断裂(F12)，以及多条近东西向和南北向断裂。地质结构中还包括向斜蓄水构造、岩体地层和多个岩体水系统，以及泥质岩、泥页岩等软弱地层。

隧洞沿线主要分布有碳酸盐岩地层，岩体地质发育完整，主要岩层包括三叠系的灰岩和白云质灰岩。可溶岩地层在隧洞总长中占比达 28.54%。沿线分布有六个规模较大的岩体水系统，其中鹤庆西山岩体水系统汇水面积最大，达 355 km^2。工程区穿越的岩体发育区、断裂破碎带和向斜集水构造等地质结构导致正常和最大涌水量显著。隧洞总体采取的水处理原则为"以堵为主、限量排放、注重保护环境"，旨在最小化工程对地下水渗流场平衡的影响。

根据勘探钻孔揭露及部分地下水位长期观测资料，隧洞部分埋深较大至深埋隧洞段地下水水头较高，一般为 300~500 m，大者为 700~1 300 m。预测隧洞存在高外水压力洞段累计长 29.94 km，约占隧洞长度的 47.83%，高外水压力一般为 1~3 MPa，最大值为 3.76 MPa[12]。

1.3 高外水压力作用机理

1.3.1 理论研究

水工隧洞高外水压力是隧洞稳定性的重要影响因素，理论研究重点在于外水压力大小的确定，主要采用折减系数法和理论解析法推求作用在衬砌上的外水压力。

1. 折减系数法

对于水文地质条件及工程地质条件较简单的隧洞，一般根据《水工隧洞设计规范》(SL 279—2016)[13]采用折减系数法估算外水压力，计算方法如下式：

---

① 因四舍五入，本书数据计算时略有误差。

$$P_e = \beta_e \gamma_w H_e \qquad (1.3\text{-}1)$$

式中，P_e——外水压力，kN/m^2；

β_e——外水压力折减系数；

γ_w——水的容重，kN/m^3；

H_e——地下水位线至隧洞中心的作用水头，m。

混凝土衬砌隧洞，根据围岩地下水活动情况和地下水对围岩稳定的影响，按表1.3.1选取外水压力折减系数。对于设有排水设施的水工隧洞，可根据排水结构效果对外水压力进行折减，折减值可通过工程类比或渗流计算分析确定。

表1.3.1 《水工隧洞设计规范》规定的外水压力折减系数[13]

级别	地下水活动状态	地下水对围岩稳定的影响	折减系数
1	洞壁干燥或潮湿	无影响	0.00~0.20
2	沿结构面有渗水或滴水	风化结构面的充填物质，降低结构面的抗剪强度，软化软弱岩体	0.10~0.40
3	沿裂隙或软弱结构面有大量滴水、线状流水或喷水	泥化软弱结构面的充填物质，降低结构面的抗剪强度，对中硬岩体有软化作用	0.25~0.60
4	严重滴水，沿软弱结构面有小量涌水	地下水冲刷结构面中的充填物质，加速岩体风化，对断层等软弱带软化泥化，并使其膨胀崩解及产生机械管涌。有渗透压力，能鼓开较薄的软弱层	0.40~0.80
5	严重股状流水，断层等软弱带有大量涌水	地下水冲刷带出结构面中的充填物质，分离岩体，有渗透压力，能鼓开一定厚度的断层等软弱带，并导致围岩塌方	0.65~1.00

对于岩体地区，邹成杰[14]采用经验类比法，依据围岩岩体发育程度确定外水压力折减系数（β），取值见表1.3.2。

表1.3.2 按岩体发育程度确定的外水压力折减系数

岩体发育程度	弱岩体发育区	中等岩体发育区	强岩体发育区
β	0.1~0.3	0.3~0.5	0.5~1.0

根据中水东北勘测设计院有关成果[14]，按围岩的渗透系数（K_R）和混凝土衬砌渗透系数（K_S）比值也可确定隧洞折减系数（β），取值见表1.3.3。

表 1.3.3　按围岩和混凝土衬砌渗透系数比值确定外水压力折减系数

K_R/K_S	0	∞	500	50~500	5~10	1
β	0	1	1	0.86~0.94	0.3~0.6	0.03~0.08

对于复杂工程地质、复杂衬砌结构及外水压力较大的隧洞，应进行专门研究。例如，在长时间大降雨情况下或隧洞穿越河谷或沟谷底部时，折减系数可能大于 1。当隧洞一侧为河谷，一侧为山体时，降水从山体向河谷排泄，此时折减系数接近 1。位于山脊下或横穿山体的隧洞在山脊处地下水位最高，折减系数可取 0.5~0.8；隧洞穿过孤立山体时，降雨呈辐射状渗入，水流能量消耗大，折减系数取 0.3~0.6。

对于岩体发育的岩体，张有天认为岩体中复杂的岩体管道及暗河体系可以起排水作用，折减系数取 0.1~0.5[4]，而董国贤[15]则认为在岩体发育地区隧洞易出现大量涌水，折减系数应取 0.8~1.0，对此应根据隧洞与岩体发育位置确定岩体对于隧洞的排水作用及储水作用，综合考虑选取折减系数。

刘立鹏等[16]考虑灌浆圈、衬砌渗透系数及灌浆圈厚度等参数对隧洞外水压力的影响，提出了不同衬砌类型外水压力折减系数取值方法。顾伟等[17]根据流体力学原理，建立隧洞排水系统模型，推导得到复合衬砌外水压力的解析解，并提出了一种二衬外水压力折减方法。

在工程设计实践中，大多采用折减系数法进行外水压力估算。然而，折减系数法为经验或半经验性的计算方法，受地质勘探结果等的不确定性影响，在出现断层破碎带等情况下易产生较大误差。因此，在应用折减系数法时，需要结合具体工程地质情况，谨慎确定折减系数，并且在可能的情况下进行实地验证，以提高计算结果的准确性和可靠性。

2. 理论解析法

理论解析法在计算隧洞衬砌上的外水压力时，通常作以下假设：①围岩为各向同性均匀连续介质，且含水介质及流体不可压缩；②远场地下水补给充分，地下水面不随隧洞排水而降低；③围岩渗流处于稳定层流状态，且服从达西定律。在此基础上通过渗流理论即可推导出作用在衬砌上的外水压力[18-21]。

通过对理论解析法的研究，可以得到以下规律：①衬砌渗透系数越小，作用于衬砌上的外水压力越高；②固结灌浆圈渗透系数越大，作用于衬砌上的外水压力越高；③围岩渗透系数越大，作用于衬砌上的外水压力越高；④固结灌浆圈厚度越小,作用于衬砌上的外水压力越高;⑤若衬砌不排水,则固结灌浆圈不会降低外水压力,外水压力等同于衬砌距地下水位的水头[22]。

Bobet 和 Nam 等[23-25]基于相对刚度法对小变形情况下隧洞衬砌受力进行了系统的推导,可在计算中考虑体外排水[26]、补水断层[27]等因素对于渗流场分布的影响并计算得到外水压力的大小。在日本青函隧洞水压力的设计计算中,根据达西定律推导出了作用于衬砌及注浆圈内的孔隙水压力[28]。对于非圆形隧洞,可采用等效半径的概念将隧洞断面尺寸转化为圆形隧洞尺寸进行计算[29]。戚海棠等[30]基于井流理论,采用了水-岩分算方法,将外部水压力视为岩体受到的边界力,并采用作用系数法对水头压力进行修正。

1.3.2 试验研究

模型试验是研究水工隧洞高外水压力问题的重要方法,在进行外水压力理论计算时,通常会对工程条件进行一定简化和假定,且分析中所用参数的精度和可靠性有限,针对理论分析中存在的缺陷和不足,模型试验研究可以很好地补充理论计算成果,验证理论计算得到的外水压力。

1. 相似理论

由于无法实现完全同比例的模型,因此需要考虑流固耦合情况下的材料相似比。为了实现试验的相似性,一般将试验相似材料视为均匀连续介质,并采用流固耦合数学模型推导流固耦合的相似理论[31-36],其流固耦合方程可由以下公式表示:

$$K_x \frac{\partial^2 p}{\partial^2 x} + K_y \frac{\partial^2 p}{\partial^2 y} + K_z \frac{\partial^2 p}{\partial^2 z} = S \frac{\partial P}{\partial t} + \frac{\partial e}{\partial t} + W \quad (1.3\text{-}2)$$

式中,K_x、K_y、K_z——三个坐标方向的渗透系数;

p——水压力;

S——储水系数;

e——体积应变;

W——源汇项。

平衡方程为

$$\sigma_{ij} + X_j = \rho \frac{\partial^2 u_j}{\partial t^2} \quad (1.3\text{-}3)$$

式中，σ_{ij} ——总应力张量；

ρ ——密度；

X_j ——体积力。

有效应力方程为

$$\sigma_{ij} = \overline{\sigma_{ij}} + a p \delta_{ij} \tag{1.3-4}$$

式中，$\overline{\sigma_{ij}}$ ——有效应力张量；

a ——有效应力系数；

δ_{ij} ——克罗内克尔符号。

根据相似定理，可推导出应力场和渗流场耦合的相似理论公式：

$$C_G = \frac{C_u}{C_l^2} = C_\lambda \frac{C_e}{C_l} = C_G \frac{C_e}{C_l} = C_\gamma = C_\rho \frac{C_u}{C_t^2} \tag{1.3-5}$$

式中，C_G ——剪切弹性模量相似比尺；

C_u ——位移相似比尺；

C_l ——几何模型尺寸相似比尺；

C_λ ——拉梅常数相似比尺；

C_γ ——容重相似比尺；

C_e ——体积应变相似比尺；

C_ρ ——密度相似比尺；

C_t ——时间相似比尺。

2. 相似材料选取

相似材料的选取在物理模型试验中非常重要，只有选择的相似材料关键参数满足相似原理时，模型试验结果才能够准确地反映工程现场的实际情况。在水工隧洞外水压力物理模型试验中，研究对象涉及外水压力大小、岩体应力应变特征以及渗流场分布等，相似材料的密度、弹性模量以及渗透系数等参数应当优先满足相似关系，其他参数可以适当放宽限制以提升试验的可行性。

在外水压力模型试验中，通常选取砂、滑石粉等材料作为骨料，水泥、凡士林、硅油等材料作为胶结剂，通过夯实、浇筑等方式制作相似材料，部分学者在模型试验中采用的相似材料成分及主要材料参数如表 1.3.4 所示。

表 1.3.4　外水压力模型试验相似材料组分及参数

相似材料成分	弹性模量 E/MPa	渗透系数/(cm·s^{-1})
砂、滑石粉、石蜡、液压油[32]	20~60	1.2×10^{-7}~5.0×10^{-4}
砂、水泥、重晶石粉、滑石粉、硅油、凡士林[34]	17~130	6.6×10^{-8}~7.4×10^{-4}
砂、滑石粉、石膏、凡士林、水[35]	20.8	8.1×10^{-7}
中粗砂、石膏粉[37]	—	1.0×10^{-5}~1.1×10^{-3}
砂、水泥、重晶石粉、硅油、凡士林、水[38]	—	1.6×10^{-7}~3.7×10^{-3}

李利平[32]通过大量试验发现，在相似材料中，通过调节某一材料的含量可以改变材料的特性。例如，增加石蜡含量可以提高材料的弹性模量和抗压强度。然而，当石蜡含量超过7%后，进一步增加石蜡含量并不能显著提高材料的弹性模量和抗压强度。增加砂的含量可以增强材料的摩擦力，从而提高材料的弹性模量。滑石粉的添加可以提升材料的密实度。如果增加砂的含量而相对降低滑石粉含量，则会降低材料的抗压强度。此外，石蜡含量越高，材料的渗透系数会越低。最后，材料的成型温度也会影响材料的强度和弹性模量，成型温度越高，材料的强度和弹性模量越高。

3. 外水压力影响因素分析

外水压力大小和分布受到多种因素的影响，包括地下水位、围岩渗透性、地质构造、地下水流动速度等。准确地了解这些影响因素对外水压力的影响程度，对于设计合理的渗控措施和确保隧洞工程的稳定和安全具有重要意义。物理模型试验能够模拟和研究不同影响因素对外水压力的影响，通过试验，可以设置不同地下水位条件、调整围岩渗透性、模拟地质构造等，以定量了解每个影响因素的作用程度，为制定有效的渗控措施提供科学依据。

水工隧洞渗流场分布是高外水压力模型试验的重要研究目标，通过模型试验研究不同因素对渗流场分布的影响，可准确地评估影响因素的重要性，确定必要的渗控措施。高新强等[39]以圆梁山隧洞毛坝向斜高水压地段为工程背景开展高外水压力模型试验，模型试验结果表明，隧洞开挖后渗压等值线以隧洞为中心呈圆形分布，即靠近隧洞处渗压较低，灌浆圈处等值线较密，表明渗压在灌浆圈处明显降低，衬砌处外水压力也会因灌浆圈的施作明显减小。相懋龙等[40]和李林毅等[41]基于3D打印技术建立了高铁隧洞及排水结构模型，研究了在不同排水结构设计和排水管堵塞情况下衬砌外水压力的分布。在0～0.8 m管径工况下,随着管径增加,水工水沟的排水量明显增加。衬砌水压的分布形式从原先的"扇贝型",即隧洞底部最大、拱顶和拱腰次之、墙脚最小的分布,逐渐转变为"桃型",底部结构从整体显著隆起逐步转为轻微沉降状态;在排水管堵塞后,结构的外水压力逐渐从"扇贝型"分布转变为"静水压型"分布。

对外水压力影响因素的研究有助于深入了解外水压力分布变化规律。于丽等[37]采用大型隧洞渗流模拟试验系统,分析围岩渗流场分布和隧洞外水压力的影响因素。研究结果表明,围岩渗透影响范围与围岩渗透系数和隧洞排水率呈正相关关系,渗透系数对于围岩渗透影响范围的影响较大,并得到了隧洞外水压力的计算公式。丁浩等[42]通过相似模型试验研究公路隧洞的外水压力问题,分析了水头高度、围岩渗透系数、隧洞排水量等因素对外水压力折减系数的影响,研究结果表明,水头高度越小、隧洞排量越大、围岩渗透系数越小,隧洞外水压力则越小,并且无论隧洞是否完全封堵,只要周边存在排水点,隧洞外水压就可折减,且在进行相似类比时,水头的高度的相似应采用平方关系。

4. 衬砌受力分析

水工隧洞灌浆及排水措施的施作决定了外水压力的大小及渗流场分布,而外水压力又影响了衬砌的受力。

外水压力作用于衬砌上,外水压力过高引起的衬砌开裂严重影响工程安全,因此高外水压力条件下衬砌的受力特征是外水压力模型试验研究的重点。Fang等[43]和方勇等[44]设计了非圆形隧洞外水压力试验系统,研究了外水压力对非圆形隧洞衬砌的受力情况。试验结果表明,较低的外水压力可以减轻隧洞偏心受压程度,而更高的外水压力会导致隧洞边墙衬砌开裂,降低隧洞的稳定性。在外水压力条件下,衬砌与围岩之间的空腔也会在一定程度上降低衬砌的承载能力。凌永玉等[45]通过物理模型试验对水工隧洞承压过程中围岩与衬砌联合受力变化等问题进行了研究,结果表明,水工隧洞衬砌在承受外水压力作用时,衬砌环向和径向始终处于受压状态。随着外水压力的增加,隧洞衬砌各位置的压应力也相应增加。在1 MPa外水压力条件下,衬砌最大环向应力达到3.894 MPa。李璐等[46]利用大型组合式三维均匀梯度加载试验系统,开展了高地应力、高外水压力作用下水工隧洞三维地质力学模型试验,通过多个千斤顶施加竖直地应力及水平地应力,利用三层超弹力乳胶管进行渗流梯度模拟,研究在地应力、外水压力超载条件下两相邻隧洞开裂破坏过程,在加载至1.3倍地应力情况下,隧洞出现裂纹张开和部分大面积脱落现象,但未出现裂纹大面积贯通。研究指出,在高地应力和高外水压力条件下,该工程中相邻隧洞开挖的影响范围小于1倍洞径的范围内,验证了隧洞间距选取的合理性。

1.3.3 数值模拟

水工隧洞数学分析方法中,解析法可用于地质条件简单的隧洞,然而实际工程中通常有不同的工程地质岩组及复杂的地质构造等情况,此时采用数值法求解更为高效准确。

隧洞外水压力数值解析法中,有限元法应用范围最广,其优点是可以考虑岩体的非均质和不连续性,通过数值计算得到岩体应力、变形及渗流场的大小和分布,可近似分析隧洞的变形破坏机制。张继勋等[47]为研究获取合理的灌浆圈深度和渗透系数降低的数量级,对不同灌浆圈深度、不同的渗透系数进行组合,通过有限元方法获得了隧洞外水压力分布规律。伍国军等[48]基于多孔介质有效应力原理,得到了改进后的饱和岩体孔隙率、渗透系数的动态演化模型,通过考虑渗透性动态演化的数值计算方法对引水隧洞稳定性进行了研究。Liu等[49]和Huang等[50]在考虑隧洞渗流场时基于岩体完整性和渗透性以及裂隙的发育程度,采用了等效连续介质-裂隙网络耦合渗流模型对隧洞渗流场进行了数值模拟,得到了隧洞外水压力,验证了现有排水体系的合理性。对于非圆形隧洞,在理论解析计算过程中通常采用等效半径进行计算,而在数值计算中,则可直接建立隧洞断面模型进行计算,得到隧洞周边渗流场及外水压力,同时可以对等效半径方法进行验证[51]。Shin等[52]通过有限元计算分析了外水压力对衬砌受力的影响,考虑到隧洞排水条件恶化时衬砌的受力变化,提出了衬砌外水压力荷载计算设计曲线。Arjnoi等[53]对曼谷蓝线南延线地铁隧洞进行了有限元分析,分析了不同排水条件下外水压力分布、渗流场分布及衬砌受力,认为双隧洞采用全排水措施可降低30%的最大压应力及55%的最大拉应力。

数值方法在隧洞工程实际应用中的有效性主要取决于以下两个条件:一是对地质条件的模拟,如岩体岩性分界、断层及节理裂隙不连续结构面的分布规律等;二是岩体在复杂应力、渗流条件下的变形特性、强度特性、渗流特性及破坏规律等[54]。在实际施工时,由于地下洞室的开挖出现超挖、欠挖等情况,围岩与隧洞支护之间会出现很多贯通和半贯通的空隙,故灌浆圈内部分围岩与衬砌结构在施工过程中也常常会出现二者连接不紧密的状态,有时甚至会在衬砌外缘形成一个渗水通道,对衬砌结构受力产生不利影响[55]。因此在隧洞外水压力计算数值解析法中,围岩与隧洞间的接触关系对外水压力的计算至关重要,当不考虑围岩与衬砌之间的接触关系时,会放大衬砌结构承担外水压力的能力。考虑围岩与衬砌之间的接触关系时,围岩与衬砌不是一个整体,不能给衬砌提供拉力,而不考虑围岩与衬砌之间的接触关系,围岩可以分担一部分外压,得到的安全系数较实际情况高[22]。

在岩体较为破碎的情况下可采用颗粒流法进行分析,倪小东等[56]结合颗粒流法与流体动力学数值模拟的有限体积法,模拟了储水断层隧洞开挖引起的渗透破坏现象,能够反映开挖过程中微裂隙的扩展及渗透张量的变化。

1.4　高外水压力作用渗控

关于水工隧洞衬砌结构外水压力和渗控关键技术问题,有部分学者认为围岩抗渗性好,衬砌结构外水压力就不会高;另一部分学者认为通过折减系数折算后满足设计要求,就可以采用全封堵衬砌,不用设置排水;还有一些学者认为固结灌浆后围岩的透水率只要降低到预期标准,就不需要考虑外水压力。

在涉及衬砌结构外水压力问题的结构设计上,通常是依据规范中提到的折减系数观念,通过折减系数法来确定衬砌结构外水压力。水工隧洞工程近几十年的工程实践表明,近似的折减系数方法往往给工程设计带来较大困扰,导致应用困难。主要原因如下:一是折减系数确定依据是现场地下水活动状态的语言性描述,缺少统一的量化标准;二是对同一地下水活动状态,给出的折减系数范围区间太大,设计难以把握,对于水工隧洞,常会出现折减系数变动毫厘,外水压力则差之千里的结果,容易造成设计过于保守或过于危险,还可能出现无法设计的尴尬局面;三是规范中折减系数的取值主要依据隧洞围岩特性及区段富水性特征,而基本没有考虑支护结构类型和防排措施。

目前水工隧洞高外水压力作用机理及渗控关键技术仍然是困扰长大水工隧洞设计施工建设的重要核心难题,若对水工衬砌结构外水压力作用机理认识不清,处理不当,将对工程安全带来重大隐患。

为了减小水工隧洞外水压力,通常存在两种观点:一种是采用"堵"的方法,即通过减少固结灌浆圈和衬砌的渗透性,将外水压力隔离在固结灌浆圈之外,或者增强衬砌材料的强度,使其能够承受外水压力;另一种是采用"排"的方法,即将水引入隧洞中并排出,可以采取透水衬砌、排水孔、排水洞等措施来实现[22]。

1.4.1 堵水措施

隧洞围岩承载设计思想的原理是通过支护控制围岩在开挖过程中发生的应力重分布,以围岩为主体,围岩-支护共同承载开挖引起的应力变化[10],对此,可以采用固结灌浆的方式提高围岩的承载能力,同时固结灌浆可以封堵围岩中的裂隙,增强围岩的抗渗能力。在隧洞施工过程中,应提前进行地质预报,了解掌子面前方的地质条件,对于存在大量渗涌水的情况,可以采取超前预注浆、喷锚支护等措施来封堵地下水。李林毅等[26]推导了考虑注浆圈作用的体外排水隧洞涌水量及结构外水压力解析解,理论解析结果表明,增大围岩渗透比值可以显著降低涌水量,但同时会增加结构的外水压力;增加注浆圈厚度可以加强对底部外水压力的控制效果。

隧洞围岩衬砌本身也具有一定的承受外水压力的能力,若衬砌结构满足要求,改善衬砌设计使其足以承受外水压力,可显著加快工程进度、降低工程造价。丁浩等[57]研究了衬砌在外水压力作用下的力学响应,发现衬砌的边墙和底板存在明显的应力集中现象。为了优化衬砌设计,引入了下半断面矢跨比的概念,增大半断面矢跨比被认为是衬砌优化的主要策略。为此,可以采取一系列措施进行衬砌优化,例如增大仰拱隅角处半径、减小仰拱处半径、增大仰拱拱圈厚度和增大衬砌全断面厚度等。在高外水压力条件下,隧洞长期服役过程中灌浆圈的力学性能逐渐劣化是影响高外水隧洞长效服役的主要因素之一。徐磊等[58]基于饱和多孔介质有效应力原理,综合考虑围岩、灌浆圈和衬砌混凝土的动态演化和时变劣化,提出了渗流-应力-损伤-劣化耦合模型。分析结果表明,随着时间的推移,灌浆圈的力学性能逐渐劣化,塑性屈服区会从开挖边界逐渐向深部扩展,导致衬砌压损程度增加,并可能引发混凝土衬砌的压溃现象,从而导致高外水隧洞结构体系的稳定性和安全性下降。

1.4.2 排水措施

当隧洞埋深较大、地下水头高时,工程面临高外水、高涌水量等问题,此时通过堵的方式难以保证隧洞安全[59]，通常需要结合透水衬砌、排水孔等措施降低外水压力。

傅睿智等[38]开展了不同高水头环境下复合衬砌堵水与排水系统对衬砌外水压力的影响规律研究，结果表明：在全封堵情况下，衬砌上水头高度与地下水位高度相同，外水压力折减系数为 1.0，而对于具有排水能力的衬砌结构，灌浆层厚度的增加或灌浆层的渗透系数的减小可明显降低外水压力大小，根据试验数据给出了不同排水面积占比时的外水压力折减系数。还有许多学者进行了排水方案的优化以改善渗流场分布[60,61]，降低衬砌外水压力，提高隧洞施工期及运行期的安全性。Yan 等[62]、谢小帅等[63]和肖欣宏等[64]研究了衬砌排水孔布置对于外水压力及渗流场的影响，提出衬砌排水孔的孔压在孔左右 15°范围内有消散效果，因此排水孔布置在 15°～30°范围内时可有效降低外水压力。排水孔对于降低衬砌外水压力有明显效果，但降压范围较小，可在衬砌与围岩间采用毛细排水带等汇水材料，扩大排水孔降压范围[65]。

1.5 研究及实践展望

水工隧洞高外水压力作用机理及风险防控问题在理论和工程实践中仍存在巨大挑战：

1. 地质条件复杂。水工隧洞岩体赋存条件十分复杂，不同的地质条件如岩层渗透性、地下水位、断层破碎带等因素会导致外水压力的变化，使得渗控措施的选择和设计必须充分考虑工程地质和水文地质条件的复杂性。

2. 生态环境保护问题。在采取排水措施降低外水压力时，还需考虑排水措施对生态环境的影响，目前对于隧洞工程的允许排放量虽没有明确的规范要求，但过量排水会导致地下水位降低，袭夺泉水点及水井，影响民众生活并造成经济损失[66,67]。采取有效的渗控措施需要具备相应的技术和工程能力，包括工程设计、施工技术和监测手段等方面的要求。

3. 经济成本。渗控措施在降低外水压力的同时可能会导致较高的经济成本，包括设备投资、施工费用和维护费用等，选取渗控措施方案时应在确保工程安全的前提下，考虑渗控效果和投入成本之间的平衡。

4. 渗控措施长效性。水工隧洞全生命周期一般为 50 年甚至 100 年，渗控措施应具有较强的长效性及可维护性，确保隧洞工程全生命周期的稳定和安全。

面对严峻挑战,需要科学合理地选择和实施水工隧洞高外水压力作用下的渗控技术方案,采用综合系统的工程管理和全生命周期监测手段,确保渗控措施能够有效解决水工隧洞高外水压力问题、确保水工隧洞工程的稳定和安全。

水工隧洞高外水压力作用机理及渗控风险防控需进一步关注和开展如下方面的理论和工程实践的研究[5]:

1. 对复杂地质条件下水工隧洞岩体导水构造进行划分,明确地下水流动形式。岩体介质通常包括裂隙、溶隙和管道介质,在孔径较小的裂隙、溶隙中,水流通常以层流形式流动,而在岩体含水层的主要通道中,流动通常表现为紊流,水流流动状态会对隧洞工程的水文地质特征、结构稳定性及维护需求产生不同的影响。因此,在研究深埋隧洞高外水问题时,首先需确定该隧洞工程的导水构造,并划分地下水流动形式,以更好地理解和解释隧洞的水文地质特征。

2. 考虑隧洞周围的水文地质结构和地下水动力特征,建立水文地质结构模型。这样有助于深入理解隧洞周围的水文地质过程,通过分析和模拟水文地质结构和地下水动力特征,可以揭示隧洞周围的水文地质现象和机制,如地下水补给和排泄路径、水文地质参数的空间分布等,为制定科学合理的渗控措施和应对策略提供基础。

3. 建立水工隧洞的水文地质观测体系。基于水文地质结构模型,进行更大范围的水文地质观测;借助地表深孔监测不同岩层的水压力,研究不同岩层间的水力联系特征,并探究地下水动力机制,为深埋隧洞外水压力大小的选取提供更可靠的依据,通过收集更多的水文地质数据来验证和完善水文地质结构模型,进一步提高模型的准确性和可靠性。

4. 根据工程现场实际观测结果并结合地质条件,进行针对水工隧洞外水压力的岩体分类。在深埋隧洞工程中,岩体的渗流和力学特性通常存在差异。综合考虑工程现场的实际观测结果,结合地质条件进行针对深埋隧洞外水压力的岩体分类,可以更好地理解和解释深埋隧洞的水文地质结构。

5. 引入岩体参数场描述隧洞岩体的水文地质结构模型。根据工程现场勘察结果,不同位置岩体在渗流和力学特性上存在差异,但整体上呈现一定的规律性。通过引入岩体参数场,使得岩体的渗流和力学特性在整体上呈现出一定的趋势性,并在局部上具有随机性,可更准确描述隧洞岩体的水文地质结构模型。

6. 开展深埋长隧洞围岩-灌浆圈-衬砌支护结构与外水压力的相互作用机理研究。在实际工程中,围岩、灌浆圈和衬砌支护结构与外水压力相互影响。外水压力变化会改变围岩-灌浆圈-衬砌支护结构的应力和渗流状态,而围岩、灌浆圈和衬砌支护结构也会影响外水压力及围岩渗流场分布。通过深入研究围岩-灌浆圈-衬砌支护结构与外水压力的相互作用机理,可揭示深埋长隧洞施工期堵排措施与地下水的交互影响机理,并优化深埋隧洞的渗控技术和堵排方案。

7. 在渗控措施的选择过程中,综合考虑排水对生态环境、周围水体和地下水环境的影响。隧洞排水可能导致地下水位下降,进而对周围地下水资源和相关生态系统产生影响。排水也可能直接或间接地进入地表水库和河渠水体,改变水文特性,对水质和水量产生影响。因此,应建立深埋隧洞的水文地质观测体系以深入理解隧洞排水对地下水位和地表水体的影响机制,制定有效的渗控策略,以保护水生态系统的健康发展。

8. 加强深埋水工隧洞工程施工期及运行期的外水压力监测系统,并基于数字孪生技术建立智能化、数字化的外水压力监测体系。加强深埋隧洞工程外水压力监测系统,通过数字孪生技术建立数字孪生模型,利用传感器网络和数据采集系统,收集大量的实时监测数据,对外水压力的变化进行精确建模和预测,可实现渗控措施和堵排方案的优化,提高工程效率,保障工程安全。

9. 加强深埋隧洞高外水压力的风险防控研究,开展隧洞安全不确定性分析。在深埋隧洞工程中,岩体参数的获取通常受到多种因素的限制,这些不确定性因素会对外水压力的预测和评估产生影响。因此,应进行深埋隧洞外水压力的不确定性分析,通过敏感性分析、参数统计分析和随机模拟等方法来量化岩体参数对外水压力的影响程度,得到关于隧洞安全可靠性的指标,用于评估深埋水工隧洞高外水压力的风险水平。

第 2 章

水工隧洞外水压力计算方法

高外水压力作用下水工隧洞衬砌结构安全是富水区水工隧洞工程施工设计的重大难题[68],所采取的渗控措施是影响隧洞工程施工及后期运营安全的关键。目前,外水压力取值仍是采用经验性或半经验性方法,局限性较大。有关隧洞衬砌外水压力的研究鲜有分开考虑作用于初期支护与二次衬砌上的外水压力计算。多数设计人员往往只关注衬砌的外水压力,忽视了固结灌浆圈外承受的外水压力。本章以滇中引水工程松林隧洞工程为研究案例,采用理论分析、数值模拟相结合的方法,将复合支护条件下的"衬砌"理解为包括二次衬砌、初期支护及固结灌浆圈在内的广义概念,研究了水工隧洞衬砌外水压力计算方法。

2.1 高外水压力解析计算方法

对于富水区水工隧洞而言,由于埋深较大,可能承受较大的外水压力,故为保证隧洞施工及运行安全,需要做好防渗排水设计。通过堵(固结灌浆圈)的方式来减小衬砌所受的外水压力[69,70],必要时结合隧洞周围水文地质条件进行限排[71,72],同时达到降低外水压力、保证衬砌结构安全和保护生态环境的目标[73-75]。该措施的关键在于隧洞周围灌浆圈防渗以及限量排水系统的设置,同时需要考虑水荷载作用下的衬砌结构安全。

隧洞外水压力理论计算方法可以作为其他方法的有效补充[76-84],提高工程计算的实用性,其推导过程较为繁琐,但能够简化实际复杂的工况,应用方便。本章主要考虑均质围岩隧洞衬砌外水压力的理论计算方法,分三种不同的支护方式,在堵水模式下,推导仅考虑衬砌结构的衬砌外水压力、采用固结灌浆圈达到堵水目的的衬砌外水压力以及复合支护条件下的衬砌外水压力,如图2.1.1所示。由于初期支护与二次衬砌往往采用不同强度的混凝土,其渗透系数往往存在差异,进而作用在初期支护与二次衬砌表面的外水压力也不同,故在计算复合支护条件下的外水压力时需要分开考虑二者,从而得到更全面的复合支护条件下隧洞外水压力解析解。

考虑复合支护条件下,固结灌浆圈形成的固结带相当于一个新的"衬砌结构",外水压力的概念也就有了新的解释,包括初期支护上的水压力、二次衬砌上的水压力以及固结灌浆圈外的水压力三种。在计算外水压力折减系数的时候,分别给出了作用于初期支护、二次衬砌以及固结灌浆圈外的外水压力折减

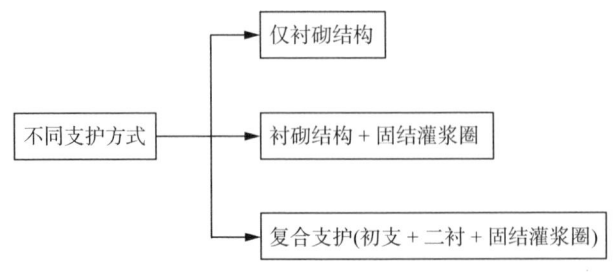

图 2.1.1　三种支护方式

系数计算公式。

计算水工隧洞衬砌外水压力时,考虑到隧洞断面远小于顶部含水层厚度,故假定地下水渗流处于稳定流态,且远水势恒定。此时,依据无限含水层井流理论,把圆形隧洞中隧洞围岩、固结灌浆圈、衬砌渗流概括为承压水向垂直井的运动,进而可以推导出隧洞中无内水压时隧洞衬砌外水压力解析解,如图 2.1.2 所示。

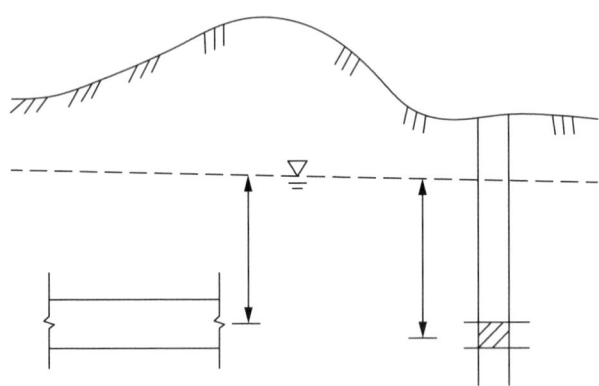

图 2.1.2　用竖井代替隧洞示意图

2.1.1　考虑衬砌结构的外水压力解析解

由于渗流势只与水压力有关,此时水荷载呈现轴对称分布,作用水头 $h = P/\gamma_w$,式中 γ_w 为地下水容重,P 为地下水压力,则有:

$$\frac{\partial^2 P}{\partial x^2} + \frac{\partial^2 P}{\partial y^2} + \frac{\partial^2 P}{\partial z^2} = 0 \qquad (2.1-1)$$

用极坐标代替笛卡尔坐标系,并且 z 不影响地下水压力 P,可写为:

$$\frac{\partial^2 P}{\partial r^2}+\frac{1}{r}\frac{\partial P}{\partial r}=0 \tag{2.1-2}$$

假定:①围岩为各向同性的均匀连续介质,且处于完全饱和状态,隧洞断面为圆形;②抽水前的地下水面是水平的,并视为稳定的;③含水层中的水流渗流服从达西定律,且不计初始渗流场。进而有:

$$P=A+B\ln r \tag{2.1-3}$$

式中,A、B——积分系数,可以实现用数学物理问题来解决隧洞的渗流问题。

对于仅考虑衬砌结构的水工隧洞而言,采用地下水向承压完整井运动的井流公式来推求,将其简化为轴对称问题,示意图如图 2.1.3 所示。图中:r_0 为衬砌内径,r_1 为衬砌外径,H 为水力影响半径;k_c 为衬砌渗透系数,k_r 为围岩渗透系数;p_1 为衬砌外表面水压力,p_2 为水力影响半径以外的水压力。

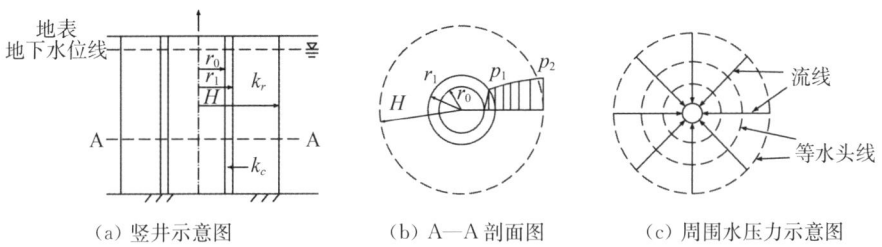

(a) 竖井示意图　　(b) A—A 剖面图　　(c) 周围水压力示意图

图 2.1.3　地下水向承压完整井流动示意图

假定指向隧洞的方向为正方向。根据边界条件 $r=r_0$、$P=0$;$r=r_1$、$P=p_1$,可计算出衬砌中的地下水压力:

$$P_c=\frac{\ln\dfrac{r}{r_0}}{\ln\dfrac{r_1}{r_0}}p_1 \tag{2.1-4}$$

由达西定律推求得到衬砌中地下水的渗流速度为:

$$V_c=-\frac{\partial h}{\partial r}=-\frac{k_c}{\gamma_w}\frac{\partial P_c}{\partial r} \tag{2.1-5}$$

当 $r=r_1$ 时,有:

$$V_c = -\frac{k_c}{\gamma_w} \frac{p_1}{r_1 \ln \frac{r_1}{r_0}} \tag{2.1-6}$$

衬砌后,隧洞围岩中水力势场由毛洞状态下的 p_1 变为 p_2。根据边界条件 $r=r_1$、$P=p_1$；$r=H$、$P=p_2$ 可计算出围岩中的地下水压力：

$$P_r = \frac{\ln \frac{H}{r}}{\ln \frac{H}{r_1}} p_1 + \frac{\ln \frac{r}{r_1}}{\ln \frac{H}{r_1}} p_2 \tag{2.1-7}$$

由达西定律推求得到围岩中地下水的渗流速度为：

$$V_r = -k_r \frac{\partial h}{\partial r} = -\frac{k_r}{\gamma_w} \frac{\partial P_r}{\partial r} \tag{2.1-8}$$

当 $r=r_1$ 时,有:

$$V_r = -\frac{k_r}{\gamma_w} \frac{p_2 - p_1}{r_1 \ln \frac{H}{r}} \tag{2.1-9}$$

进而可得衬砌外水压力 p_1 值：

$$p_1 = \frac{\ln \frac{r_1}{r_0}}{\ln \frac{r_1}{r_0} + \frac{k_c}{k_r} \ln \frac{H}{r_1}} p_2 \tag{2.1-10}$$

进而,仅考虑衬砌结构外水压力:

$$P = \begin{cases} \dfrac{\ln \frac{r}{r_0}}{\ln \frac{r_1}{r_0} + \frac{k_c}{k_r} \ln \frac{H}{r_1}} p_2, & r_0 \leqslant r \leqslant r_1 \\[2ex] \dfrac{\ln \frac{r_1}{r_0} + \frac{k_c}{k_r} \ln \frac{r}{r_1}}{\ln \frac{r_1}{r_0} + \frac{k_c}{k_r} \ln \frac{H}{r_1}} p_2, & r_1 \leqslant r \leqslant H \end{cases} \tag{2.1-11}$$

2.1.2 考虑固结灌浆圈的衬砌外水压力解析解

对于含固结灌浆圈的水工隧洞而言,采用地下水向承压完整井运动的井流公式来推求,将其简化为轴对称问题,示意图如图 2.1.4 所示。

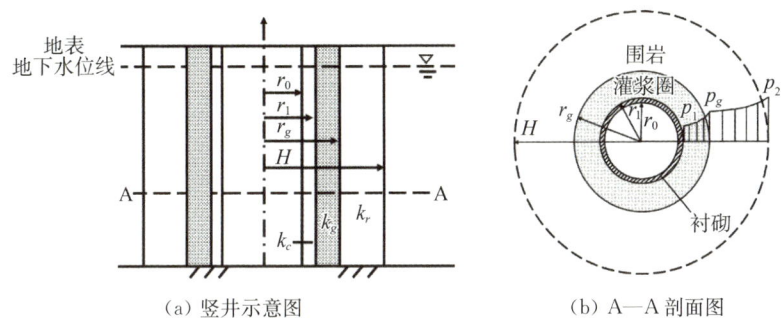

(a) 竖井示意图　　　　(b) A—A 剖面图

图 2.1.4　含固结灌浆圈地下水向承压完整井流动示意图

图中:r_0 为衬砌内径,r_1 为衬砌外径(或固结灌浆圈内径),r_g 为固结灌浆圈外径,H 为水力影响半径;k_c 为衬砌渗透系数,k_g 为固结灌浆圈渗透系数,k_r 为围岩渗透系数;p_1 为衬砌外表面水压力,p_g 为固结灌浆圈外表面水压力,p_2 为水力影响半径以外的水压力。

注浆后,隧洞围岩中水力势场由毛洞状态下的 p_1 变为 p_g。根据边界条件 $r=r_1$、$P=p_1$;$r=r_g$、$P=p_g$,可计算出固结灌浆圈中的地下水压力:

$$P_g = \frac{\ln \dfrac{r_g}{r}}{\ln \dfrac{r_g}{r_1}} p_1 + \frac{\ln \dfrac{r}{r_1}}{\ln \dfrac{r_g}{r_1}} p_g \qquad (2.1\text{-}12)$$

由达西定律推求得到固结灌浆圈中地下水的渗流速度为:

$$V_g = -k_g \frac{\partial h}{\partial r} = -\frac{k_g}{\gamma_w} \frac{\partial P_g}{\partial r} \qquad (2.1\text{-}13)$$

当 $r=r_1$ 时,有:

$$V_g = -\frac{k_g}{\gamma_w} \frac{p_g - p_1}{r_1 \ln \dfrac{r_g}{r_1}} \qquad (2.1\text{-}14)$$

当 $r=r_g$ 时,有:

$$V_g = -\frac{k_g}{\gamma_w} \frac{p_g - p_1}{r_g \ln \frac{r_g}{r_1}} \tag{2.1-15}$$

衬砌后,隧洞围岩中水力势场由毛洞状态下的 p_1 变为 p_2。根据边界条件 $r=r_1$、$P=p_1$；$r=H$、$P=p_2$,可计算出围岩中的地下水压力：

$$P_r = \frac{\ln \frac{r}{r_g}}{\ln \frac{H}{r_g}} p_2 + \frac{\ln \frac{H}{r}}{\ln \frac{H}{r_g}} p_g \tag{2.1-16}$$

由达西定律推求得到围岩中地下水的渗流速度为:

$$V_r = -k_r \frac{\partial h}{\partial r} = -\frac{k_r}{\gamma_w} \frac{\partial P_r}{\partial r} \tag{2.1-17}$$

当 $r=r_g$ 时,有:

$$V_r = -\frac{k_r}{\gamma_w} \frac{p_2 - p_g}{r_g \ln \frac{H}{r_g}} \tag{2.1-18}$$

可得固结灌浆圈外水压力 p_g、衬砌外水压力 p_1 值:

$$p_1 = \frac{k_r k_g \ln \frac{r_1}{r_0}}{k_c k_g \ln \frac{H}{r_g} + k_c k_r \ln \frac{r_g}{r_1} + k_r k_g \ln \frac{r_1}{r_0}} p_2 \tag{2.1-19}$$

$$p_g = \frac{k_r k_c \ln \frac{r_g}{r_1} + k_r k_g \ln \frac{r_1}{r_0}}{k_c k_g \ln \frac{H}{r_g} + k_c k_r \ln \frac{r_g}{r_1} + k_r k_g \ln \frac{r_1}{r_0}} p_2 \tag{2.1-20}$$

综上,含固结灌浆圈隧洞外水压力:

$$P=\begin{cases}\dfrac{k_r k_g \ln\dfrac{r}{r_0}}{k_c k_g \ln\dfrac{H}{r_g}+k_c k_r \ln\dfrac{r_g}{r_1}+k_r k_g \ln\dfrac{r_1}{r_0}}p_2, & r_0 \leqslant r \leqslant r_1 \\[2ex] \dfrac{k_r k_g \ln\dfrac{r_1}{r_0}+k_r k_c \ln\dfrac{r}{r_1}}{k_c k_g \ln\dfrac{H}{r_g}+k_c k_r \ln\dfrac{r_g}{r_1}+k_r k_g \ln\dfrac{r_1}{r_0}}p_2, & r_1 \leqslant r \leqslant r_g \\[2ex] \left(\dfrac{\ln\dfrac{r}{r_g}}{\ln\dfrac{H}{r_g}}+\dfrac{\ln\dfrac{H}{r}}{\ln\dfrac{H}{r_g}}\cdot\dfrac{k_r k_c \ln\dfrac{r_g}{r_1}+k_r k_g \ln\dfrac{r_1}{r_0}}{k_c k_g \ln\dfrac{H}{r_g}+k_c k_r \ln\dfrac{r_g}{r_1}+k_r k_g \ln\dfrac{r_1}{r_0}}\right)p_2, & r_g \leqslant r \leqslant H\end{cases}$$

(2.1-21)

特别地,若仅考虑衬砌结构,即 $k_g = k_r$ 时,外水压力解析计算公式退化为:

$$P=\begin{cases}\dfrac{\ln\dfrac{r}{r_0}}{\ln\dfrac{r_1}{r_0}+\dfrac{k_c}{k_r}\ln\dfrac{H}{r_1}}p_2, & r_0 \leqslant r \leqslant r_1 \\[2ex] \dfrac{\ln\dfrac{r_1}{r_0}+\dfrac{k_c}{k_r}\ln\dfrac{r}{r_1}}{\ln\dfrac{r_1}{r_0}+\dfrac{k_c}{k_r}\ln\dfrac{H}{r_1}}p_2, & r_1 \leqslant r \leqslant H\end{cases}$$

(2.1-22)

2.1.3 复合支护下衬砌外水压力解析解

对于复合支护条件隧洞外水压力解析解的推导,通常是将初期支护与二次衬砌作为"衬砌"整体来考虑的;但实际工程中,由于初期支护与二次衬砌往往采用不同强度的混凝土,其渗透系数往往存在差异,进而作用在初期支护与二次衬砌表面的外水压力也不同,在计算复合支护条件下衬砌外水压力时需要分开考虑。

复合支护条件主要由固结灌浆圈、初期支护、二次衬砌等组成,由于固结灌浆圈的堵水作用,复合支护条件降低了衬砌水压力。对于采用复合支护条件的水工隧洞而言,采用地下水向承压完整井运动的井流公式来推求,将其简化为轴对称问题,示意图如图 2.1.5 所示。

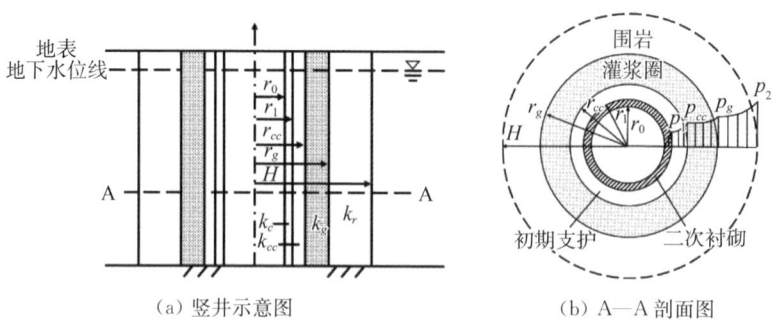

(a) 竖井示意图　　　(b) A—A 剖面图

图 2.1.5　复合衬砌地下水向承压完整井流动示意图

图中：r_0 为衬砌内径，r_1 为衬砌外径（或固结灌浆圈内径），r_g 为固结灌浆圈外径，H 为水力影响半径；k_{cc} 为初期支护的渗透系数，k_c 为二次衬砌渗透系数，k_g 为固结灌浆圈渗透系数，k_r 为围岩渗透系数；p_1 为二次衬砌外表面水压力，p_{cc} 为初期支护外表面水压力，p_g 为固结灌浆圈外表面水压力，p_2 为水力影响半径以外的水压力。

二次衬砌中的地下水压力及地下渗流速度计算同前。根据边界条件 $r=r_1$、$P=p_1$；$r=r_{cc}$、$P=p_{cc}$，可计算出初期支护中的地下水压力：

$$P_{cc}=\frac{\ln\dfrac{r_{cc}}{r}}{\ln\dfrac{r_{cc}}{r_1}}p_1+\frac{\ln\dfrac{r}{r_1}}{\ln\dfrac{r_{cc}}{r_1}}p_{cc} \qquad (2.1\text{-}23)$$

由达西定律推求得到初期支护中地下水的渗流速度为：

$$V_{cc}=-k_{cc}\frac{\partial h}{\partial r}=-\frac{k_{cc}}{\gamma_w}\frac{\partial P_{cc}}{\partial r} \qquad (2.1\text{-}24)$$

当 $r=r_1$ 时，有：

$$V_{cc}=-\frac{k_{cc}}{\gamma_w}\frac{p_{cc}-p_1}{r_1\ln\dfrac{r_{cc}}{r_1}} \qquad (2.1\text{-}25)$$

当 $r=r_{cc}$ 时，有：

$$V_{cc}=-\frac{k_{cc}}{\gamma_w}\frac{p_{cc}-p_1}{r_{cc}\ln\dfrac{r_{cc}}{r_1}} \qquad (2.1\text{-}26)$$

根据边界条件 $r=r_{cc}$、$P=p_{cc}$；$r=r_g$、$P=p_g$，可计算出固结灌浆圈中的地下水压力：

$$p_g = \frac{\ln \dfrac{r_g}{r}}{\ln \dfrac{r_g}{r_{cc}}} p_{cc} + \frac{\ln \dfrac{r}{r_{cc}}}{\ln \dfrac{r_g}{r_{cc}}} p_g \tag{2.1-27}$$

由达西定律推求得到固结灌浆圈中地下水的渗流速度为：

$$V_g = -k_g \frac{\partial h}{\partial r} = -\frac{k_g}{\gamma_w} \frac{\partial P_g}{\partial r} \tag{2.1-28}$$

当 $r=r_{cc}$ 时，有：

$$V_g = -\frac{k_g}{\gamma_w} \frac{p_g - p_{cc}}{r_{cc} \ln \dfrac{r_g}{r_{cc}}} \tag{2.1-29}$$

当 $r=r_g$ 时，有：

$$V_g = -\frac{k_g}{\gamma_w} \frac{p_g - p_{cc}}{r_g \ln \dfrac{r_g}{r_{cc}}} \tag{2.1-30}$$

根据边界条件 $r=r_g$、$P=p_g$；$r=H$、$P=p_2$ 可计算出围岩中的地下水压力：

$$p_r = \frac{\ln \dfrac{H}{r}}{\ln \dfrac{H}{r_g}} p_g + \frac{\ln \dfrac{r}{r_g}}{\ln \dfrac{H}{r_g}} p_2 \tag{2.1-31}$$

由达西定律推求得到围岩中地下水的渗流速度为：

$$V_r = -k_r \frac{\partial h}{\partial r} = -\frac{k_r}{\gamma_w} \frac{\partial P_r}{\partial r} \tag{2.1-32}$$

当 $r=r_g$ 时，有：

$$V_r = -\frac{k_r}{\gamma_w} \frac{p_2 - p_g}{r_g \ln \dfrac{H}{r_g}} \tag{2.1-33}$$

可得固结灌浆圈外水压力 p_g、初期支护外水压力 p_{cc} 以及二次衬砌外水压力 p_1 值：

$$p_g = \frac{k_r k_{cc} k_c \ln\dfrac{r_g}{r_{cc}} + k_r k_c k_g \ln\dfrac{r_{cc}}{r_1} + k_r k_{cc} k_g \ln\dfrac{r_1}{r_0}}{k_{cc} k_c k_g \ln\dfrac{H}{r_g} + k_r k_{cc} k_c \ln\dfrac{r_g}{r_{cc}} + k_c k_r k_g \ln\dfrac{r_{cc}}{r_1} + k_r k_g k_{cc} \ln\dfrac{r_1}{r_0}} p_2$$

(2.1-34)

$$p_{cc} = \frac{k_r k_c k_g \ln\dfrac{r_{cc}}{r_1} + k_r k_{cc} k_g \ln\dfrac{r_1}{r_0}}{k_{cc} k_c k_g \ln\dfrac{H}{r_g} + k_r k_{cc} k_c \ln\dfrac{r_g}{r_{cc}} + k_c k_r k_g \ln\dfrac{r_{cc}}{r_1} + k_r k_g k_{cc} \ln\dfrac{r_1}{r_0}} p_2$$

(2.1-35)

$$p_1 = \frac{k_r k_{cc} k_g \ln\dfrac{r_1}{r_0}}{k_{cc} k_c k_g \ln\dfrac{H}{r_g} + k_r k_{cc} k_c \ln\dfrac{r_g}{r_{cc}} + k_c k_r k_g \ln\dfrac{r_{cc}}{r_1} + k_r k_g k_{cc} \ln\dfrac{r_1}{r_0}} p_2$$

(2.1-36)

综上,含固结灌浆圈隧洞外水压力:

$$P = \begin{cases} \dfrac{k_r k_{cc} k_g \ln\dfrac{r}{r_0}}{k_{cc} k_c k_g \ln\dfrac{H}{r_g} + k_r k_{cc} k_c \ln\dfrac{r_g}{r_{cc}} + k_c k_r k_g \ln\dfrac{r_{cc}}{r_1} + k_r k_g k_{cc} \ln\dfrac{r_1}{r_0}} p_2, r_0 \leqslant r \leqslant r_1 \\[2ex] \dfrac{k_r k_c k_g \ln\dfrac{r}{r_0} + k_r k_{cc} k_g \ln\dfrac{r_1}{r_0}}{k_{cc} k_c k_g \ln\dfrac{H}{r_g} + k_r k_{cc} k_c \ln\dfrac{r_g}{r_{cc}} + k_c k_r k_g \ln\dfrac{r_{cc}}{r_1} + k_r k_g k_{cc} \ln\dfrac{r_1}{r_0}} p_2, r_1 \leqslant r \leqslant r_2 \\[2ex] \dfrac{k_r k_{cc} k_c \ln\dfrac{r}{r_{cc}} + k_r k_c k_g \ln\dfrac{r_{cc}}{r_1} + k_r k_{cc} k_g \ln\dfrac{r_1}{r_0}}{k_{cc} k_c k_g \ln\dfrac{H}{r_g} + k_r k_{cc} k_c \ln\dfrac{r_g}{r_{cc}} + k_c k_r k_g \ln\dfrac{r_{cc}}{r_1} + k_r k_g k_{cc} \ln\dfrac{r_1}{r_0}} p_2, r_{cc} \leqslant r \leqslant r_g \\[2ex] \left(\dfrac{\ln\dfrac{H}{r}}{\ln\dfrac{H}{r_g}} \cdot \dfrac{k_r k_{cc} k_c \ln\dfrac{r}{r_{cc}} + k_r k_c k_g \ln\dfrac{r_{cc}}{r_1} + k_r k_{cc} k_g \ln\dfrac{r_1}{r_0}}{k_{cc} k_c k_g \ln\dfrac{H}{r_g} + k_r k_{cc} k_c \ln\dfrac{r_g}{r_{cc}} + k_c k_r k_g \ln\dfrac{r_{cc}}{r_1} + k_r k_g k_{cc} \ln\dfrac{r_1}{r_0}} + \dfrac{\ln\dfrac{r}{r_g}}{\ln\dfrac{H}{r_g}}\right) p_2, \\[2ex] \hspace{10cm} r_g \leqslant r \leqslant H \end{cases}$$

(2.1-37)

特别地,若不采用复合衬砌,即 $k_{cc}=k_g$ 时,有:

$$P=\begin{cases} \dfrac{k_r k_g \ln\dfrac{r}{r_0}}{k_c k_g \ln\dfrac{H}{r_g}+k_c k_r k_g \ln\dfrac{r_g}{r_1}+k_r k_g \ln\dfrac{r_1}{r_0}} p_2, r_0 \leqslant r \leqslant r_1 \\[3mm] \dfrac{k_r k_c \ln\dfrac{r}{r_0}+k_r k_g \ln\dfrac{r_1}{r_0}}{k_c k_g \ln\dfrac{H}{r_g}+k_c k_r \ln\dfrac{r_g}{r_1}+k_r k_g \ln\dfrac{r_1}{r_0}} p_2, r_1 \leqslant r \leqslant r_g \\[3mm] \left(\dfrac{\ln\dfrac{H}{r}}{\ln\dfrac{H}{r_g}} \cdot \dfrac{k_r k_c \ln\dfrac{r_g}{r_1}+k_r k_g \ln\dfrac{r_1}{r_0}}{k_c k_g \ln\dfrac{H}{r_g}+k_c k_r \ln\dfrac{r_g}{r_1}+k_r k_g \ln\dfrac{r_1}{r_0}}+\dfrac{\ln\dfrac{r}{r_g}}{\ln\dfrac{H}{r_g}}\right) p_2, r_g \leqslant r \leqslant H \end{cases}$$

(2.1-38)

若仅考虑衬砌结构,即 $k_g = k_r$ 时,有:

$$P=\begin{cases} \dfrac{\ln\dfrac{r}{r_0}}{\ln\dfrac{r_1}{r_0}+\dfrac{k_c}{k_r}\ln\dfrac{H}{r_1}} p_2, r_0 \leqslant r \leqslant r_1 \\[3mm] \dfrac{\ln\dfrac{r_1}{r_0}+\dfrac{k_c}{k_r}\ln\dfrac{r}{r_1}}{\ln\dfrac{r_1}{r_0}+\dfrac{k_c}{k_r}\ln\dfrac{H}{r_1}} p_2, r_1 \leqslant r \leqslant H \end{cases}$$

(2.1-39)

2.1.4 均匀岩体衬砌外水压力折减系数

现有的隧洞衬砌外水压力折减系数通常是经验性或半经验性的取值,局限性较大。刘立鹏等[16]认为对于只有具有排水系统的衬砌才存在外水压力折减系数的概念。本节针对富水区水工隧洞,将复合支护条件下的衬砌看作包括初期支护、二次衬砌以及固结注浆圈在内的广义概念,对应的外水压力折减系数为水力半径影响以外的水压力(衬砌轴线到该处地下水位线高程)与二次衬砌、初期支护以及固结灌浆圈外表面的水压力之比。可以看出,地下作用水头一定时,外水压力折减系数越大,排水效果越差,衬砌承受的外水压力越大;外水压力折减系数越小,排水效果越好,衬砌承受的外水压力越小,对衬砌越有利。故在实际工程中常采取一些排水措施来降低衬砌的外水压力,保证结构安全稳定运行。

依据前面推导的三种情况解析计算公式,得到外水压力折减系数的计算公式为:

(1) 仅考虑衬砌结构隧洞衬砌外水压力折减系数:

$$\beta = \frac{p_1}{p_2} = \frac{\ln\dfrac{r_1}{r_0}}{\dfrac{k_c}{k_r}\ln\dfrac{H}{r_1} + \ln\dfrac{r_1}{r_0}} \tag{2.1-40}$$

(2) 含固结灌浆圈隧洞衬砌外水压力折减系数:

衬砌:

$$\beta = \frac{p_1}{p_2} = \frac{\ln\dfrac{r_1}{r_0}}{\dfrac{k_c}{k_r}\ln\dfrac{H}{r_g} + \dfrac{k_c}{k_g}\ln\dfrac{r_g}{r_1} + \ln\dfrac{r_1}{r_0}} \tag{2.1-41}$$

固结灌浆圈:

$$\beta = \frac{p_g}{p_2} = \frac{\dfrac{k_c}{k_g}\ln\dfrac{r_g}{r_1} + \ln\dfrac{r_1}{r_0}}{\dfrac{k_c}{k_r}\ln\dfrac{H}{r_g} + \dfrac{k_c}{k_g}\ln\dfrac{r_g}{r_1} + \ln\dfrac{r_1}{r_0}} \tag{2.1-42}$$

(3) 复合支护条件下隧洞衬砌外水压力折减系数:

二次衬砌:

$$\beta = \frac{p_1}{p_2} = \frac{\ln\dfrac{r_1}{r_0}}{\dfrac{k_c}{k_r}\ln\dfrac{H}{r_g} + \dfrac{k_c}{k_g}\ln\dfrac{r_g}{r_{cc}} + \dfrac{k_c}{k_{cc}}\ln\dfrac{r_{cc}}{r_1} + \ln\dfrac{r_1}{r_0}} \tag{2.1-43}$$

初期支护:

$$\beta_{cc} = \frac{p_{cc}}{p_2} = \frac{\dfrac{k_c}{k_{cc}}\ln\dfrac{r_{cc}}{r_1} + \ln\dfrac{r_1}{r_0}}{\dfrac{k_c}{k_r}\ln\dfrac{H}{r_g} + \dfrac{k_c}{k_g}\ln\dfrac{r_g}{r_{cc}} + \dfrac{k_c}{k_{cc}}\ln\dfrac{r_{cc}}{r_1} + \ln\dfrac{r_1}{r_0}} \tag{2.1-44}$$

固结灌浆圈：

$$\beta_g=\frac{p_g}{p_2}=\frac{\dfrac{k_c}{k_g}\ln\dfrac{r_g}{r_{cc}}+\dfrac{k_c}{k_{cc}}\ln\dfrac{r_{cc}}{r_1}+\ln\dfrac{r_1}{r_0}}{\dfrac{k_c}{k_r}\ln\dfrac{H}{r_g}+\dfrac{k_c}{k_g}\ln\dfrac{r_g}{r_{cc}}+\dfrac{k_c}{k_{cc}}\ln\dfrac{r_{cc}}{r_1}+\ln\dfrac{r_1}{r_0}} \quad (2.1\text{-}45)$$

2.1.5 衬砌外水压力折减系数影响因素

由隧洞衬砌外水压力折减系数的计算公式可知，影响隧洞外水压力折减系数的因素主要有地下水作用水头、衬砌厚度及渗透性、固结灌浆圈厚度及渗透性。为此，采用控制变量法，分别讨论这些影响因素对采用复合支护条件的隧洞外水压力折减系数的作用效果，并指出关键影响因素，五种计算工况如图 2.1.6 所示。

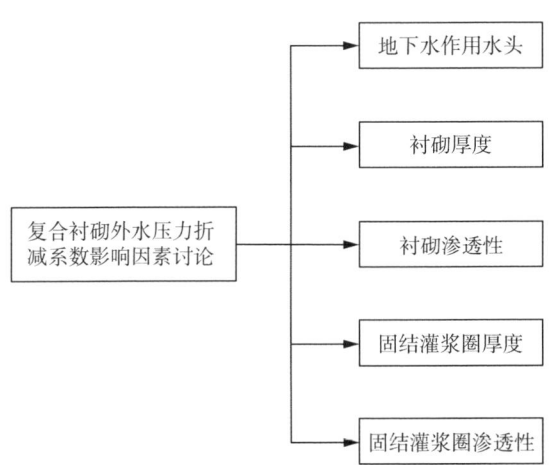

图 2.1.6 复合衬砌外水压力关键影响因素分析

(1) 地下水作用水头

分别取 $H=20$、50、100、200、300、400、500、1 000、2 000 m，绘制地下水作用水头对初期支护、二次衬砌以及固结灌浆圈的外水压力折减系数的影响曲线，如图 2.1.7 所示。

根据图 2.1.7 可知，外水压力折减系数受地下水作用水头值 H 的影响较大：外水压力折减系数随地下水作用水头值 H 的增大而减小，当地下水作用水头值非常大（>1 000 m）时，外水压力折减系数值趋于稳定变化；同时，固结灌

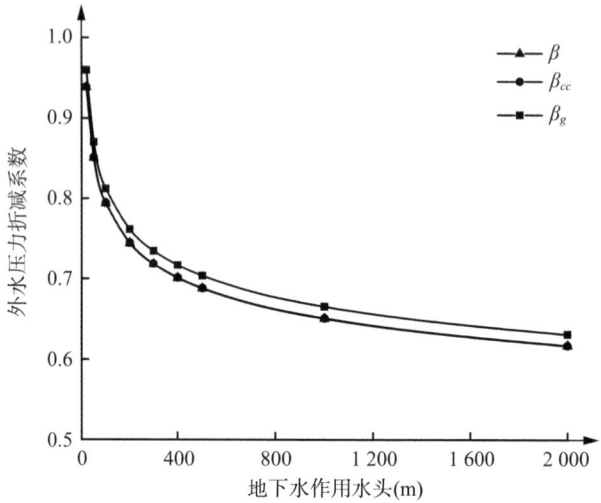

图 2.1.7　地下水作用水头对外水压力折减系数影响曲线

浆圈的外水压力折减系数值明显大于初期支护及二次衬砌的值,且初期支护和二次衬砌的外水压力折减系数值一直比较接近。

(2) 衬砌厚度

分别取二次衬砌内径 $r_0 = 6.28、6.48、6.68、6.88、7.08、7.28$ m,绘制衬砌厚度对初期支护、二次衬砌以及固结灌浆圈的外水压力折减系数的影响曲线,如图 2.1.8 所示。

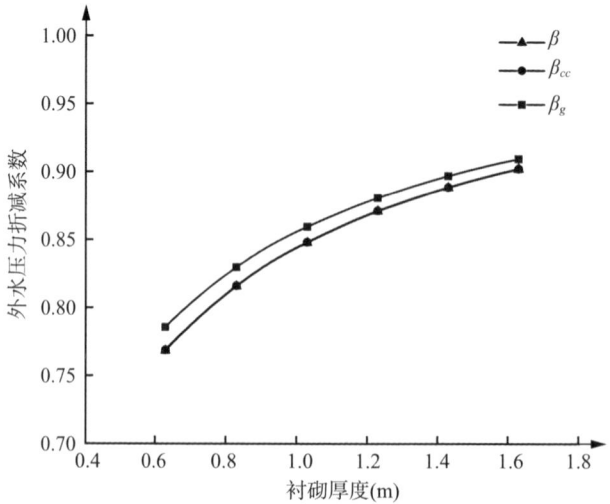

图 2.1.8　衬砌厚度对外水压力折减系数影响曲线

根据图 2.1.8 可知,外水压力折减系数受衬砌厚度的影响较大:外水压力折减系数值随衬砌厚度的增大而增大,但增幅变化不大;同时,固结灌浆圈的外水压力折减系数值明显大于初期支护及二次衬砌的值,随着衬砌厚度的增加,三者的外水压力值也越来越接近,且初期支护和二次衬砌的外水压力折减系数值一直比较接近。

(3) 衬砌渗透性

将初期支护及二次衬砌一起考虑,分别取衬砌渗透系数为 1×10^{-3} m/s、1×10^{-4} m/s、1×10^{-5} m/s、1×10^{-6} m/s、1×10^{-7} m/s、1×10^{-8} m/s、1×10^{-9} m/s,绘制衬砌渗透性对初期支护、二次衬砌以及固结灌浆圈的外水压力折减系数的影响曲线,如图 2.1.9 所示。

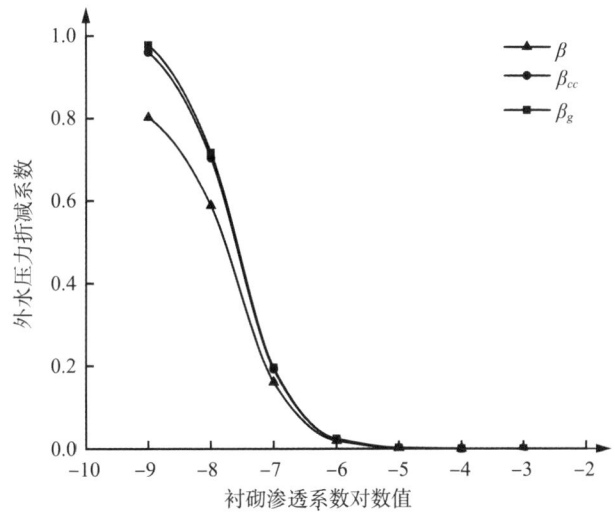

图 2.1.9 衬砌渗透性对外水压力折减系数影响曲线

根据图 2.1.9 可知,外水压力折减系数受衬砌渗透系数的影响大:外水压力折减系数值随衬砌渗透系数的增大而减小,当衬砌渗透系数非常大时,外水压力折减系数接近于 0。可以看出,增大衬砌渗透系数可以有效减小衬砌外水压力。同时,固结灌浆圈的外水压力折减系数值明显大于初期支护及二次衬砌的值,随着衬砌渗透系数的增加,三者的外水压力值也越来越接近。

(4) 固结灌浆圈厚度

分别取固结灌浆圈厚度为 0、3、6、9、12、15、18 m,绘制固结灌浆圈厚度对初期支护、二次衬砌以及固结灌浆圈的外水压力折减系数的影响曲线,如图 2.1.10 所示。

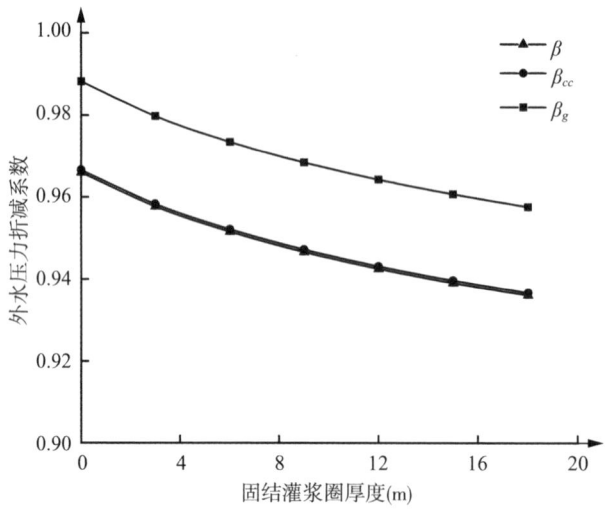

图 2.1.10　固结灌浆圈厚度对外水压力折减系数影响曲线

根据图 2.1.10 可知,外水压力折减系数受固结灌浆圈厚度的影响较大:整体而言,外水压力折减系数值随固结灌浆圈厚度的增大而减小;同时,固结灌浆圈的外水压力折减系数值明显大于初期支护及二次衬砌的值,且初期支护和二次衬砌的外水压力折减系数值一直比较接近。

(5) 固结灌浆圈渗透性

分别取固结灌浆圈渗透系数为 1×10^{-7} m/s、2×10^{-7} m/s、3×10^{-7} m/s、4×10^{-7} m/s、6×10^{-7} m/s、7×10^{-7} m/s、8×10^{-7} m/s、9×10^{-7} m/s,绘制固结灌浆圈渗透性对初期支护、二次衬砌以及固结灌浆圈的外水压力折减系数的影响曲线,如图 2.1.11 所示。

根据图 2.1.11 可知,外水压力折减系数受固结灌浆圈渗透系数的影响较大:外水压力折减系数值随固结灌浆圈渗透系数的增大而增大,最后趋于稳定,接近于 1;同时,固结灌浆圈、初期支护和二次衬砌的外水压力折减系数值十分接近。

根据敏感性分析结果,减小作用于隧洞衬砌上的外水压力可通过增大衬砌渗透性和降低固结灌浆圈渗透性来实现。虽然减小衬砌厚度也能有效减小隧洞衬砌外水压力折减系数,但厚度减小会使得衬砌难以满足稳定性要求,其抵抗外水压力和围岩压力的能力会下降,故一般不建议采用。初期支护和二次衬

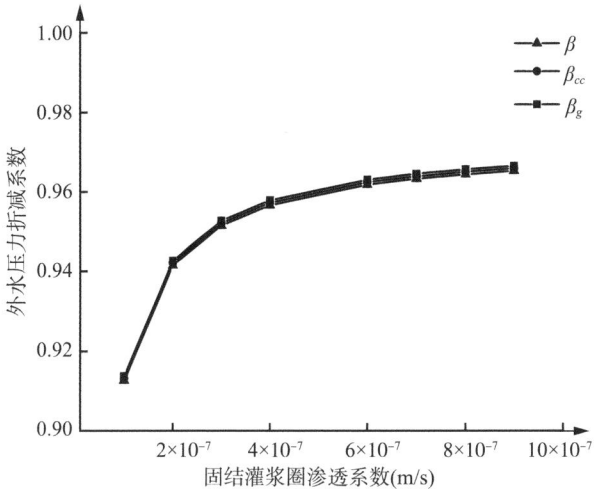

图 2.1.11　固结灌浆圈渗透性对外水压力折减系数影响曲线

砌的外水压力折减系数值十分接近，当衬砌或固结灌浆圈渗透系数改变时，两者外水压力的折减系数会出现一定的差异，故具体工程应用中有必要分开考虑初期支护与二次衬砌上的外水压力。此外，固结灌浆圈外水压力折减系数总是大于初期支护及二次衬砌外水压力折减系数，说明固结灌浆圈承受了大部分外水压力，故在工程设计时不可忽视固结灌浆圈所承受的外水压力。

2.1.6　隧洞渗流量解析计算

根据达西渗流基本原理，考虑带有灌浆圈、衬砌和初期支护的水工无压隧洞，推导得出隧洞渗流量与灌浆圈、衬砌和初期支护相关参数的函数关系，计算考虑灌浆圈、初期支护和衬砌的隧洞渗流量。

假设地下渗流场整体趋于稳定且为均匀轴向渗流，假设围岩、灌浆圈、初期支护、衬砌、管片均为各向同性的均匀介质且其外边界上等水头，地下水水头为 H_5，灌浆圈外边界水头为 H_4，初期支护外边界水头为 H_3，衬砌外边界水头为 H_2，衬砌内边界水头为 H_1，管片内边界水头为 H_0，围岩渗透系数为 K_5，灌浆圈渗透系数为 K_4，初期支护渗透系数为 K_3，衬砌渗透系数为 K_2，管片渗透系数为 K_1。隧洞模型见图 2.1.12。

在隧洞轴线方向为 z 轴方向满足 Laplace 方程的表达形式为：

$$\frac{1}{r}\frac{\partial}{\partial r}\left(r\frac{\partial H}{\partial r}\right)+\frac{1}{r^2}\frac{\partial^2 H}{\partial \theta^2}+\frac{\partial^2 H}{\partial z^2}=0 \qquad (2.1-46)$$

由假设条件可得 $\frac{\partial H}{\partial z}=0, \frac{\partial H}{\partial \theta}=0$，代入上式得：

$$r\frac{dH}{dr}=C \tag{2.1-47}$$

由假设条件，将上式代入达西定律得：

$$dH=\frac{Q}{2\pi K}\frac{dr}{r} \tag{2.1-48}$$

由边界条件对 dH 进行积分，得：

$$\int_{H_{n-1}}^{H_n} dH=\frac{Q}{2\pi K_n}\int_{r_{n-1}}^{r_n}\frac{dr}{r} \tag{2.1-49}$$

进一步，可得：

$$H_n-H_{n-1}=\frac{Q}{2\pi K_n}\frac{\ln r_n}{\ln r_{n-1}} \tag{2.1-50}$$

进一步，可得隧洞涌水量为：

$$Q=\frac{2\pi K_1(H_5-H_0)}{\frac{K_1}{K_5}\frac{\ln r_5}{\ln r_4}+\frac{K_1}{K_4}\frac{\ln r_4}{\ln r_3}+\frac{K_1}{K_3}\frac{\ln r_3}{\ln r_2}+\frac{K_1}{K_2}\frac{\ln r_2}{\ln r_1}+\frac{\ln r_1}{\ln r_0}} \tag{2.1-51}$$

再由无压隧洞有 $H_0=0$，代入上式得：

$$Q=\frac{2\pi K_1(H_5)}{\frac{K_1}{K_5}\frac{\ln r_5}{\ln r_4}+\frac{K_1}{K_4}\frac{\ln r_4}{\ln r_3}+\frac{K_1}{K_3}\frac{\ln r_3}{\ln r_2}+\frac{K_1}{K_2}\frac{\ln r_2}{\ln r_1}+\frac{\ln r_1}{\ln r_0}} \tag{2.1-52}$$

未进行 TBM 施工时有：

$$Q=\frac{2\pi K_2(H_5)}{\frac{K_2}{K_5}\frac{\ln r_5}{\ln r_4}+\frac{K_2}{K_4}\frac{\ln r_4}{\ln r_3}+\frac{K_2}{K_3}\frac{\ln r_3}{\ln r_2}+\frac{\ln r_2}{\ln r_1}} \tag{2.1-53}$$

由上式可以看出，隧洞渗流量与围岩渗透系数和边界水头、灌浆圈厚度和渗透系数、初期支护厚度和渗透系数，以及衬砌厚度和渗透系数有关。结合滇中引水工程松林洞段典型断面，拟定灌浆圈厚度和渗透系数为 6 m 和 3×10^{-7} m/s；初期支护厚度和渗透系数为 0.2 m 和 3×10^{-7} m/s；二次衬砌厚度

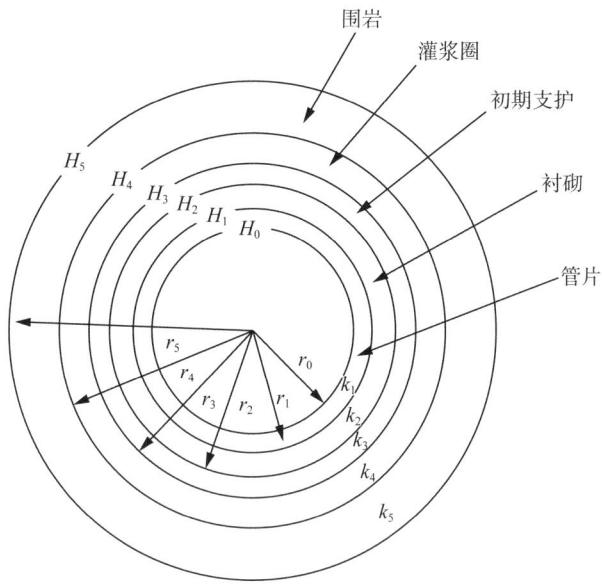

图 2.1.12 隧洞模型示意图

和渗透系数为 0.5 m 和 1×10^{-9} m/s，衬砌内径为 3.8 m；取水头高度 H 为 605 m。

(1) 随着水头高度的变化，隧洞的渗流量也会产生相应的变化，取水头高度分别为 100、200、300、350、400、450、500、605 m，计算得到隧洞内渗流量随水头高度变化规律如图 2.1.13 所示。

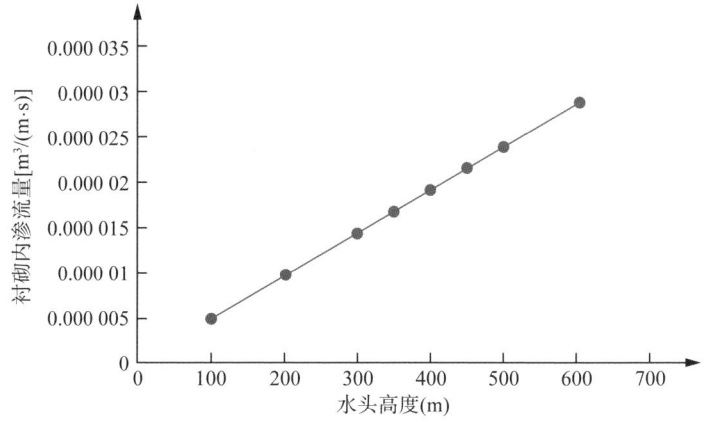

图 2.1.13 渗流量随水头高度变化

第 2 章 水工隧洞外水压力计算方法

通过图 2.1.13 可知,随着水头高度的不断增加,隧洞衬砌内渗流量不断增加,呈线性关系。

(2) 由于隧洞穿越地层特征不同,围岩的渗透性也有所不同,在隧洞渗流分析过程中,随着围岩渗透性的变化,隧洞内的渗流量也会产生相应的改变,现拟定隧洞围岩的渗透系数分别为 1×10^{-3} m/s、1×10^{-5} m/s、1×10^{-6} m/s、1×10^{-7} m/s、1×10^{-8} m/s、1×10^{-9} m/s、1×10^{-10} m/s、1×10^{-11} m/s,按照推导公式计算隧洞渗流量,得到渗流量随围岩渗透性变化曲线如图 2.1.14 所示。

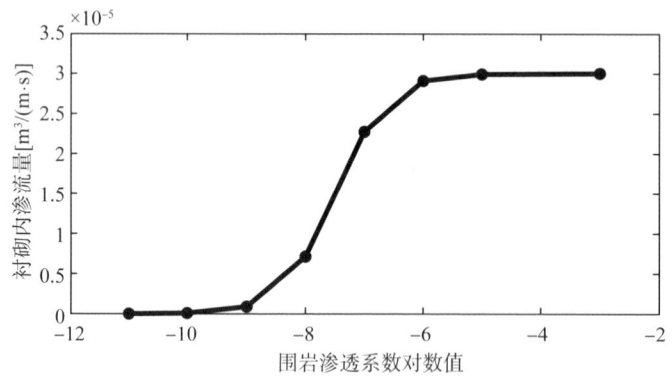

图 2.1.14 渗流量随围岩渗透系数变化

通过图 2.1.14 可以得知,随着围岩渗透系数的增大,隧洞渗流量也随之增大,当围岩渗透系数大于 1×10^{-7} m/s 时,渗流量变化不明显,趋于稳定;渗透系数小于 1×10^{-10} m/s 时,隧洞渗流量趋近于 0。

(3) 隧洞施工过程中,围岩灌浆可以有效地降低隧洞的渗流量,起到堵水作用,拟定灌浆圈渗透系数分别为 1×10^{-6} m/s、1×10^{-7} m/s、1×10^{-8} m/s、1×10^{-9} m/s、1×10^{-10} m/s、1×10^{-11} m/s,厚度分别为 2、4、5、6、8、10 m,分别计算得到隧洞渗流量随灌浆圈渗透系数和灌浆圈厚度改变的变化曲线,如图 2.1.15 和图 2.1.16。

通过图 2.1.15 和图 2.1.16 可以得知,当隧洞围岩灌浆圈渗透系数与围岩渗透系数相等时,可以当作不进行灌浆处理,此时隧洞的渗流量最大。随着灌浆圈渗透系数的减小,隧洞的渗流量明显减小,说明通过灌浆的方法加固围岩可以有效地减小隧洞的渗流量,从而保护结构的稳定。当灌浆圈渗透系数小于 1×10^{-9} m/s 时,隧洞渗流量很小;渗透系数小于 1×10^{-10} m/s 时,隧洞渗流量

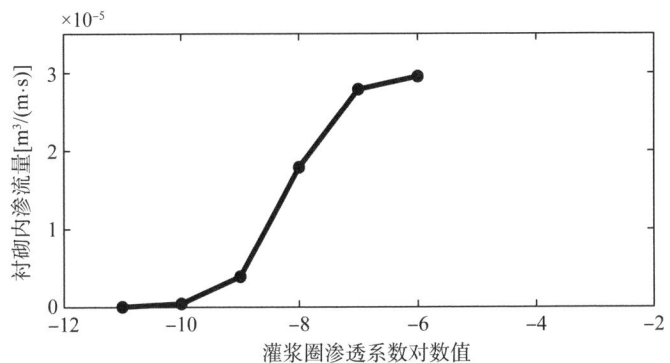

图 2.1.15　渗流量随灌浆圈渗透系数变化

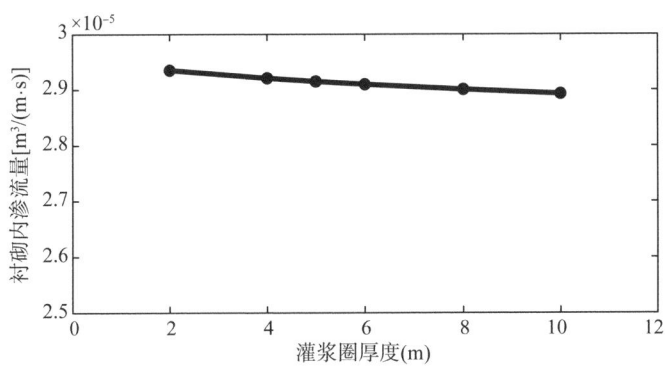

图 2.1.16　渗流量随灌浆圈厚度变化

接近于 0，近似可忽略不计。随着灌浆圈厚度增加，衬砌内渗流量不断减小；当灌浆圈厚度大于 8 m 时，衬砌渗流量下降变得十分缓慢，即继续增加灌浆圈厚度对减小渗流量的作用有限。因此，在实际工程中，应该根据现场地质情况，合理对围岩进行灌浆加固。

（4）隧洞施工过程中，初期支护主要起到支护承载作用，可以有效约束围岩变形，同样初期支护的渗透性和厚度也会对隧洞的渗流量产生影响，取初期支护渗透系数分别为 1×10^{-6} m/s、1×10^{-7} m/s、1×10^{-8} m/s、1×10^{-9} m/s、1×10^{-10} m/s、1×10^{-11} m/s，厚度分别为 0.2、0.3、0.4、0.5、0.6 m。根据推导公式计算得到隧洞渗流量随初期支护厚度和渗透性改变的变化曲线如图 2.1.17 和图 2.1.18。

通过图 2.1.17 和图 2.1.18 可以得知，随着初期支护渗透性不断降低，隧

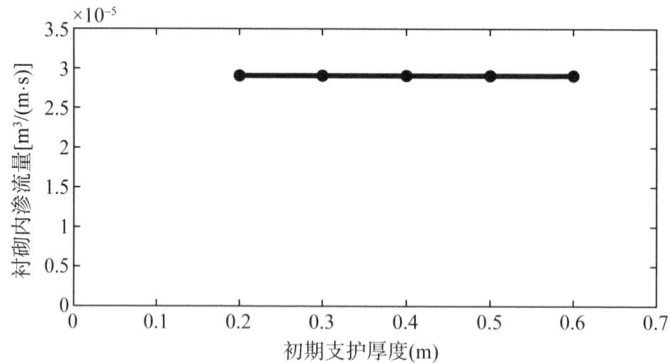

图 2.1.17　渗流量随初期支护厚度变化

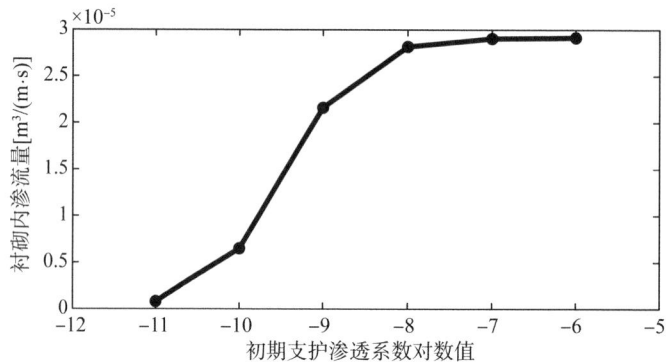

图 2.1.18　渗流量随初期支护渗透系数变化

洞渗流量不断减少,说明降低初期支护渗透性对限制隧洞渗流量是有效的。当初期支护渗透系数小于 1×10^{-10} m/s 时,隧洞内几乎不存在渗水;当渗透系数大于 1×10^{-8} m/s 时,隧洞渗流量保持稳定,所以建议初期支护渗透系数应小于 1×10^{-8} m/s,以此来减少隧洞内渗水量。当初期支护厚度改变时,隧洞渗流量几乎保持不变,因此在实际隧洞工程施工过程中,可以忽略初期支护厚度对隧洞渗流的影响,并根据实际情况及设计要求选取合适的初期支护厚度。

(5) 隧洞衬砌作为支护型结构,可以有效防止围岩变形。随着衬砌厚度和渗透系数改变,隧洞渗流量也会发生相应改变,取衬砌渗透系数分别为 1×10^{-6} m/s、1×10^{-7} m/s、1×10^{-8} m/s、1×10^{-9} m/s、1×10^{-10} m/s、1×10^{-11} m/s,厚度分别为 0.2、0.3、0.4、0.5、0.6、0.7、0.8、0.9 m。根据推导公

式计算得到的隧洞渗流量随衬砌厚度和渗透性改变的变化曲线如图 2.1.19 和图 2.1.20。

通过图 2.1.19 和图 2.1.20 可知，随着衬砌渗透性的增大，隧洞的渗流量也相应增加并且增加幅度较大，说明衬砌的渗透性对隧洞防渗起着至关重要的作用，当衬砌渗透性保持不变时，随着衬砌厚度的不断增加，隧洞的渗流量减小，说明增加衬砌的厚度对减小隧洞内的渗流量有着积极的作用。总的来讲，增加衬砌的厚度或者减小衬砌的渗透系数可以有效地减小隧洞内的渗流量，但隧洞衬砌要对围岩起到支承作用，减少围岩的变形。因此，在保证衬砌受力的前提下，可以尽量地去加厚衬砌或减小衬砌渗透系数来减小渗透作用对隧洞结构造成的破坏。

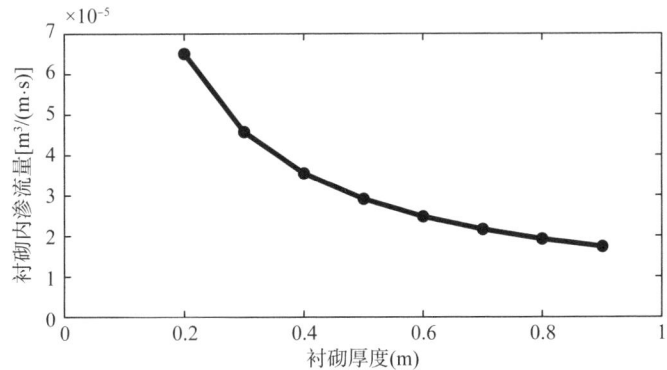

图 2.1.19　渗流量随衬砌厚度变化

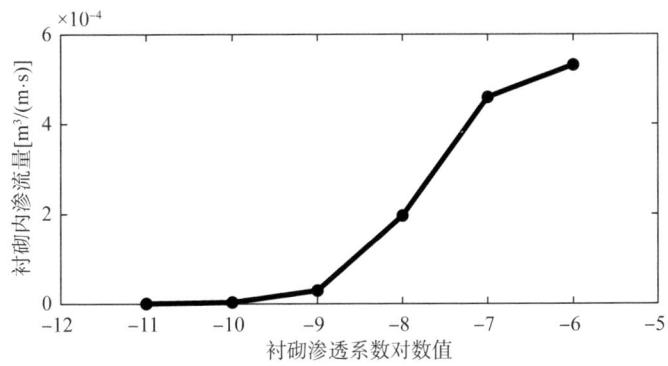

图 2.1.20　渗流量随衬砌渗透系数变化

2.2 二衬外水压力及外水压力折减系数

2.2.1 隧洞外水压力解析解数值计算验证

采用 ABAQUS 有限元软件对某隧洞工程进行渗流计算。隧洞布置示意图如图 2.2.1(a)所示。模型边界条件为:左、右边界施加水平位移约束,下边界施加竖向位移约束,上边界根据解析边界施加 1.275 MPa 的压应力来模拟上部岩体压力。隧洞有限元数值网格模型如图 2.2.1(b)所示,网格类型采用 CPE4P,共 1 580 个单元,1 641 个节点。隧洞支护时间为 50 d,开挖支护通过追踪单元来实现。

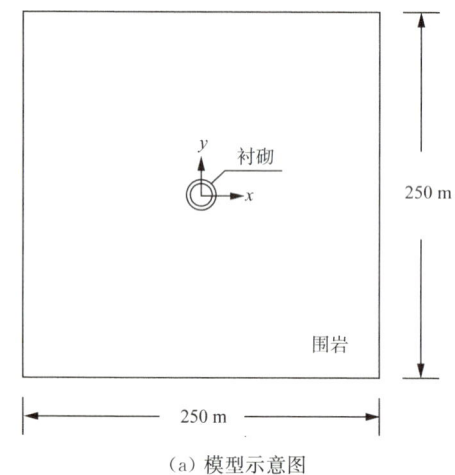

(a) 模型示意图

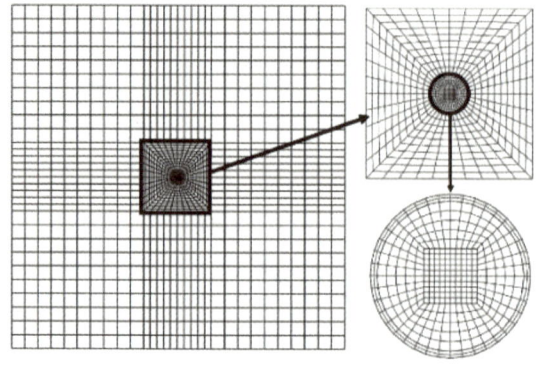

(b) 有限元网格模型图

图 2.2.1 典型隧洞数值计算模型图

选取隧洞周围局部位置给出孔隙压力云图,图 2.2.2(a)为支护前孔隙压力云图,图 2.2.2(b)为支护后稳定渗流 50 d 的孔隙压力云图。从图中可以看出,衬砌支护前,孔隙压力最大达到 1.981 MPa,增加衬砌支护以后,最大孔隙压力为 0.928 MPa,孔隙压力明显下降。因此,对于水工隧洞,若其围岩为均质岩体,地质状态良好,衬砌支护可以一定程度上减小外水压力。

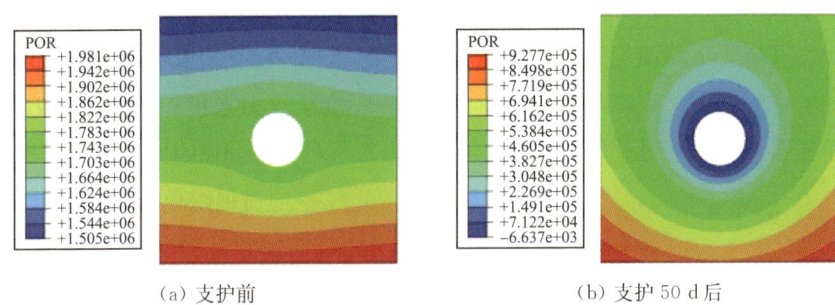

(a) 支护前　　　　　　　　　　(b) 支护 50 d 后

图 2.2.2　隧洞围岩孔隙压力云图(Pa)

隧洞围岩衬砌厚度为 0.5 m 时,分别取衬砌与围岩的相对渗透性 k_c/k_r 为 0.001、0.005、0.01、0.05、0.1、0.5 和 1,用数值法计算隧洞外水压力折减系数,结果见表 2.2.1。

表 2.2.1　衬砌外水压力折减系数对比分析

k_c/k_r	解析解	数值解	误差
1	0.018 5	0.016 8	9.16%
0.5	0.036 4	0.033 2	8.78%
0.1	0.158 9	0.147 0	7.49%
0.05	0.274 3	0.256 4	6.49%
0.01	0.653 9	0.633 0	3.19%
0.005	0.790 7	0.775 3	1.96%
0.001	0.949 7	0.945 2	0.48%

2.2.2　不同渗控措施下二衬外水压力及外水压力折减系数计算

通过建立适合水工隧洞工程的渗流概化分析模型,采用理论和数值方法获得洞周围岩稳态渗流场分布以及支护结构外水压力,根据所得结果确定外水压力折减系数,可以全面综合反映支护结构所承担的外水压力,同时也能够考虑不同洞型、灌浆防渗措施等的影响。

选取工程隧洞断面尺寸最大的断面进行分析。典型隧洞基本情况:隧洞埋深 200 m,地下水埋深 142 m,围岩岩体基本材料参数见表 2.2.2。初期支护、二次衬砌及固结灌浆圈的渗透系数为:3×10^{-7} m/s、1×10^{-9} m/s、3×10^{-7} m/s,断面尺寸为 7.62 m×8.22 m(宽×高),初期支护厚度 0.1 m,二次衬砌厚度 0.5 m,固结灌浆圈厚度 6 m。隧洞存在≥0.5 MPa 的高外水压力问题,最大外水压力 1.56 MPa。由于隧洞工程初期支护厚度较小,初期支护及二次衬砌外表面水压力差异不明显,后续计算主要考虑二次衬砌及固结灌浆圈外表面的水压力。

表 2.2.2 物理力学参数取值表

材料	容重 (kN/m³)	弹性模量 (GPa)	泊松比	黏聚力 (MPa)	内摩擦角 (°)	孔隙率
围岩	2 600	8	0.22	1.0	38	0.1
固结灌浆圈	2 600	16	0.22	2.0	57	0.08
初期支护	2 200	23	0.2	—	—	0.07
二次衬砌	2 500	31	0.2	—	—	0.07

不同的渗控措施,对隧洞外水压力影响也不相同。滇中引水工程昆明段松林隧洞衬砌主要采用承压型和平压型两类。松林隧洞衬砌结构设计是综合考虑松林隧洞工程地质条件、水文地质条件、地下水环境影响后采用的复合支护衬砌类型。

由前述可知,减小衬砌渗透性和固结灌浆圈渗透性是两种降低隧洞衬砌外水压力有效且实用的方法,因此比较隧洞六种渗控措施的效果,即"衬砌、衬砌+注浆、复合支护条件、衬砌+排水、衬砌+注浆+排水、复合支护条件+排水",以说明采用复合式支护的合理性与有效性。

2.2.3 六种渗控措施下二次衬砌外水压力计算

(1) 衬砌

当隧洞不设置固结灌浆圈,仅有初期支护时,数值计算得到的隧洞外水压力如图 2.2.3 所示。同样地,设置三个监测点:顶拱、拱腰、底边墙,监测点的衬砌外水压力及其外水压力折减系数解析解与数值解计算结果见表2.2.3。

表 2.2.3 衬砌渗控措施下隧洞二衬外水压力及折减系数

监测位置	外水压力（MPa）		外水压力折减系数		折减系数误差
	解析解	数值解	解析解	数值解	
顶拱	0.029	0.032	0.019	0.023	19.70%
拱腰	0.029	0.031	0.019	0.021	13.40%
底边墙	0.029	0.028	0.019	0.019	4.11%

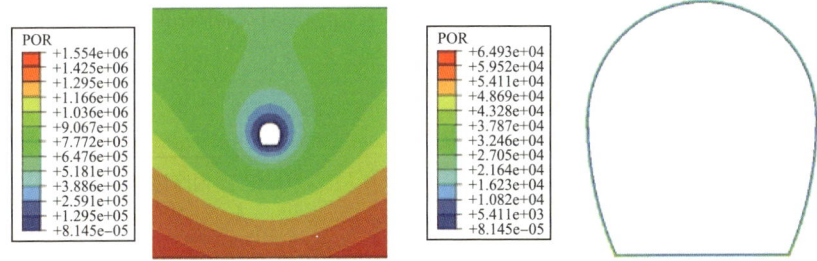

图 2.2.3 衬砌渗控措施下隧洞围岩孔隙压力云图（Pa）

（2）衬砌＋排水

当隧洞不设置固结灌浆圈，有初期支护及排水设施时，排水设施看作初期支护渗透系数增加两个数量级，取为 3×10^{-5} m/s；数值法计算得到的隧洞外水压力如图2.2.4所示。三个监测点的衬砌外水压力及其外水压力折减系数解析解与数值解计算结果见表2.2.4。

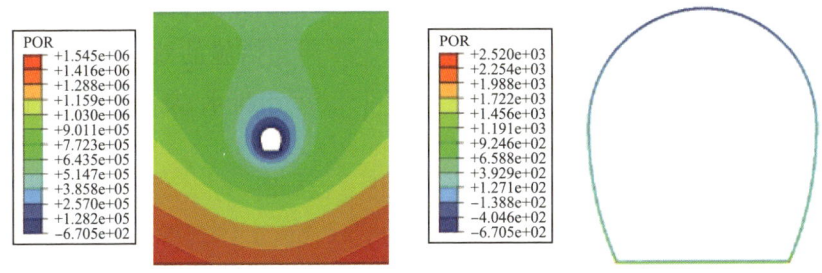

图 2.2.4 衬砌＋排水渗控措施下隧洞围岩孔隙压力云图（Pa）

表 2.2.4　衬砌+排水渗控措施下隧洞二衬外水压力及折减系数

监测位置	外水压力(Pa) 解析解	外水压力(Pa) 数值解	折减系数误差
顶拱	298.433	−670.498	38.76%
拱腰	295.155	301.975	38.79%
底边墙	292.643	1 260.66	65.99%

(3) 衬砌+注浆

当隧洞设置初期支护及固结灌浆圈时，数值计算得到的隧洞外水压力如图 2.2.5 所示。三个监测点的衬砌外水压力及其外水压力折减系数解析解与数值解计算结果见表 2.2.5。

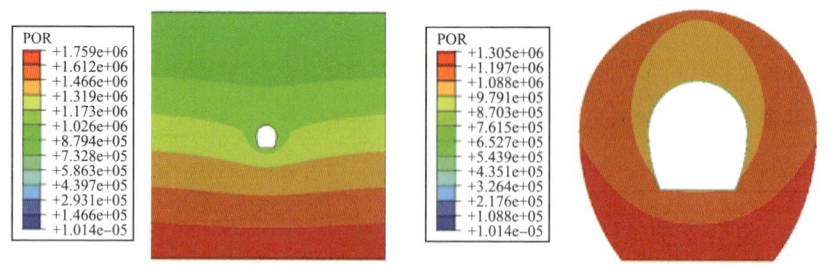

图 2.2.5　衬砌+注浆渗控措施下隧洞围岩孔隙压力云图(Pa)

表 2.2.5　衬砌+注浆渗控措施下隧洞二衬外水压力及折减系数

监测位置	外水压力(MPa) 解析解	外水压力(MPa) 数值解	外水压力折减系数 解析解	外水压力折减系数 数值解	折减系数误差
顶拱	1.244	1.023	0.797	0.743	7.28%
拱腰	1.244	1.050	0.796	0.740	7.66%
底边墙	1.244	1.082	0.795	0.736	8.04%

(4) 衬砌+注浆+排水

当隧洞设置初期支护、固结灌浆圈及排水设施时，排水设施看作初期支护渗透系数增加两个数量级，取为 3×10^{-5} m/s；数值法计算得到的隧洞外水压力如图 2.2.6 所示。三个监测点的衬砌外水压力及其外水压力折减系数解析解与数值解计算结果见表 2.2.6。

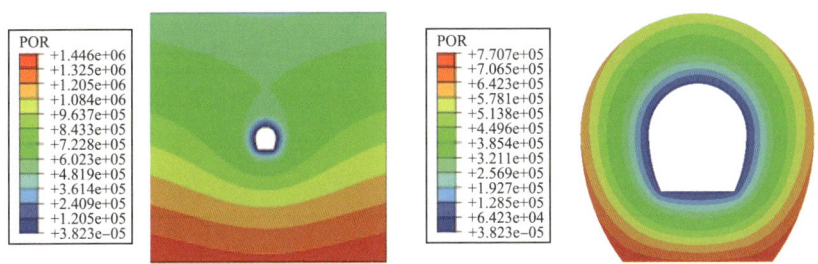

图 2.2.6　衬砌＋注浆＋排水渗控措施下隧洞围岩孔隙压力云图(Pa)

表 2.2.6　衬砌＋注浆＋排水渗控下围岩二衬外水压力及折减系数

监测位置	外水压力(Pa)		外水压力折减系数		折减系数误差
	解析解	数值解	解析解	数值解	
顶拱	59.089	45.019	0.038	0.033	15.77%
拱腰	58.659	43.443	0.038	0.031	22.91%
底边墙	58.194	39.223	0.037	0.027	39.82%

(5) 复合支护条件

当隧洞设置初期支护、二次衬砌及固结灌浆圈时，数值法计算得到的隧洞外水压力如图 2.2.7 所示。三个监测点的衬砌外水压力及其外水压力折减系数解析解与数值解计算结果见表 2.2.7。

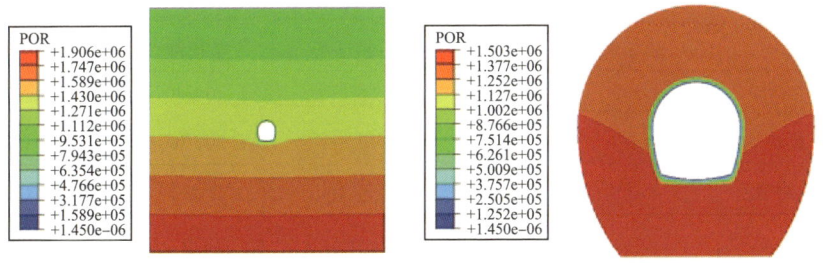

图 2.2.7　复合支护条件渗控措施下隧洞围岩孔隙压力云图(Pa)

表 2.2.7　复合支护条件渗控下隧洞二衬外水压力及折减系数

监测位置	外水压力（MPa）		外水压力折减系数		折减系数误差
	解析解	数值解	解析解	数值解	
顶拱	1.485	1.316	0.952	0.957	0.49%
拱腰	1.484	1.357	0.952	0.955	0.40%
底边墙	1.484	1.408	0.951	0.958	0.68%

(6) 复合支护条件+排水

当隧洞设置初期支护、二次衬砌、固结灌浆圈及排水设施时，排水设施看作初期支护及二次衬砌渗透系数增加两个数量级，取为 3×10^{-5} m/s 和 1×10^{-7} m/s；数值计算得到的隧洞外水压力如图 2.2.8 所示。三个监测点的衬砌外水压力及其外水压力折减系数解析解与数值解计算结果见表 2.2.8。

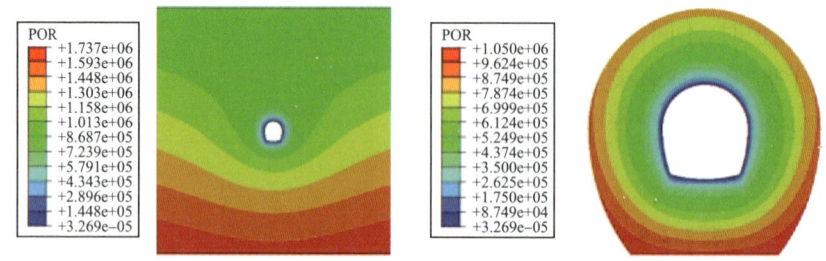

图 2.2.8　复合支护条件+排水渗控措施下隧洞围岩孔隙压力云图（Pa）

表 2.2.8　复合支护条件+排水渗控下隧洞二衬外水压力及折减系数

监测位置	外水压力（MPa）		外水压力折减系数		折减系数误差
	解析解	数值解	解析解	数值解	
顶拱	0.260	0.251	0.167	0.182	8.44%
拱腰	0.259	0.271	0.166	0.191	13.10%
底边墙	0.257	0.312	0.165	0.212	22.33%

根据以上计算结果可知，隧洞围岩"衬砌"在一定程度上可以减小外水压力，其效果受衬砌厚度及衬砌渗透性影响；对比"衬砌"和"衬砌+排水"两种渗控措施发现，排水措施可以明显减小外水压力折减系数，即降低衬砌外水压力；对比"衬砌"、"衬砌+注浆"和"复合支护条件"发现，设置固结灌浆圈或采用复合支护条件均会使得外水压力折减系数增加，即增加衬砌受到的外水

压力,而通过排水措施,可以明显降低衬砌外水压力。误差分析时发现,采用"排水"措施的隧洞外水压力解析解与数值解误差较大,基本上超过10%;而无"排水"措施的隧洞外水压力解析解与数值解误差较小,尤其是采用"复合支护条件"方式,三个监测点的误差均在1%以下,结果更为可靠。

2.2.4 不同围岩类型衬砌外水压力

不同围岩类型对隧洞衬砌外水压力影响也不同,故计算不同围岩类别下(因Ⅱ类围岩渗透系数小于固结灌浆圈渗透系数,故不考虑,Ⅲ、Ⅳ、Ⅴ类围岩渗透系数分别取 $k_r = 1 \times 10^{-6}$ m/s、1×10^{-5} m/s、1×10^{-4} m/s),二次衬砌外水压力及外水压力折减系数,计算结果见表2.2.9。根据计算结果可知,不同围岩类别的渗控措施规律整体一致:随着围岩等级的增加,外水压力折减系数值也随之变大,Ⅴ类围岩的外水压力及外水压力折减系数最大;此外,当隧洞只有"衬砌"支护时,不同围岩类别的外水压力及外水压力折减系数差别较大,而增加了"注浆"条件或者采用"复合支护条件"时,其外水压力折减系数增幅减小,可见"复合支护条件"对于控制外水排放作用明显,但同时也会增加衬砌所承受的外水压力。

表 2.2.9　不同渗控措施下二衬砌外水压力及折减系数计算

围岩类别	Ⅲ β	Ⅲ p_1	Ⅳ β	Ⅳ p_1	Ⅴ β	Ⅴ p_1
衬砌	0.019	0.029	0.159	0.248	0.654	1.021
衬砌+注浆	0.796	1.242	0.886	1.383	0.897	1.399
复合支护条件	0.952	1.484	0.975	1.521	0.977	1.524
衬砌+排水	0.000	0.000	0.002	0.003	0.019	0.029
衬砌+注浆+排水	0.038	0.059	0.072	0.113	0.080	0.124
复合支护条件+排水	0.166	0.259	0.284	0.443	0.306	0.477

2.3 小结

1. 基于等效连续介质渗流模型和无限含水层井流理论,推导了采用不同支护方式,即仅衬砌结构、采用固结灌浆圈隧洞以及复合支护条件下隧洞的外水压力理论计算公式。在此基础上,给出三种支护方式的隧洞衬砌外水压力折减系数理论计算公式和水工隧洞涌水量计算公式,并对理论公式中的参数进行敏感性分析,发现降低隧洞衬砌外水压力可以通过减小衬砌渗透性或固结灌浆圈渗透性来实现;当衬砌或灌浆圈渗透系数改变时,折减系数存在一定差异,工程应用中需分开考虑作用于二者之上的外水压力。通过建立等效的圆形围岩隧洞模型,将数值模拟得到的孔隙水压力结果与理论公式的计算结果进行对比,以验证数值模拟方法的合理性。

2. 基于滇中引水工程中的松林隧洞工程实例,选取断面尺寸最大断面计算其外水压力。计算了不同渗控措施及不同围岩类别下二次衬砌及固结灌浆圈的外水压力及外水压力折减系数,得出采用"衬砌+注浆""复合支护条件"的方式能有效减小外水压力,但会增加衬砌所承受的外水压力,需要采取排水措施以保护结构安全。分析了隧洞从原始地层到开挖、支护整个过程的孔隙水压力变化规律,得出支护过程中隧洞外各特征点的孔压值会在支护时快速下降,逐渐趋于稳定,衬砌支护的作用得到充分发挥。

第 3 章

水工隧洞高外水压力数值模拟分析

本章分析水工隧洞导水构造分布规律和分类标准；建立考虑不同裂隙分布的水工隧洞数值计算模型，通过分析隧洞围岩节理裂隙的发育特征及空间组合关系，研究不同导水构造对水工隧洞开挖的影响规律；基于岩体弹塑性损伤本构模型，结合岩体损伤时渗透系数动态演化公式，建立考虑隧洞开挖支护过程中岩体力学行为的渗流-应力-损伤耦合模型；对ABAQUS进行二次开发，编写相应的岩体弹塑性渗流-应力-损伤耦合模型的计算程序。

3.1 水文地质构造分析

3.1.1 水工隧洞水文地质导水构造划分

3.1.1.1 导水构造分布

工程地质岩体由多重含水介质构成，形成了以各种分布不均匀的岩体多重介质（孔、隙、缝、管、洞）为主的地下水贮存和运动空间。

岩体含水介质水平分布的不均匀性可概括为四类：单一管道型、裂隙羽毛型、网格型及树枝型，如图3.1.1所示。

单一管道型是指管道沿压性断裂旁侧或顺层发育，常位于岩体含水层与阻水边界毗邻的地带，支管道不发育，地质构造较为简单，多见于河谷斜坡地带。

裂隙羽毛型是指主管道沿主干断裂或阻水岩层旁侧发育，支管道沿分支断裂或羽状裂隙发育，位于主管道的一侧。在断裂交会处常见落水洞或天窗，一般地层倾角常较平缓，洼地呈串珠状沿断裂发育。

网格型是指主管道沿张裂谷或纵张断裂发育，支管道沿与其直交的次级断裂裂隙发育，位于主管道的两侧。在断裂交会处常见落水洞或天窗。多见于新构造运动强烈地段，沿早期压扭性断层发育张裂谷，裂谷呈追踪形态，次级张断裂或扭断裂与张裂谷近于直交，地层倾角多较平缓。

树枝型是指地下河管道沿错综复杂的导水断裂发育，在地下河自补给区向排泄区运动过程中，逐渐向最有利的导水空间汇集，而呈收敛的形态。在断裂交会处可见深邃的洼地、塌陷及落水洞、天窗等形态。多见于构造体系间的复合交接部位，早期破裂结构面常有被后期改造利用的特征，构造较复杂。还有一种情况是在缓倾斜岩层中，断裂裂隙系呈"X"或"Y"形交切。

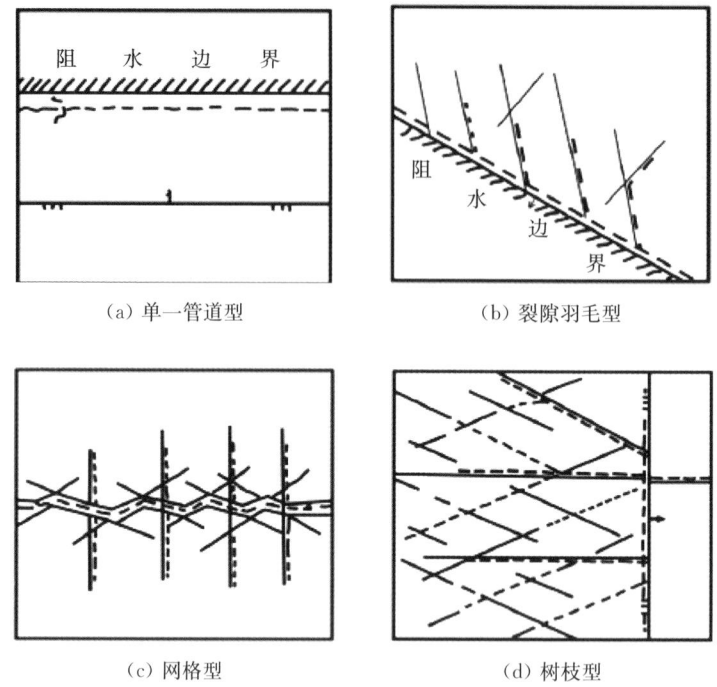

图 3.1.1 岩体介质水平的不均匀性

岩体含水介质垂向也存在不均一性,由于各岩层岩组的岩性、结构、成分及构造差异,导致管道和裂隙介质在垂直剖面上表现强烈的非均质性,可分为:孤立管道型、网状裂隙型和间互状管道裂隙型,如图 3.1.2 所示。

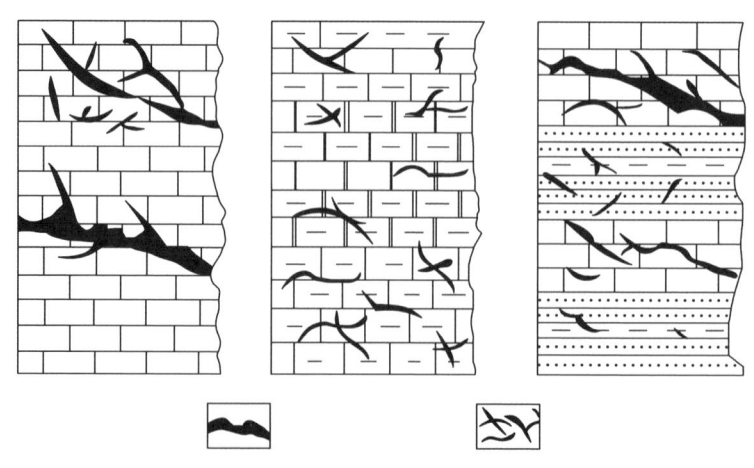

图 3.1.2 岩体介质垂向分布的不均匀性

3.1.1.2 导水构造分类

岩体介质类型复杂,为多重介质,包括裂隙、溶隙和管道介质[85-91],流动形式为层流与紊流并存。常勇[87]认为岩体含水系统总体上可以分为裂隙系统和管道系统两部分,裂隙系统主要是指微小裂隙和岩石基质部分,在含水系统中主要起储水作用,地下水在其中所占比例远高于管道系统中所占比例;管道系统主要包含大型管道和裂隙,是主要排泄通道。两个系统间存在水量交换,通常情况下裂隙系统补给管道系统,地下水主要通过管道以泉的形式排出,暴雨期间,管道系统反向补给裂隙系统,如图 3.1.3 所示。

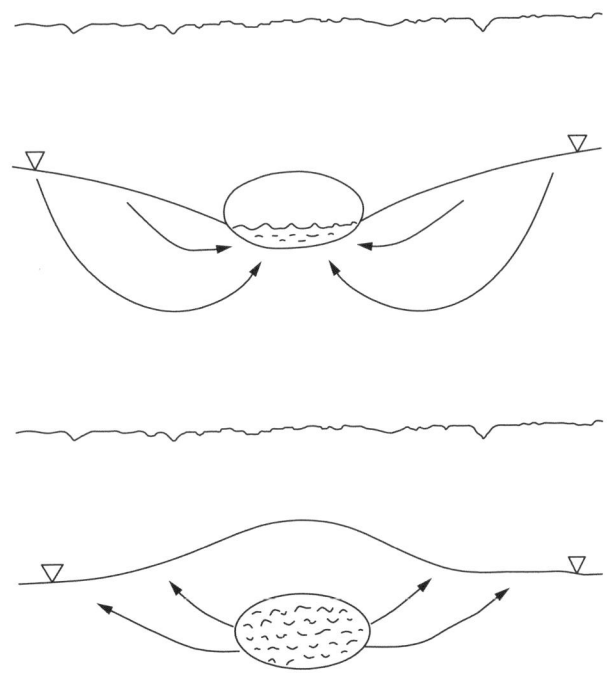

图 3.1.3 岩体含水系统中管道系统与裂隙系统之间的关系

管道介质与裂隙介质流体动力学特征存在明显差异,并且往往会表现出极度不均质性。

唐一格[88]将大尺度宏观模型与次级尺度细观模型结合起来,并运用 River 模块刻画管道,来分析计算岩体管道中的地下水动态特征,将溶蚀管道和洞穴中的水视为管道流,将原生孔隙和次生裂隙视为裂隙流。在小于 1 mm 孔径的孔隙中,水流往往表现为层流,而在岩体含水层的主要通道中,流动通常表现为紊流,在降水期和枯水期管道流与裂隙流会进行交换,此时两者均呈现出非稳定流状态。潘国营等[89]认为裂隙是渗流的主要通道,将裂隙分为微裂隙、小裂隙、大裂隙和巨裂隙,将那些主要起储水作用的小裂隙和微裂隙从整个裂隙网络中分离出来,只对起主导渗流作用的巨裂隙和大裂隙建立三维非连续裂隙网络渗流模型。Atkinson[90]提出了三重含水介质模型,即认为岩体含水介质体中存在孔隙、微裂隙等扩散流介质,溶蚀大裂隙介质,以及管道流介质,在流态上又可以分为紊流、达西流及介于两者之间的混合流,如图 3.1.4 所示。

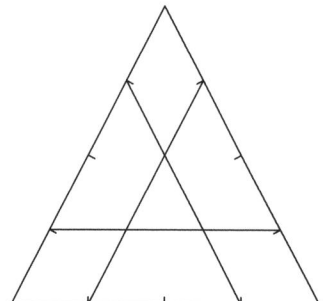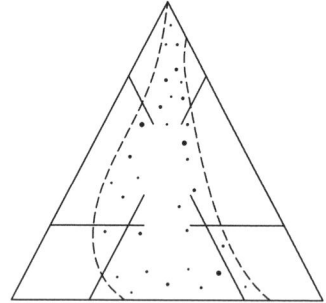

图 3.1.4　岩体含水层三重含水介质模型

20 世纪 60 年代,水文地质学者采用水文地质试验方法,研究岩体含水介质结构和地下水运动关系,将岩体含水介质分为散流层和管流层,与之相应的岩体地下水分为扩散流和管道流两种类型[91]。

20 世纪 70—80 年代,国外学者在研究时,将岩体水概化为六种水流类型:地表流(坡面流)、穿透流、层下流、竖井流、渗流和管道流;国内学者在研究岩体洼地发育机理时,指出岩体洼地发育中晚期的水流类型为 8 种:地表流、壤中流、面流、层下流、竖井流、渗流、裂隙流及管道流[91],如图 3.1.5 所示。

岩体含水系统中空隙分为原生空隙和次生空隙两类。根据空隙大小可分为基岩孔隙、裂隙和管道,三者径流特点如表 3.1.1 所示。概化模型如图 3.1.6 所示。

①基岩孔隙:主要是指基岩未经历构造或风化之前的原始空隙,其空隙尺寸一般较小,渗透性较弱,当基岩中含有较多裂隙时,基岩渗透性基本可以忽略不计。

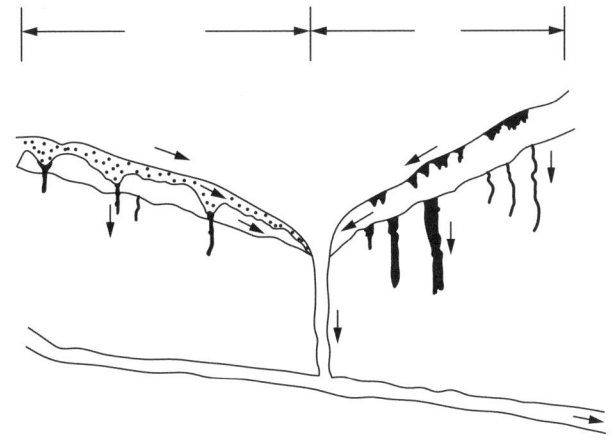

图 3.1.5 岩体水流类型划分

表 3.1.1 基岩孔隙、裂隙和管道三种空隙类型径流特点

空隙类型	尺寸	运移时间	径流方式	分布
基岩孔隙	0.1～10 μm	长	达西定律，层流	连续分布
裂隙	10 μm～10 mm	中	立方定律，一般为层流，少部分是紊流	局部式，呈统计分布特征
管道	>10 mm	短	曼宁或达西-韦斯巴赫公式，一般是紊流	局部式

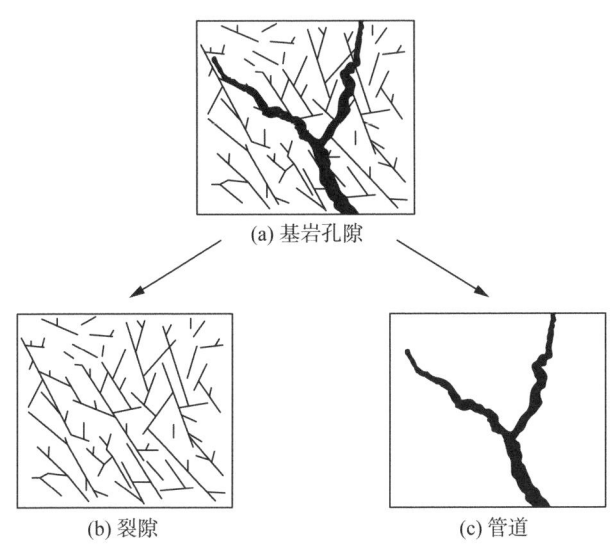

图 3.1.6 岩体含水层概化模型

②裂隙：主要是风化裂隙和构造裂隙，其中构造裂隙是最常见、分布范围最广的裂隙，构造裂隙水具有强烈的非均质性和各向异性。裂隙的渗透性主要取决于隙宽大小、裂隙分布密度、裂隙发育方向和裂隙连续性等；一般情况下基岩孔隙和裂隙可统称为裂隙系统。

③管道：一般可定义为含水裂隙中渗透系数较大裂隙，地下水在管道中具有较大的流速。管道在含水层中往往相互连接形成箱状或树枝状管道系统，构成岩体水文系统主要径流通道。

此外，按空隙还可以划分为起调蓄作用的基岩裂隙介质系统和起排泄作用的岩体管道介质系统，如图 3.1.7 所示。

①基岩裂隙介质系统主要包含成岩孔隙、微小裂隙及碳酸盐岩基质部分，地下水在该系统中流速小，但所占空间远远大于岩体管道介质系统，是主要的储水空间。

②岩体管道介质系统包含大裂隙和岩体管道，地下水表现为速流快，为主要的径流通道。

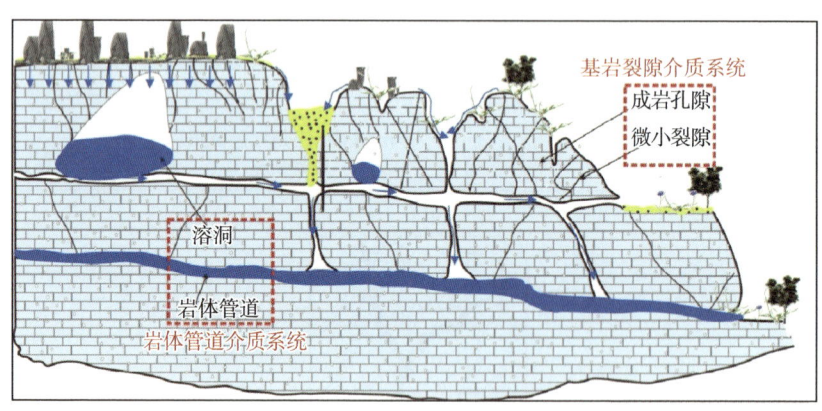

图 3.1.7　不同含水介质系统结构模型

岩体管道与周围裂隙网络中的水流并不是同步运动的，雨季通过地表的落水洞、溶斗、岩体管道迅速大量地吸收降水及地表水，水位抬升快。管道水一方面以非达西流向下游流动，同时还以达西流的形式向周围裂隙流动；枯水期，管道中形成水位凹槽，而周围裂隙网络中保持高水位，沿着垂直于管道主流的方向向其汇集。

根据陈崇希、成建梅、常勇、赵良杰等人[85-87,91,92]的研究成果，总结得到裂隙流及管道流的主要计算公式,见表 3.1.2,导水构造分类见表 3.1.3。

表 3.1.2 裂隙流及管道流的主要计算公式

空隙类型	水力特性	公式名称	主要公式
裂隙	层流	达西定律	$Q = Ak \dfrac{h_1 - h_2}{L}$
		立方定律	$q = \dfrac{ge^3}{12\upsilon} J$
管道	层流	哈根-泊肃叶公式	$Q = K_h \dfrac{\partial h}{\partial l}; K_h = \dfrac{R_h^2 g}{8\upsilon}$
		达西-韦斯巴赫公式	$Q = K_d \left(\dfrac{\partial h}{\partial l}\right)^{\frac{1}{2}}; K_d = A\sqrt{\dfrac{8gR_h}{f}}$
	紊流	曼宁公式	$Q = K_m \left(\dfrac{\partial h}{\partial l}\right)^{\frac{1}{2}}; K_m = \eta A R_h^{\frac{2}{3}}$
		谢才公式	$Q = K_c \left(\dfrac{\partial h}{\partial l}\right)^{\frac{1}{2}}; K_c = CAR_h^{\frac{1}{2}}$

表 3.1.3 岩体含水系统介质分类汇总表

分类	地下水流动	特征	分类	径流特点
以开度为划分依据	渗流-裂隙介质系统	占岩体介质空隙率的主要部分,但渗透性远小于管道介质	储水、释水作用:基质(岩块)孔隙、溶隙和微小裂隙,渗透性差但总体积相当大; 基质孔隙尺度:$10^{-6} \sim 10^{-3}$ cm 溶隙尺度:$10^{-3} \sim 10^{-1}$ cm 微小裂隙尺度:<0.1 cm	层流,线性流动,遵循达西定律
			导水作用:溶隙和中宽裂隙,联系着控水通道和储水空间; 溶隙和中宽裂隙尺度:0.1~1 cm	层流,线性流动,遵循达西定律
			控水作用:宽裂隙,主要的径流通道,与江、河等地表水相联系或直接通向泉口;水流存在过渡类型。 宽裂隙尺度:1~10 cm	主要为层流,线性流动,遵循达西定律; 少部分为紊流,非线性流动

续表

分类	地下水流动	特征	分类	径流特点
以开度为划分依据	管道流-管道介质系统（地下水位的主控介质）	渗透性较强，与江、河等地表水相联系或直接通向泉口时，起控水作用，主要的径流通道	半径很小且低雷诺数径流的岩体；管道尺度：1～10 cm	层流，线性流动，遵循达西定律
			岩体含水层的主要通道，流速快，流量大，水力比降小；管道尺度：10～10^4 cm	紊流，非线性流动

3.1.2 不同导水构造对水工隧洞开挖的影响

采用 ABAQUS 有限元软件分析围岩内含不同宽度裂隙对隧洞开挖支护全过程的影响。裂隙主要位于隧洞左侧，模型计算范围取 10 倍开挖洞径，洞室中心即为模型中心。

取 250 m×250 m 的范围建立模型，开挖洞径取 12 m，衬砌厚度为 50 cm；模型边界条件为：左、右边界施加水平位移约束，下边界施加竖向位移约束，上边界根据解析边界施加 1.275 MPa 的压应力来模拟上部岩体压力。模型左右两侧及下边界为不透水边界，上、下表面初始水头为 50 m、300 m。

隧洞支护时间为 50 d。开挖支护通过追踪单元来实现。

数值模拟计算对工程实际模型进行基本简化处理：①假设围岩为均质各向同性的连续介质材料；②计算区域处于饱和渗流状态，忽略了温度变化的影响；③竖向荷载只考虑了自重引起的初始应力场。

3.1.2.1 无裂隙围岩隧洞应力场、位移场及孔隙水压力

模型示意图如图 3.1.8 所示。竖向应力、竖向位移以及孔隙水压力变化情况见表 3.1.4～表 3.1.6。

由表 3.1.4 可知，1～50 d 的竖向应力变化情况：隧洞支护 1～50 d 内，拉应力前期会增大然后逐渐减小，1 d 的拉应力大小为 1.174 MPa，50 d 拉应力变为 0.220 MPa，变化了 0.954 MPa；压应力增大，1 d 的压应力大小为 2.426 MPa，50 d 压应力变为 7.962 MPa，变化了 5.536 MPa。

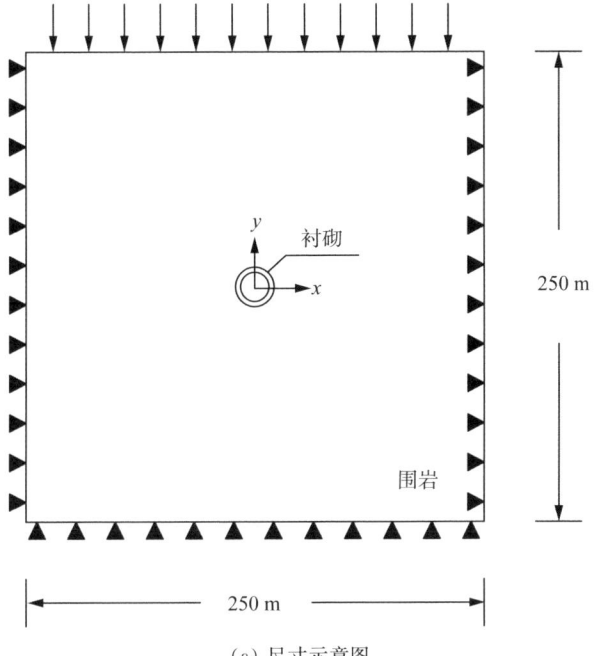

(a) 尺寸示意图

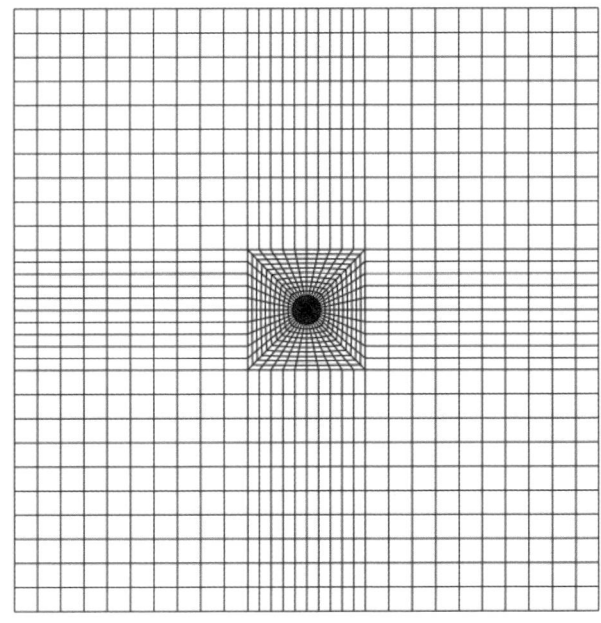

(b) 网格模型

图 3.1.8　模型示意图

第 3 章　水工隧洞高外水压力数值模拟分析

由表 3.1.5 可知，1~50 d 的竖向位移变化情况：隧洞支护 1~50 d 内，位移大小先减小后增加，1 d 最大竖向位移为 0.754 mm，50 d 最大竖向位移变为 −3.483 mm，变化了 4.237 mm。

由表 3.1.6 可知，1~50 d 的孔隙水压力变化情况：隧洞支护 1~50 d 内，孔隙水压力逐渐减小，1 d 的孔隙水压力大小为 1.991 MPa，50 d 的孔隙水压力大小为 0.877 MPa，变化了 1.114 MPa。

表 3.1.4　1~50 d 竖向应力变化 (Pa)

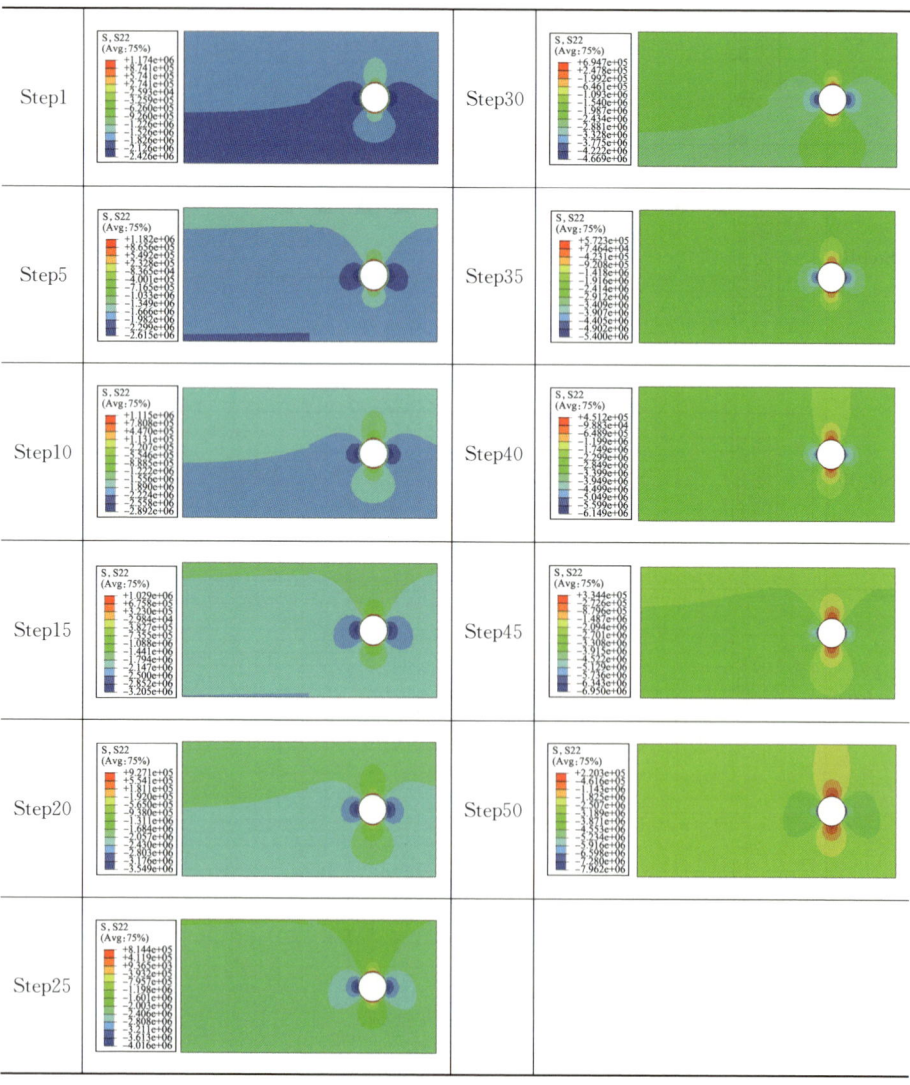

表 3.1.5　1～50 d 竖向位移变化(m)

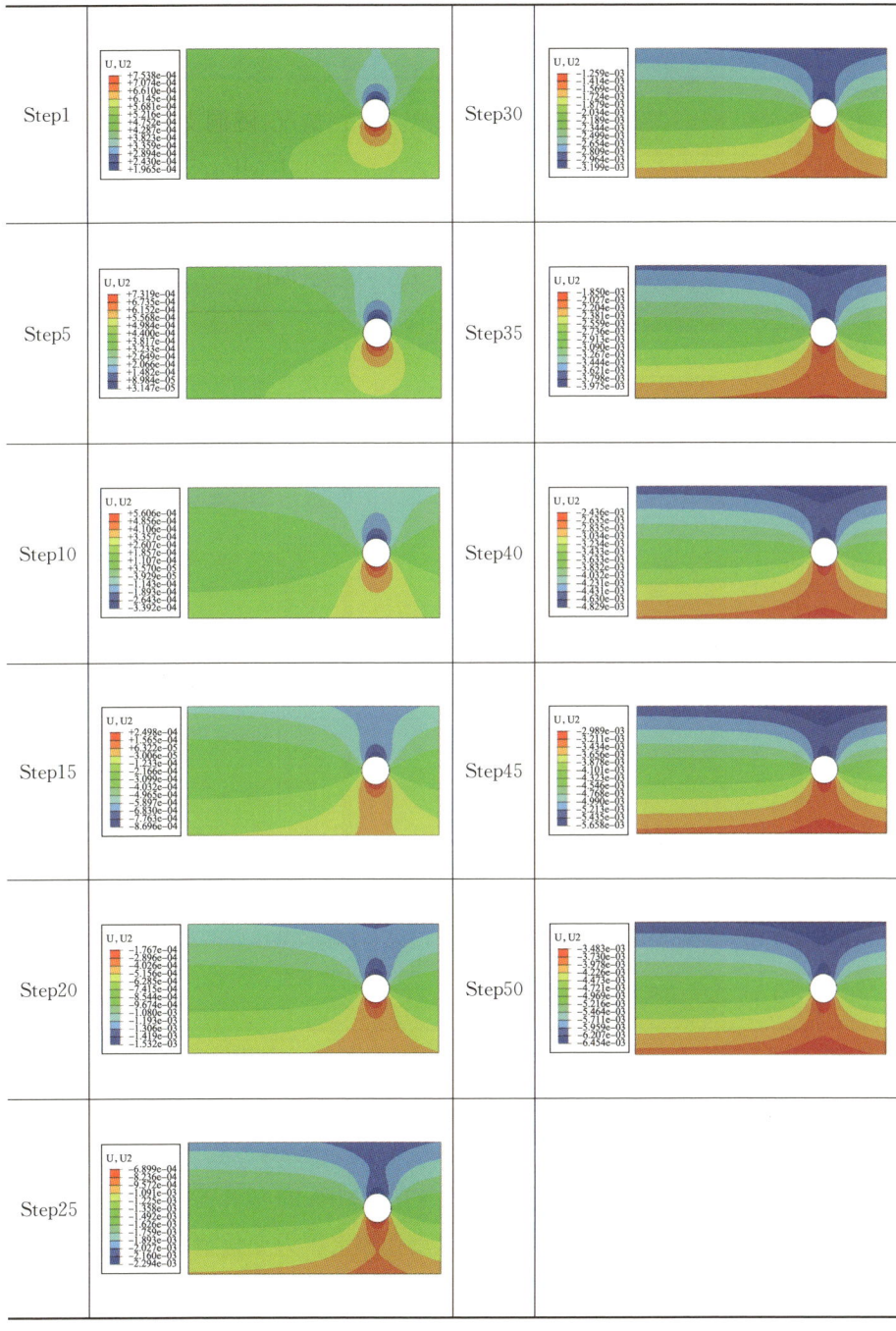

表 3.1.6 1～50 d 孔隙水压力变化(Pa)

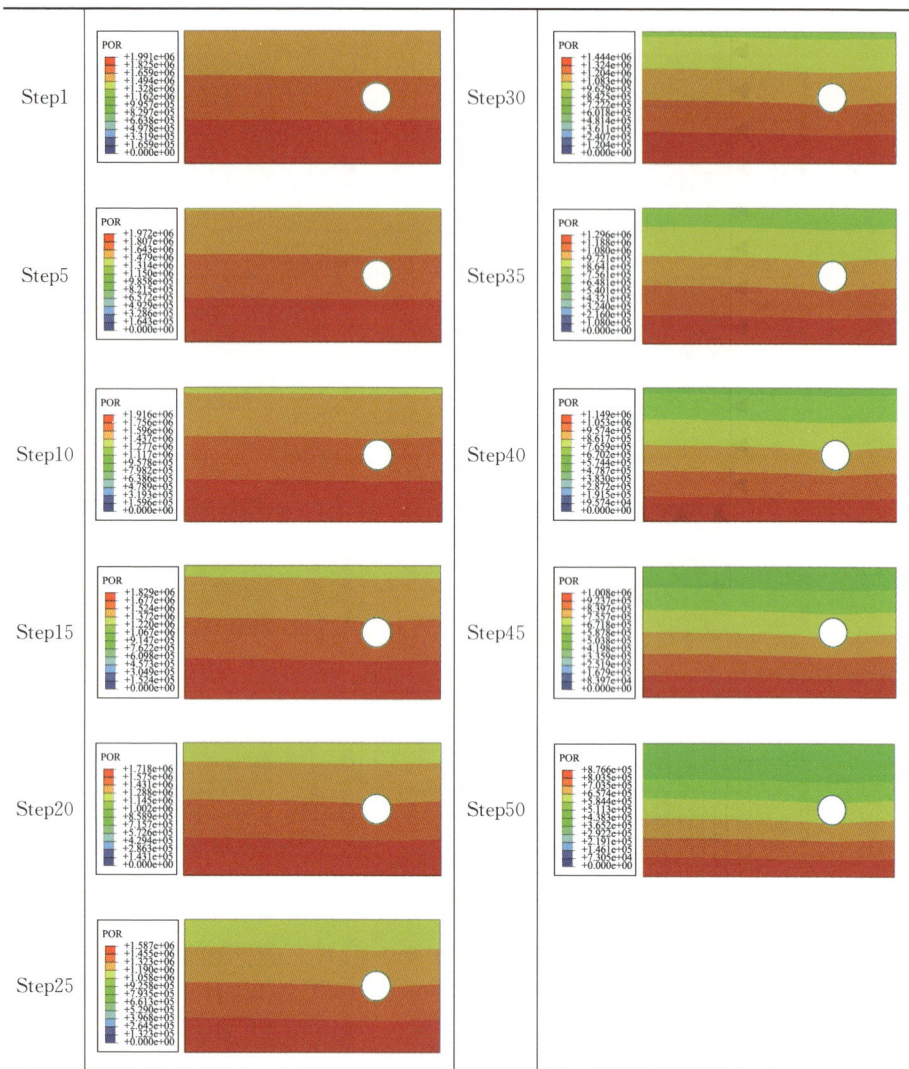

3.1.2.2 溶洞对隧洞开挖的影响

选取洞径大小为 10 m 的溶洞，溶洞内有 1 MPa 的内水压力。模型示意图如图 3.1.9 所示。竖向应力、竖向位移以及孔隙水压力变化情况见表 3.1.7～表 3.1.9。

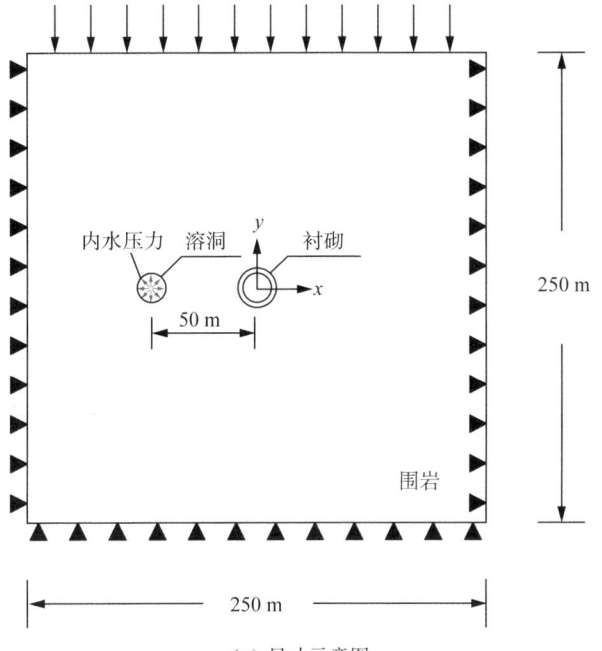

(a) 尺寸示意图

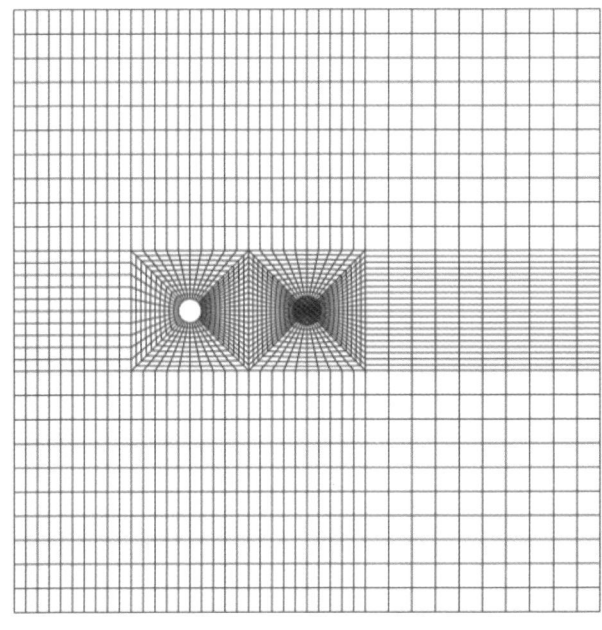

(b) 网格模型

图 3.1.9　模型示意图

由表 3.1.7 可知，1～50 d 的竖向应力变化情况：①溶洞的存在影响了原有隧洞的应力场。②隧洞支护 1～50 d 内，拉应力前期会增大，然后逐渐减小，1 d 的拉应力大小为 1.175 MPa，50 d 拉应力变为 0.208 MPa，变化了 0.967 MPa；压应力一直增大，1 d 的压应力大小为 2.944 MPa，50 d 压应力变为 8.967 MPa，变化了 6.023 MPa。

由表 3.1.8 可知，1～50 d 的竖向位移变化情况：①溶洞的存在影响了原有隧洞的位移场；②隧洞支护 1～50 d 内，位移先减小后增加，1 d 最大竖向位移为 1.493 mm，50 d 最大竖向位移变为 −3.440 mm，变化了 4.933 mm。

由表 3.1.9 可知，1～50 d 的孔隙水压力变化情况：①溶洞的存在影响了原有隧洞的孔隙水压力分布；②隧洞支护 1～50 d 内，孔隙水压力逐渐减小，1 d 的孔隙水压力大小为 1.992 MPa，50 d 的孔隙水压力大小为 0.877 MPa，变化了 1.115 MPa。

表 3.1.7 1～50 d 竖向应力变化(Pa)

Step1		Step30	
Step5		Step35	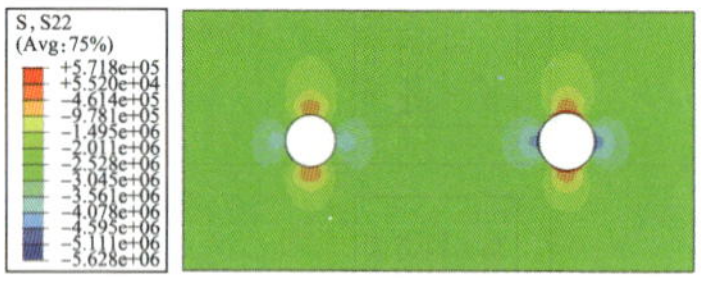
Step10		Step40	
Step15		Step45	

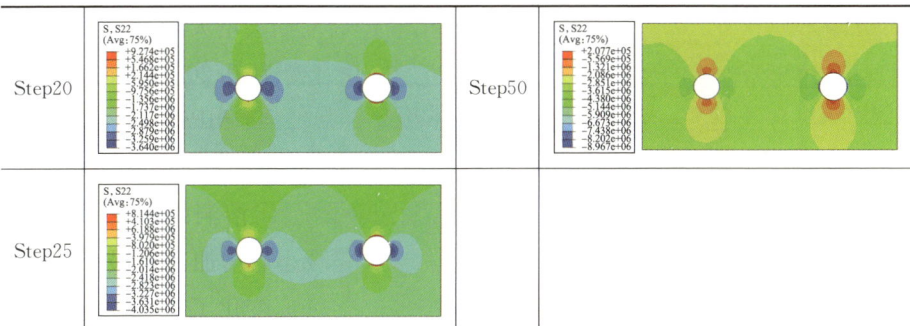

表 3.1.8　1～50 d 竖向位移变化(m)

第 3 章　水工隧洞高外水压力数值模拟分析　071

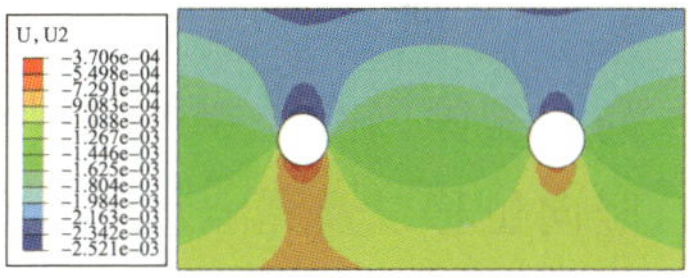

表 3.1.9　1～50 d 孔隙水压力变化(Pa)

Step1		Step30	
Step5	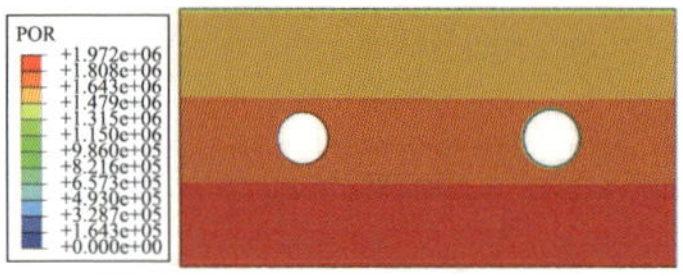	Step35	
Step10	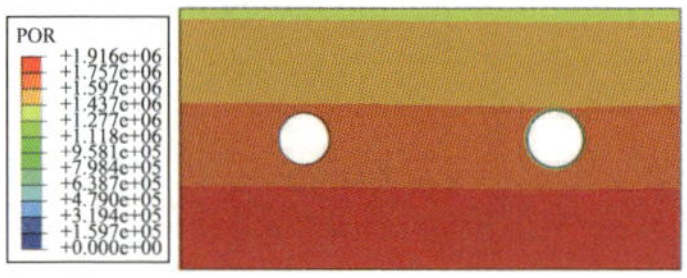	Step40	
Step15		Step45	
Step20		Step50	
Step25			

3.1.2.3　宽裂隙对隧洞开挖的影响

选取宽裂隙尺寸为 1 m×10 m(厚×高)，裂隙内有 1 MPa 的内水压力。模型示意图如图 3.1.10 所示。竖向应力、竖向位移以及孔隙水压力变化情况见表 3.1.10～表 3.1.12。

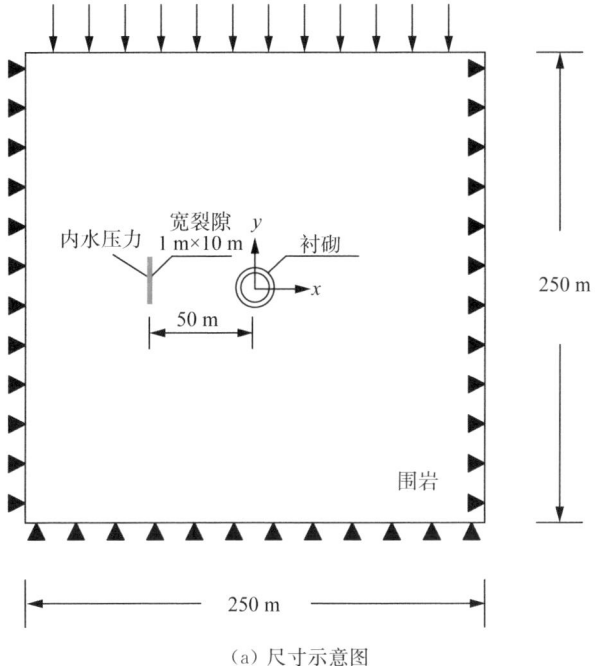

(a) 尺寸示意图

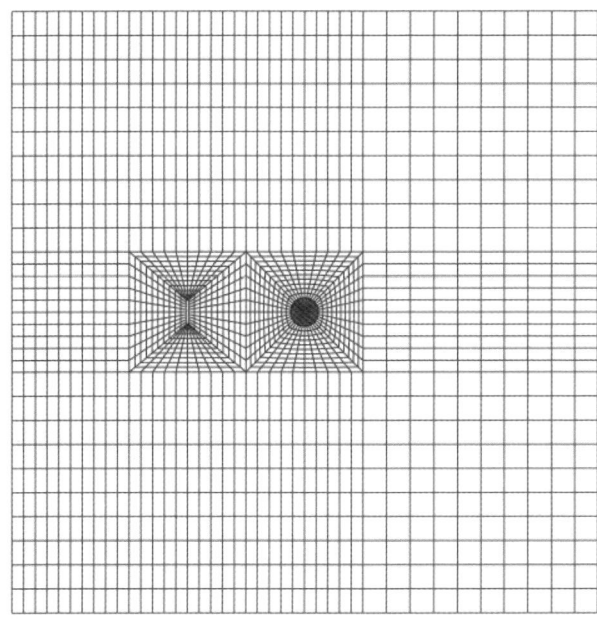

(b) 网格模型

图 3.1.10　模型示意图

由表 3.1.10 可知,1~50 d 的竖向应力变化情况:①宽裂隙的存在影响了原有隧洞的应力场。②隧洞支护 1~50 d 内,拉应力前期会增大,然后逐渐减小,1 d 的拉应力大小为 1.174 MPa,50 d 拉应力变为 0.211 MPa,变化了 0.963 MPa;压应力一直增大,1 d 的压应力大小为 2.578 MPa,50 d 压应力变为 8.901 MPa,变化了 6.323 MPa。

由表 3.1.11 可知,1~50 d 的竖向位移变化情况:①宽裂隙的存在影响了原有隧洞的位移场;②隧洞支护 1~50 d 内,位移先减小后增大,1 d 最大竖向位移为 0.757 mm,50 d 最大竖向位移变为 -3.425 mm,变化了 4.182 mm。

由表 3.1.12 可知,1~50 d 的孔隙水压力变化情况:①宽裂隙的存在影响了原有隧洞的孔隙水压力分布;②隧洞支护 1~50 d 内,孔隙水压力逐渐减小,1 d 的孔隙水压力大小为 1.991 MPa,50 d 的孔隙水压力大小为 0.877 MPa,变化了 1.114 MPa。

表 3.1.10　1~50 d 竖向应力变化(Pa)

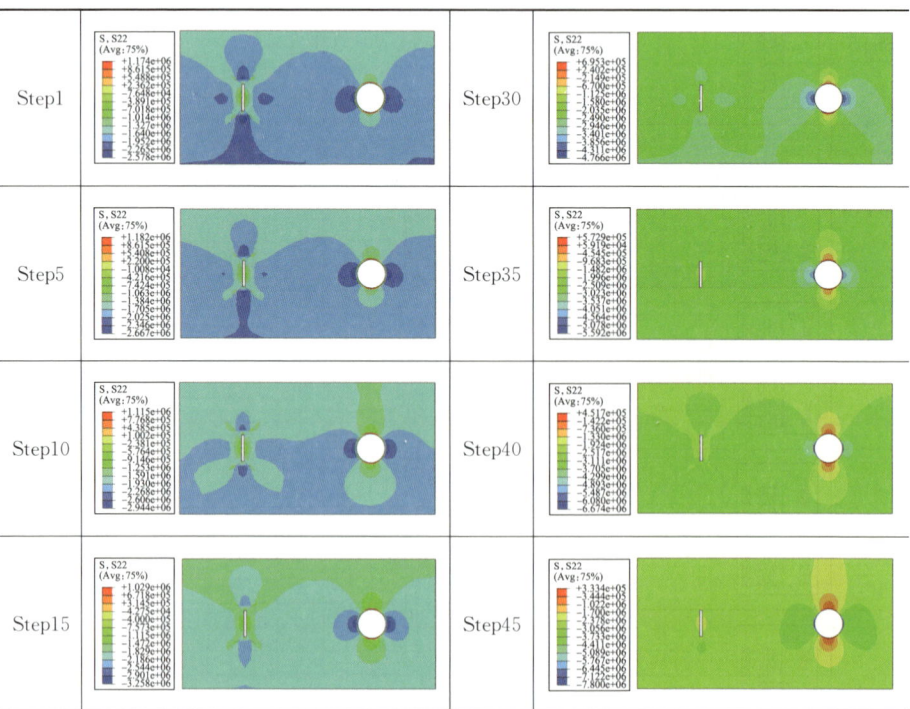

续表

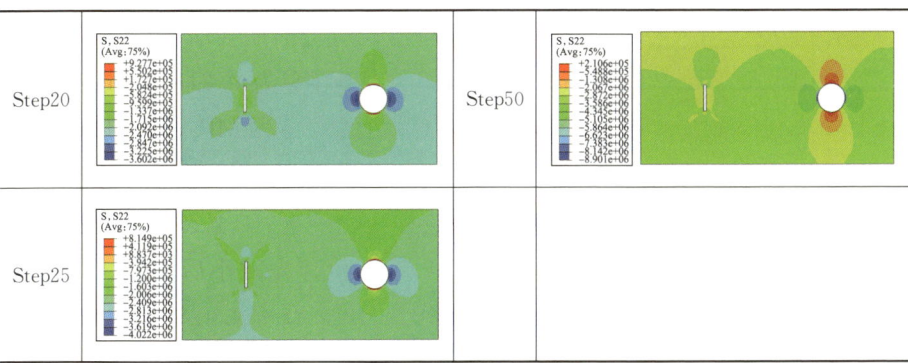

表 3.1.11 1~50 d 竖向位移变化(m)

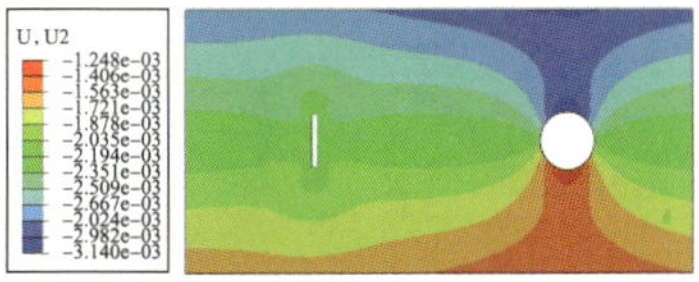

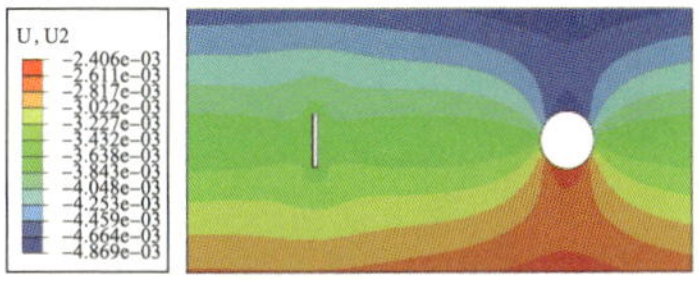

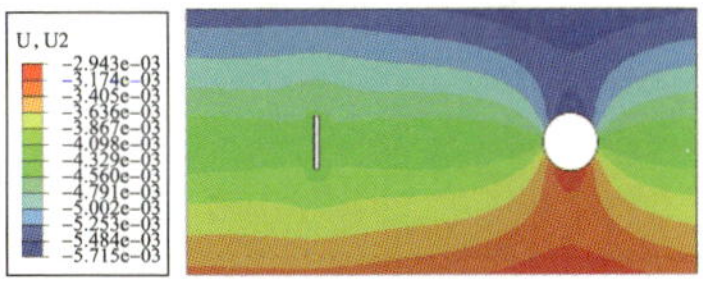

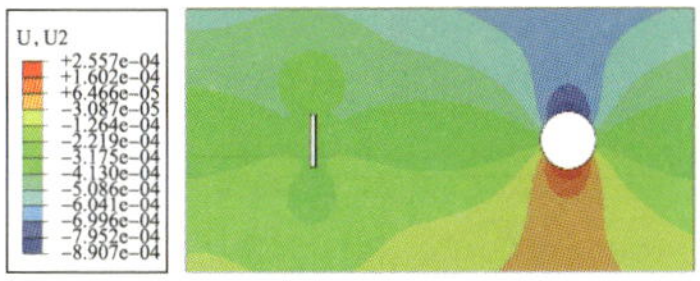

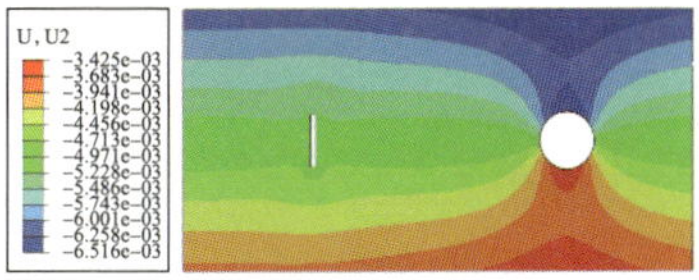

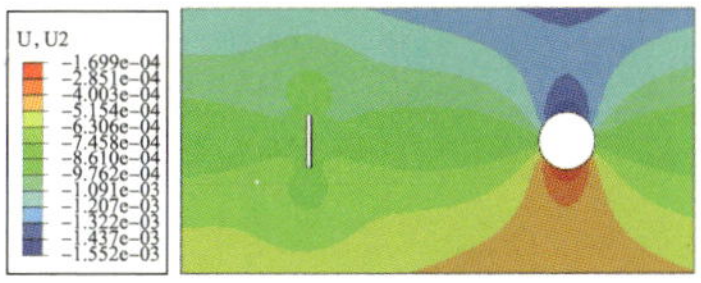

表 3.1.12　1～50 d 孔隙水压力变化(Pa)

Step1	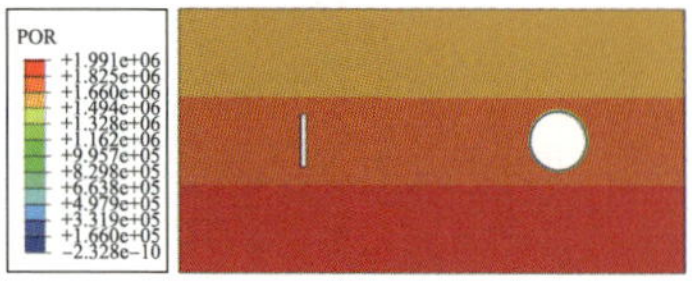	Step30	
Step5	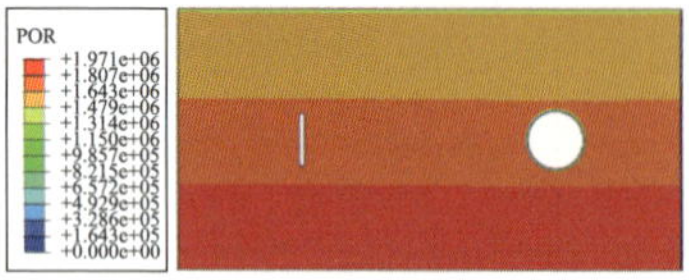	Step35	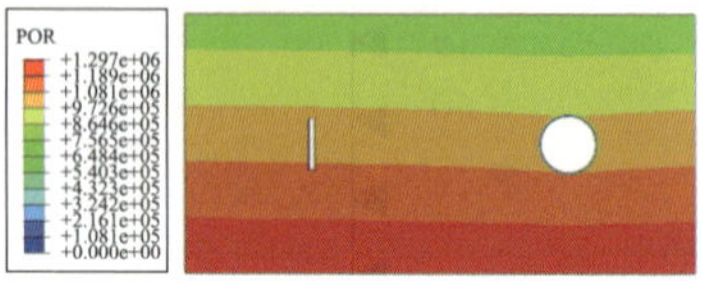
Step10	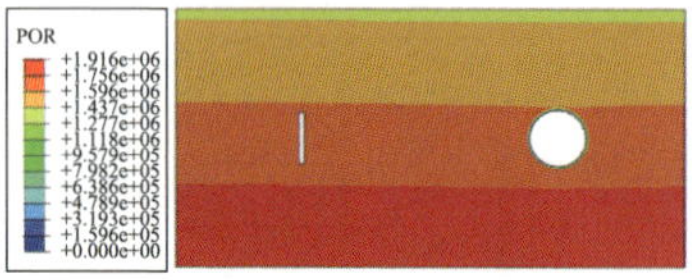	Step40	
Step15		Step45	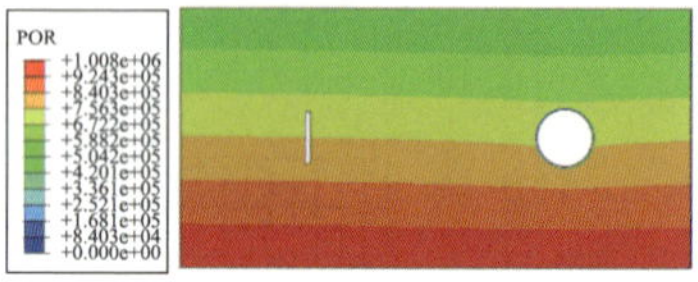
Step20		Step50	
Step25	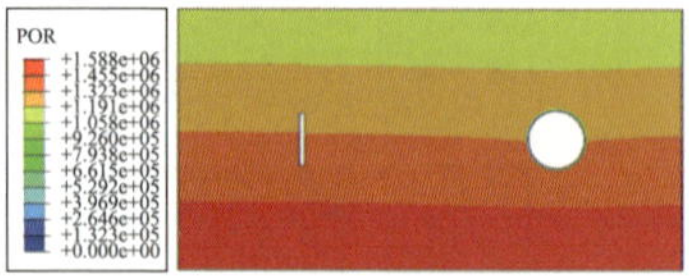		

3.1.2.4　中宽裂隙对隧洞开挖的影响

选取中宽裂隙尺寸为 0.01 m×10 m(厚×高)，裂隙内有 1 MPa 内水压力。模型示意图如图 3.1.11 所示。竖向应力、竖向位移以及孔隙水压力变化情况见表 3.1.13～表 3.1.15。

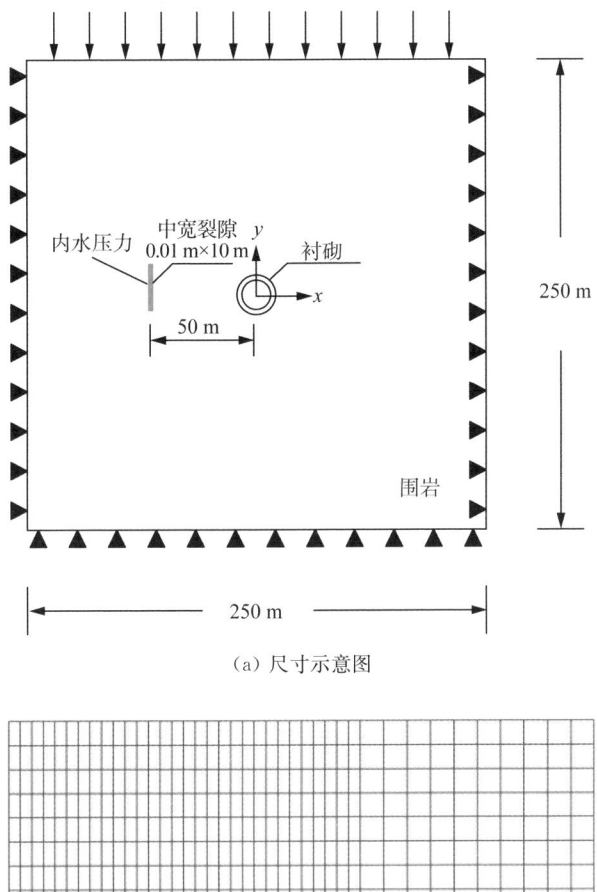

(a) 尺寸示意图

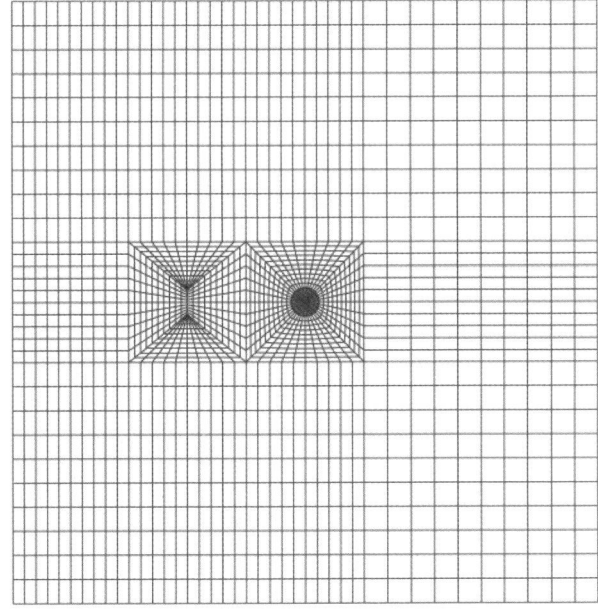

(b) 网格模型

图 3.1.11 模型示意图

由表 3.1.13 可知,1～50 d 的竖向应力变化情况:①中宽裂隙的存在影响了原有隧洞的应力场。②隧洞支护 1～50 d 内,拉应力前期会增大然后逐渐减小,1 d 的拉应力大小为 1.176 MPa,50 d 拉应力变为 0.200 MPa,变化了 0.976 MPa;压应力一直增大,1 d 的压应力大小为 3.335 MPa,50 d 压应力变为 8.910 MPa,变化了 5.575 MPa。

由表 3.1.14 可知,1～50 d 的竖向位移变化情况:①中宽裂隙的存在影响了原有隧洞的位移场;②隧洞支护 1～50 d 内,位移先减小后增大,1 d 最大竖向位移为 0.756 mm,50 d 最大竖向位移变为 −3.517 mm,变化了 4.273 mm。

由表 3.1.15 可知,1～50 d 的孔隙水压力变化情况:①中宽裂隙的存在影响了原有隧洞的孔隙水压力分布;②隧洞支护 1～50 d 内,孔隙水压力逐渐减小,1 d 的孔隙水压力大小为 1.991 MPa,50 d 的孔隙水压力大小为 0.858 MPa,变化了 1.133 MPa。

表 3.1.13　1～50 d 竖向应力变化(Pa)

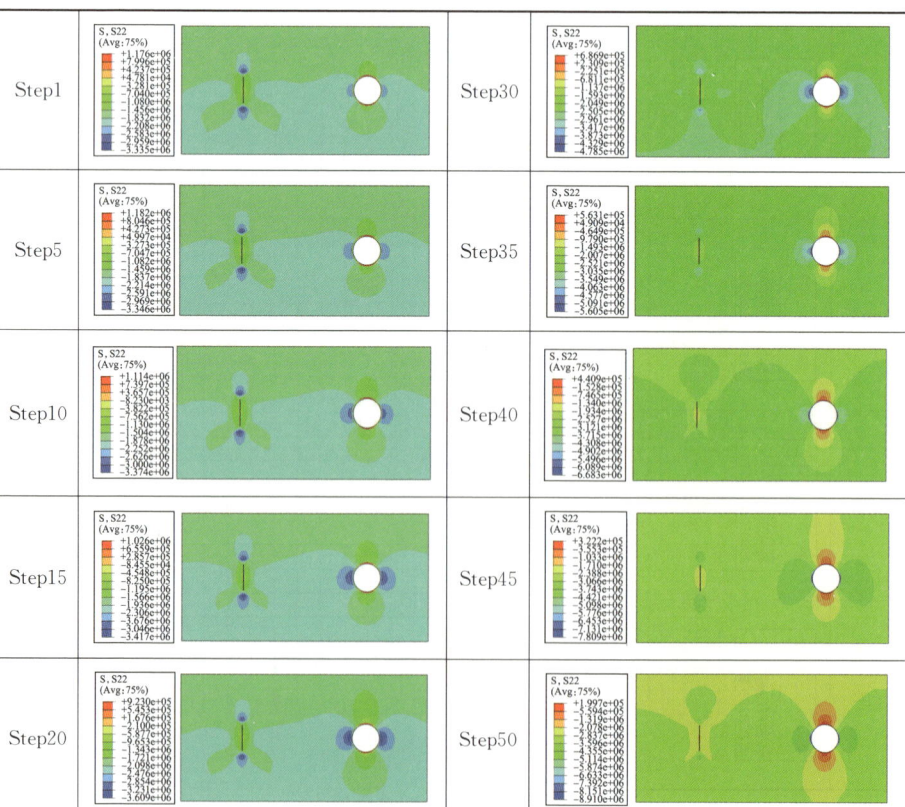

续表

Step25			

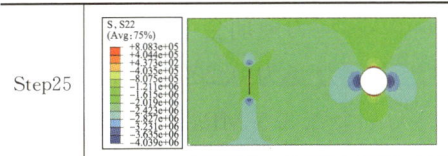

表 3.1.14　1～50 d 竖向位移变化(m)

Step1		Step30	
Step5		Step35	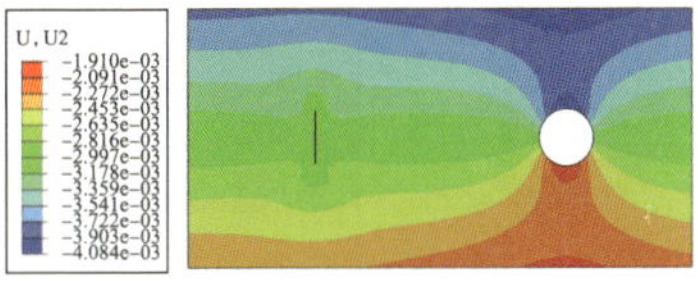
Step10		Step40	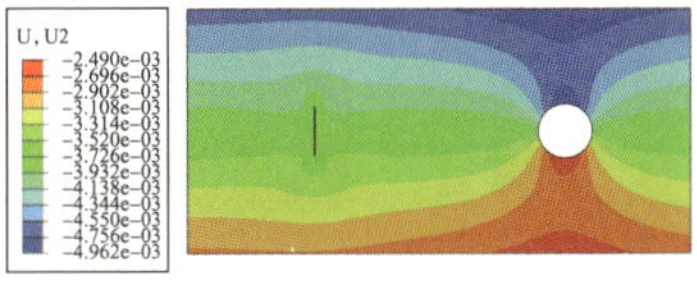
Step15		Step45	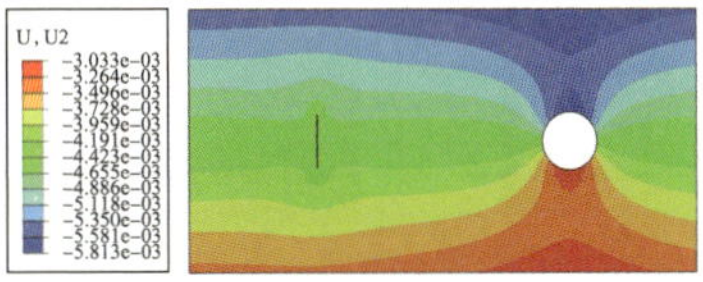
Step20	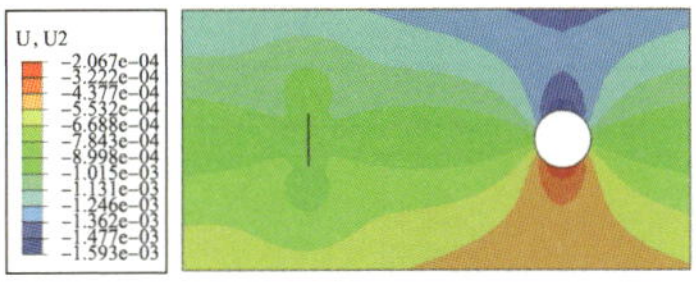	Step50	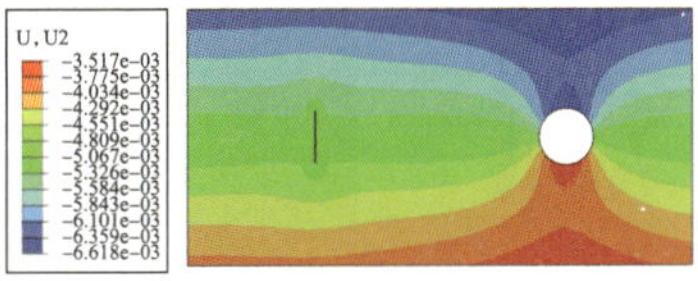
Step25	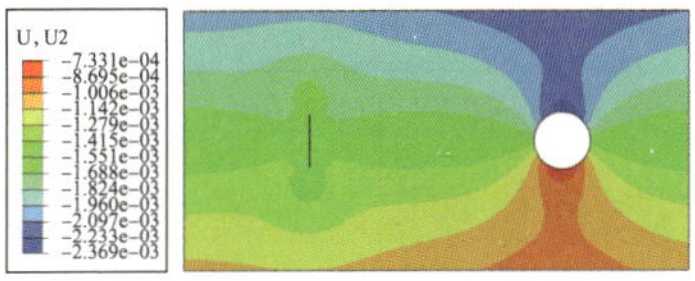		

第 3 章　水工隧洞高外水压力数值模拟分析

表 3.1.15 1～50 d 孔隙水压力变化(Pa)

3.1.2.5 微裂隙对隧洞开挖的影响

选取微裂隙尺寸为 0.001 m×10 m(厚×高),裂隙内有 1 MPa 内水压力。模型示意图如图 3.1.12 所示。竖向应力、竖向位移以及孔隙水压力变化情况见表 3.1.16～表 3.1.18。

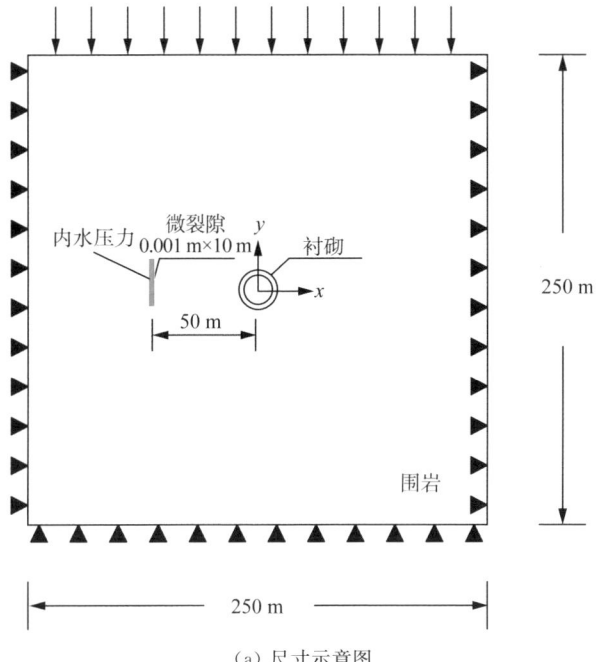

(a) 尺寸示意图

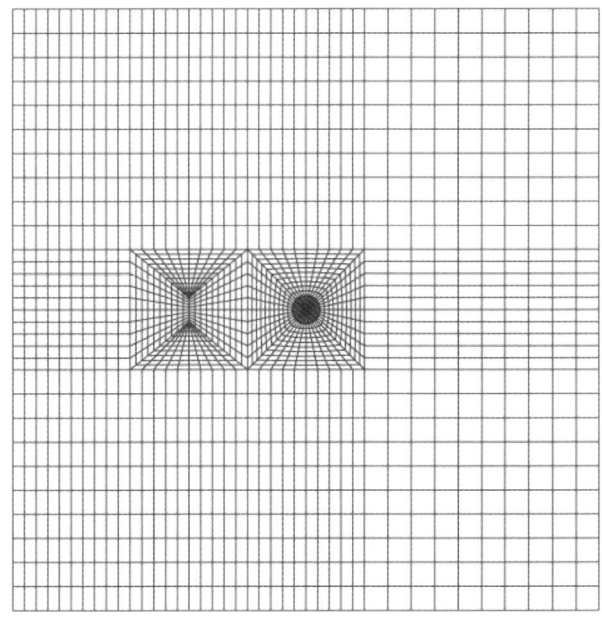

(b) 网格模型

图 3.1.12 模型示意图

由表 3.1.16 可知,1～50 d 的竖向应力变化情况:①微裂隙的存在影响了原有隧洞的应力场。②隧洞支护 1～50 d 内,拉应力前期会增大,然后逐渐减小,1 d 的拉应力大小为 1.176 MPa,50 d 拉应力变为 0.201 MPa,变化了 0.975 MPa;压应力一直增大,1 d 的压应力大小为 2.720 MPa,50 d 压应力变为 8.985 MPa,变化了 6.265 MPa。

由表 3.1.17 可知,1～50 d 的竖向位移变化情况:①微裂隙的存在影响了原有隧洞的位移场;②隧洞支护 1～50 d 内,位移先增大后减小再增大,1 d 最大竖向位移为 1.110 mm,50 d 最大竖向位移变为 −3.527 mm,变化了 4.637 mm。

由表 3.1.18 可知,1～50 d 的孔隙水压力变化情况:①微裂隙的存在影响了原有隧洞的孔隙水压力分布;②隧洞支护 1～50 d 内,孔隙水压力逐渐减小,1 d 的孔隙水压力大小为 1.992 MPa,50 d 的孔隙水压力大小为 0.858 MPa,变化了 1.134 MPa。

表 3.1.16　1～50 d 竖向应力变化(Pa)

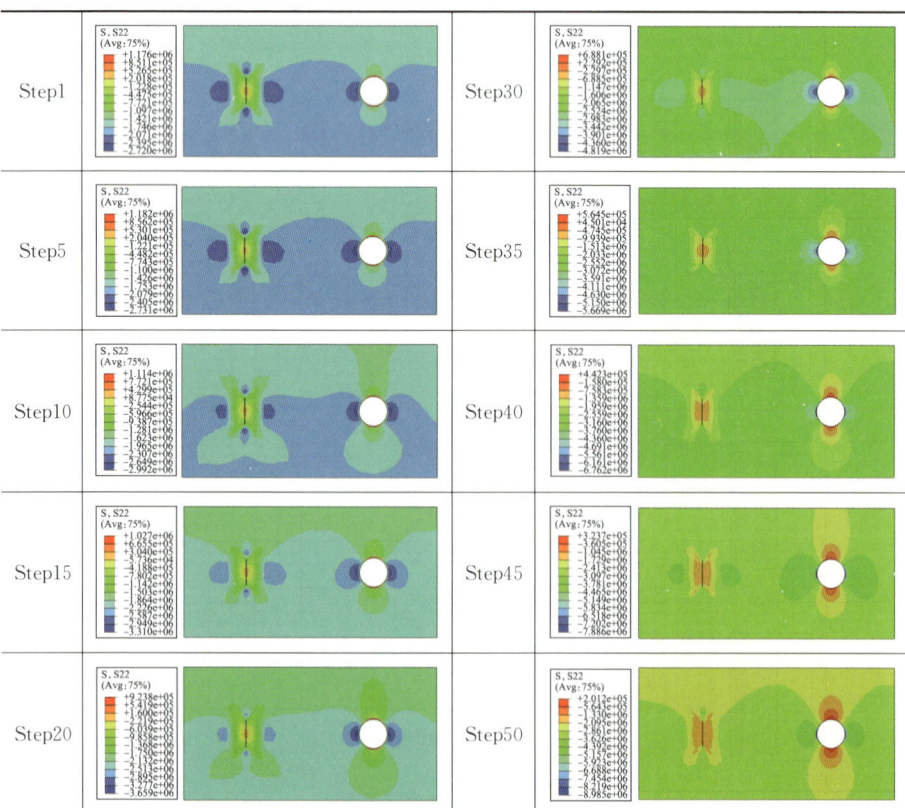

续表

| Step25 | 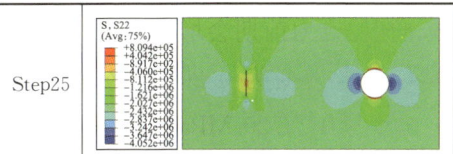 | | |

表 3.1.17　1~50 d 竖向位移变化(m)

Step1		Step30	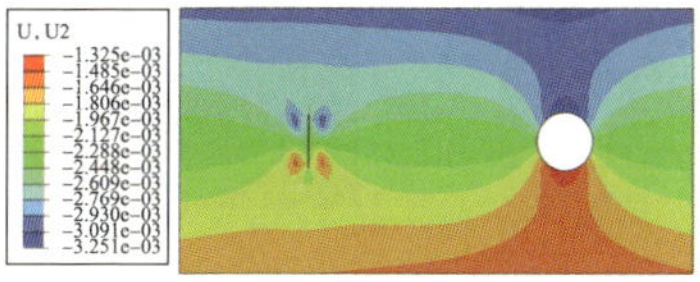
Step5		Step35	
Step10		Step40	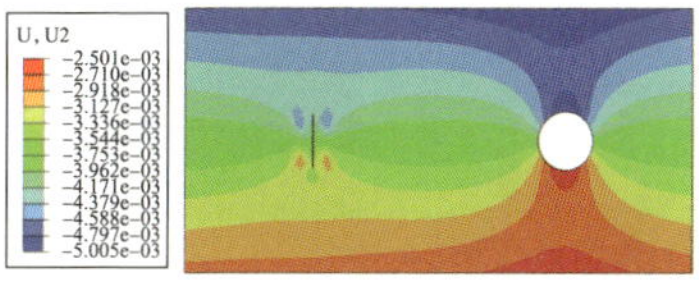
Step15		Step45	
Step20	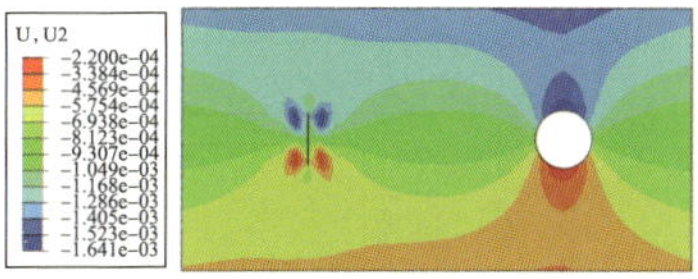	Step50	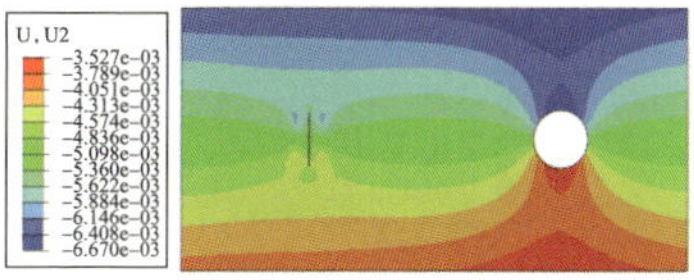
Step25	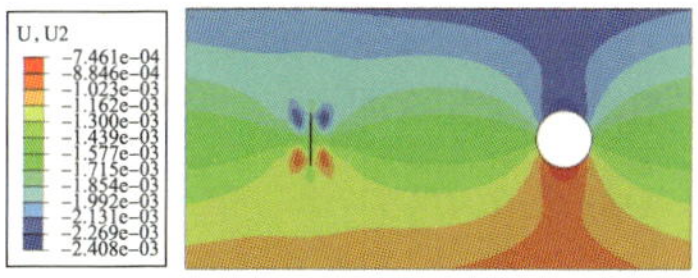		

第 3 章　水工隧洞高外水压力数值模拟分析

表 3.1.18　1～50 d 孔隙水压力变化(Pa)

Step1		Step30	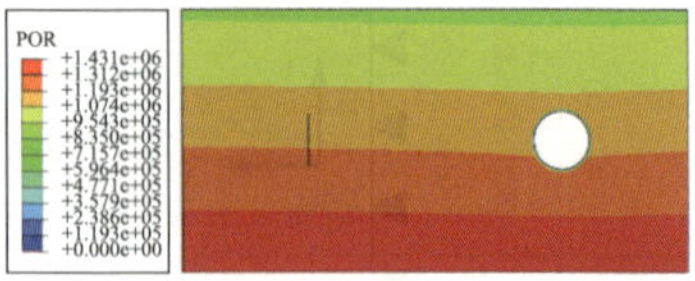
Step5		Step35	
Step10		Step40	
Step15		Step45	
Step20		Step50	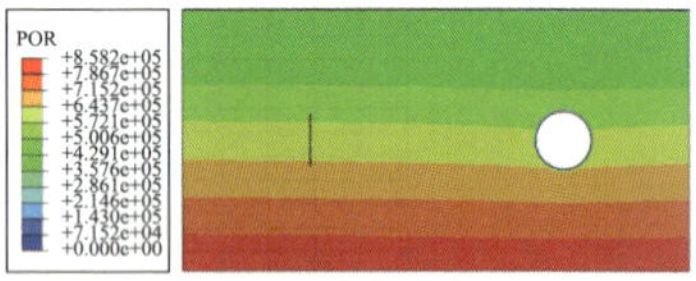
Step25			

3.1.2.6　裂隙组合对隧洞开挖的影响

将上述的裂隙组合考虑,模型示意图如图 3.1.13 所示。竖向应力、竖向位移以及孔隙水压力变化情况见表 3.1.19～表 3.1.21。

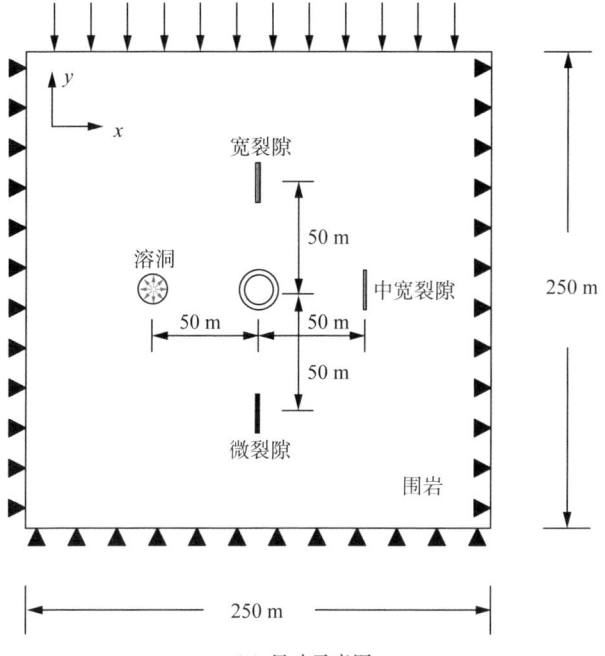

(a) 尺寸示意图

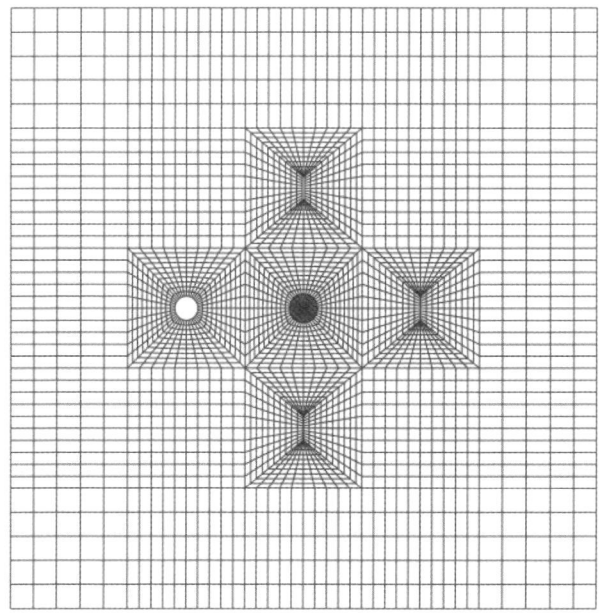

(b) 网格模型

图 3.1.13　模型示意图

由表 3.1.19 可知,1~50 d 的竖向应力变化情况:①组合裂隙的存在影响了原有隧洞的应力场。②隧洞支护 1~50 d 内,拉应力前期会增大,然后逐渐减小,1 d 的拉应力大小为 1.217 MPa,50 d 拉应力变为 0.287 MPa,变化了 0.930 MPa;压应力一直增大,1 d 的压应力大小为 4.014 MPa,50 d 压应力变为 8.574 MPa,变化了 4.560 MPa。

由表 3.1.20 可知,1~50 d 的竖向位移变化情况:①组合裂隙的存在影响了原有隧洞的位移场;②隧洞支护 1~50 d 内,位移整体先减小后增大,1 d 最大竖向位移为 0.364 mm,50 d 最大竖向位移变为 −1.891 mm,变化了 2.255 mm。

由表 3.1.21 可知,1~50 d 的孔隙水压力变化情况:①组合裂隙的存在影响了原有隧洞的孔隙水压力分布;②隧洞支护 1~50 d 内,孔隙水压力逐渐减小,1 d 的孔隙水压力大小为 2.506 MPa,50 d 的孔隙水压力大小为 1.387 MPa,变化了 1.119 MPa。

表 3.1.19 1~50 d 竖向应力变化(Pa)

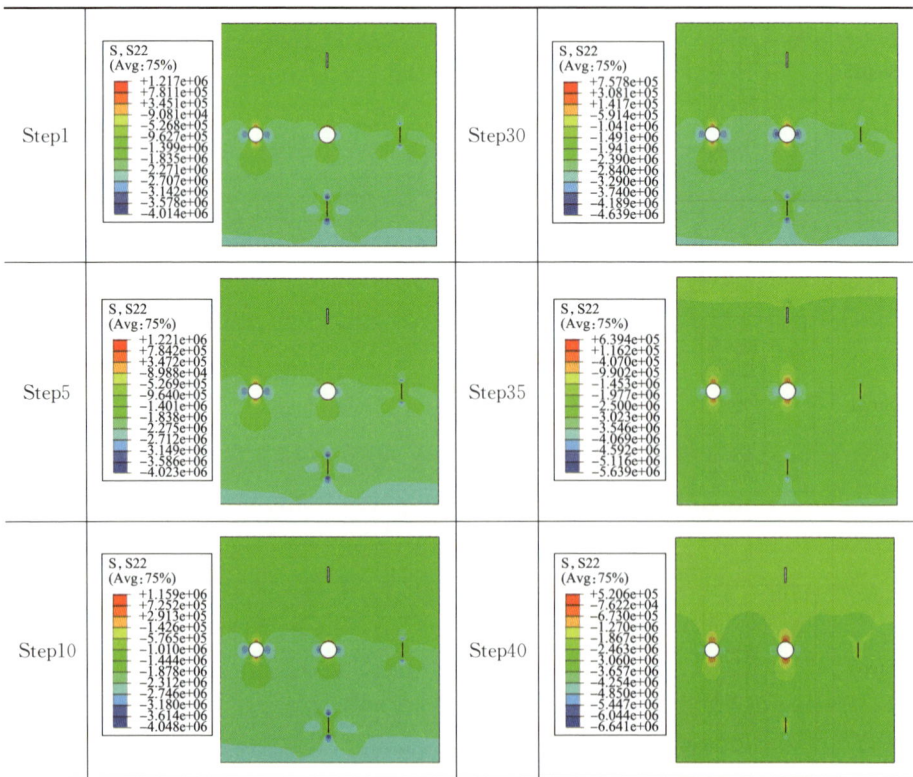

续表

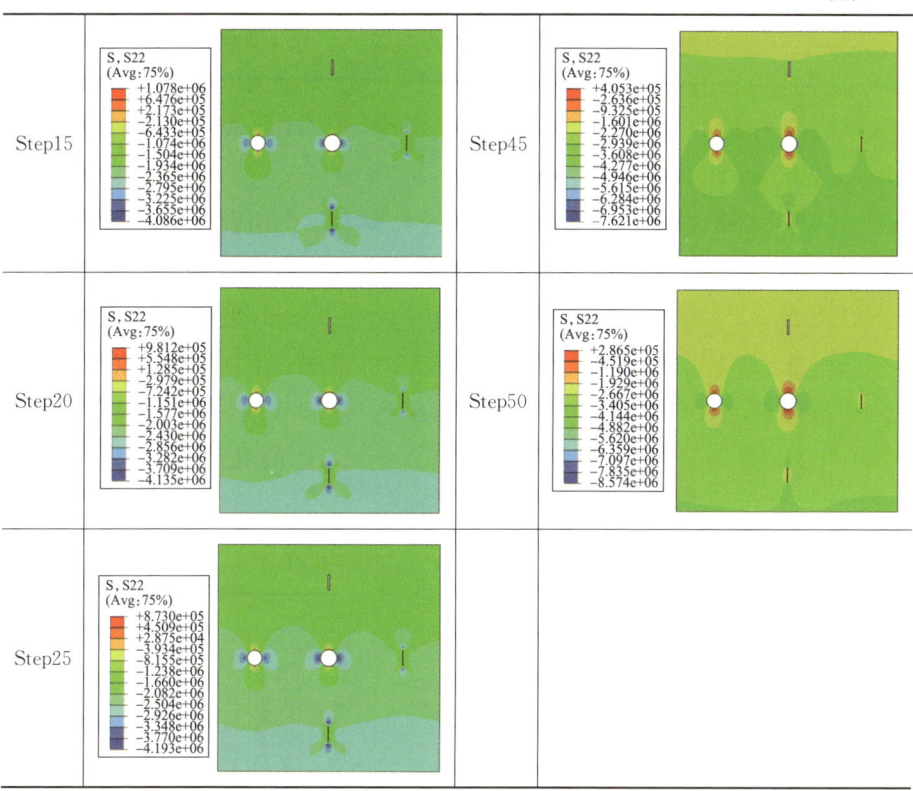

表 3.1.20　1~50 d 竖向位移变化(m)

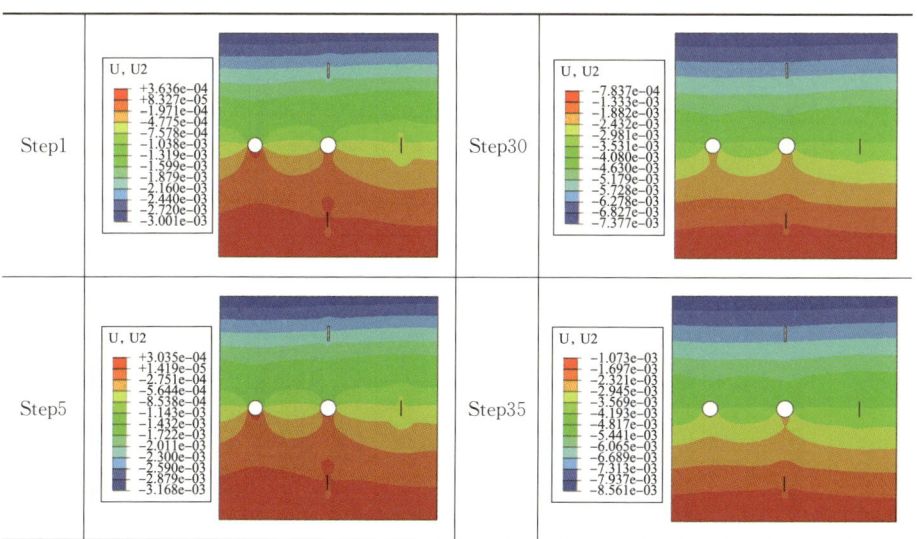

续表

Step10

Step40

Step15

Step45

Step20

Step50

Step25

表 3.1.21　1～50 d 孔隙水压力变化(Pa)

Step1

Step30

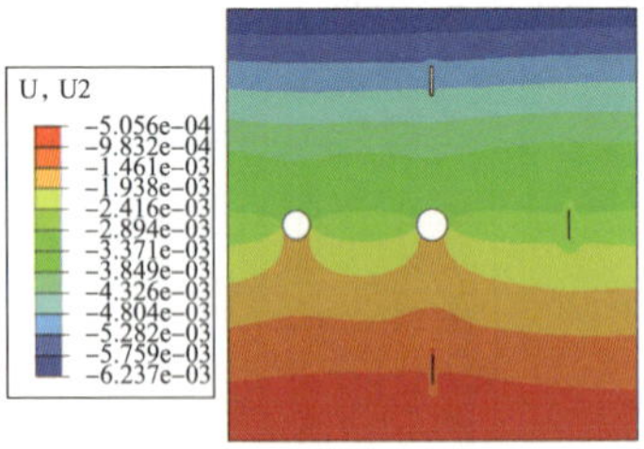

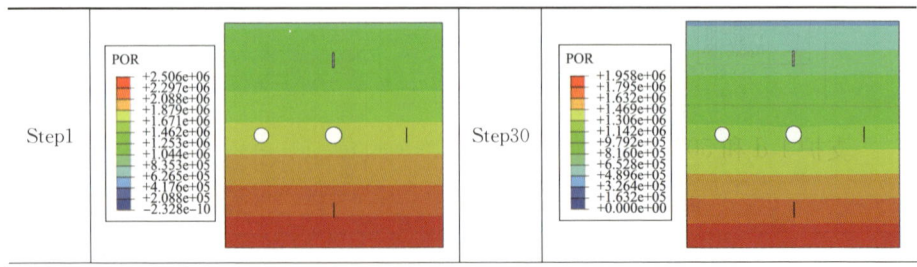

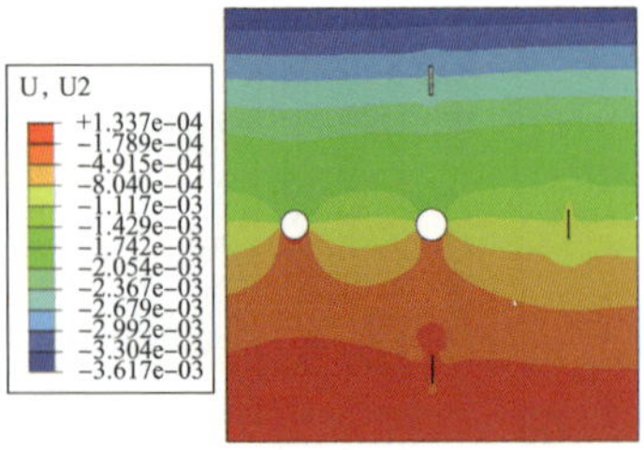

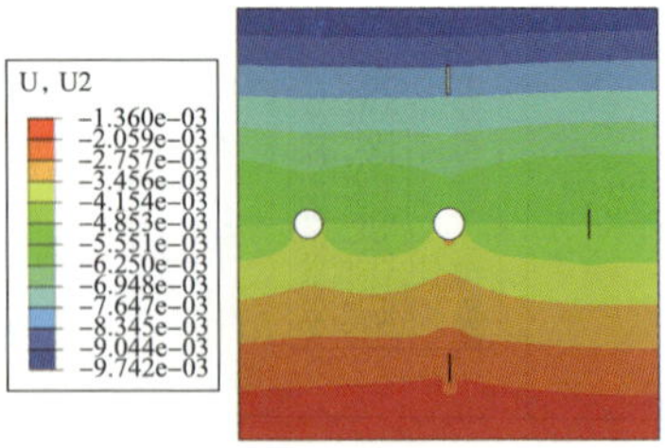

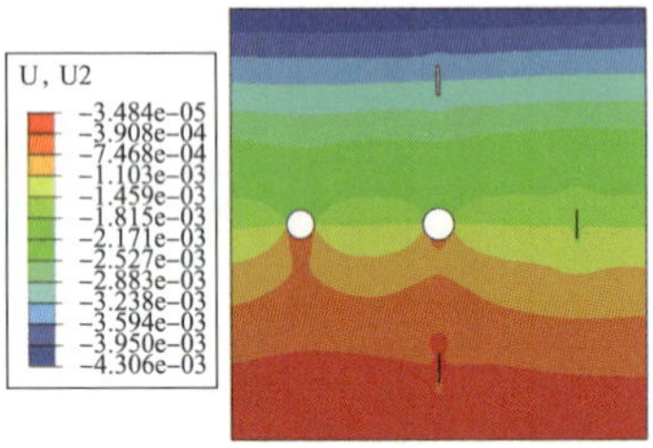

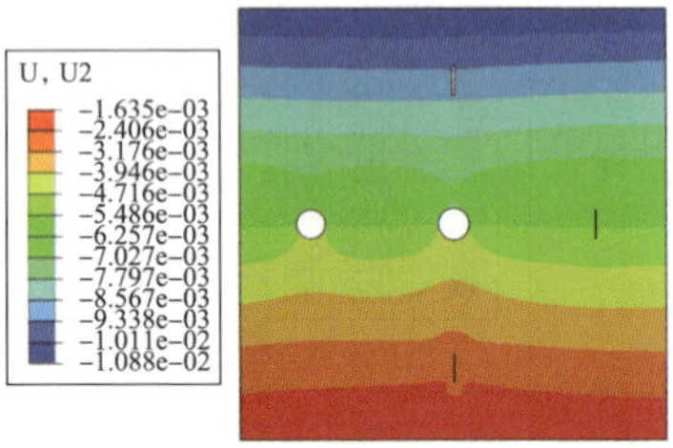

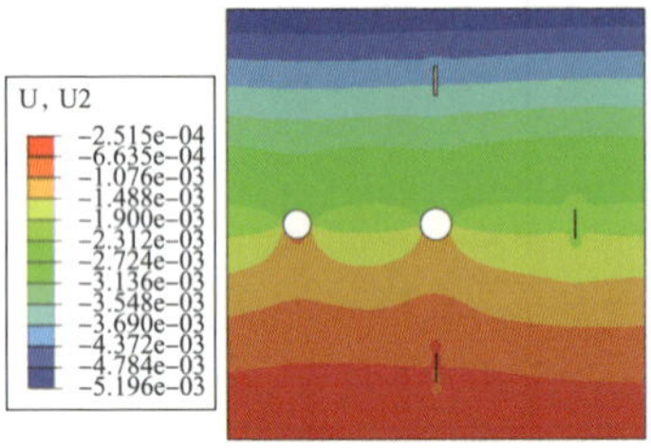

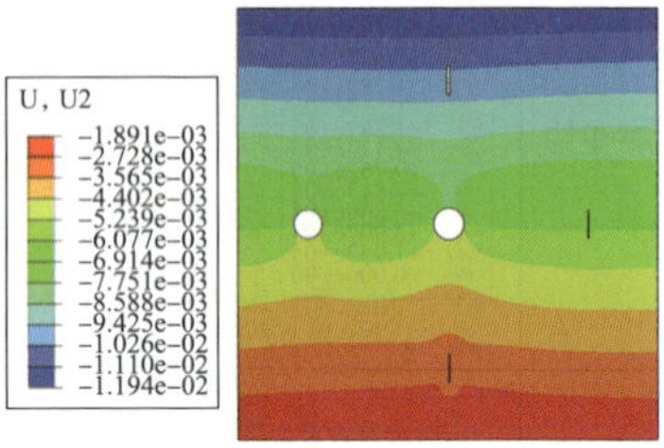

续表

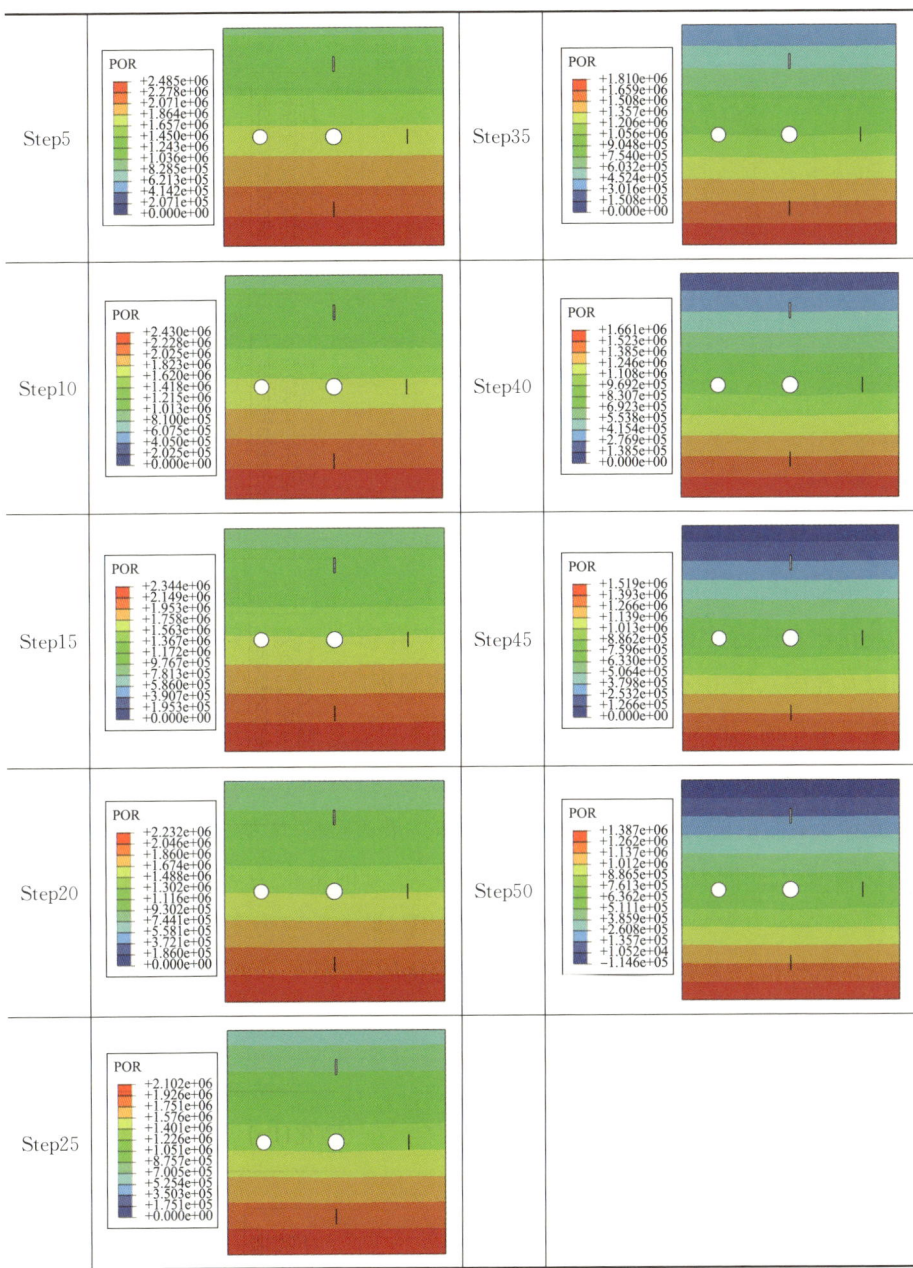

支护1 d和50 d对比结果如表3.1.22所示。

表 3.1.22 支护 1 d 和 50 d 对比结果统计表

计算结果			无裂隙	溶洞	宽裂隙	中宽裂隙	微裂隙	组合情况
竖向应力（MPa）	最大拉应力	1 d	1.174	1.175	1.174	1.176	1.176	1.217
		50 d	0.220	0.208	0.211	0.200	0.201	0.287
		差值	0.954	0.967	0.963	0.976	0.975	0.930
	最大压应力	1 d	2.426	2.944	2.578	3.335	2.720	4.014
		50 d	7.962	8.967	8.901	8.910	8.985	8.574
		差值	5.536	6.023	6.323	5.575	6.265	4.650
竖向位移（mm）		1 d	0.754	1.493	0.757	0.756	1.110	0.364
		50 d	−3.483	−3.440	−3.425	−3.517	−3.527	−1.891
		差值	4.237	4.933	4.182	4.273	4.637	2.255
孔隙水压力（MPa）		1 d	1.991	1.992	1.991	1.991	1.992	2.506
		50 d	0.877	0.877	0.877	0.858	0.858	1.387
		差值	1.114	1.115	1.114	1.133	1.134	1.119

根据围岩含不同裂隙，在隧洞支护后 1~50 d 内，对隧洞的应力场、位移场以及孔隙水压力计算的结果可知，裂隙的存在影响了原有隧洞的应力场、位移场以及孔隙水压力分布，具体表现为：①隧洞周围裂隙越大，影响程度越大，当裂隙足够小时，如微裂隙，对隧洞的影响基本可以忽略；②当围岩内含多组裂隙时，围岩内裂隙的存在对隧洞的应力场、位移场和孔隙水压力影响显著。如分析支护 1 d 时的应力场，围岩内不含裂隙时，最大拉应力为 1.174 MPa，而含多组裂隙，最大拉应力变为 1.217 MPa；支护 50 d 时的应力场，围岩内不含裂隙时，最大拉应力为 0.220 MPa，而含多组裂隙，最大拉应力变为 0.287 MPa。

本次模拟没有考虑裂隙尺寸及位置变化的影响；另外忽略了裂隙内水压力变化所带来的影响。

3.2 水工隧洞外水压力分布多场耦合模型

3.2.1 围岩弹塑性渗流-应力-损伤多场耦合模型

在地下工程施工过程中，隧洞开挖将打破围岩原来的平衡，引起围岩应力场与渗流场的变化：一方面水在岩体中渗流将产生体积力，改变岩体原有的应力状态；另一方面隧洞开挖卸荷引起应力场重新分布，裂隙将会萌生、扩展、贯通[93],影响岩体的力学行为,进而改变其渗透性能,导致水在岩体中的渗流状态发生变化。应力-渗流耦合变形破坏不仅是基础科学中的发展前沿和热点问题,同时由于岩体的特殊性和渗流-应力-损伤耦合作用的复杂性,也是应用研究中亟待解决的关键科学问题。大量的地下工程研究和实践表明,在地下岩石开挖过程中进行渗流-应力-损伤耦合分析十分必要。

研究首先将围岩视为各向同性连续介质,基于岩体弹塑性损伤本构模型,结合岩体损伤时渗透系数动态演化公式,建立考虑隧洞开挖支护过程中岩体力学行为的渗流-应力-损伤耦合模型;其次,利用有限元软件 ABAQUS,进行子程序 USDFLD 二次开发,编写了相应的岩体弹塑性渗流-应力-损伤耦合模型的计算程序,把岩石渗透系数视为一个变量,将其与岩体损伤相关联,反映渗流场岩体渗透系数与应力场损伤之间的耦合关系。耦合分析流程图如图 3.2.1 所示。

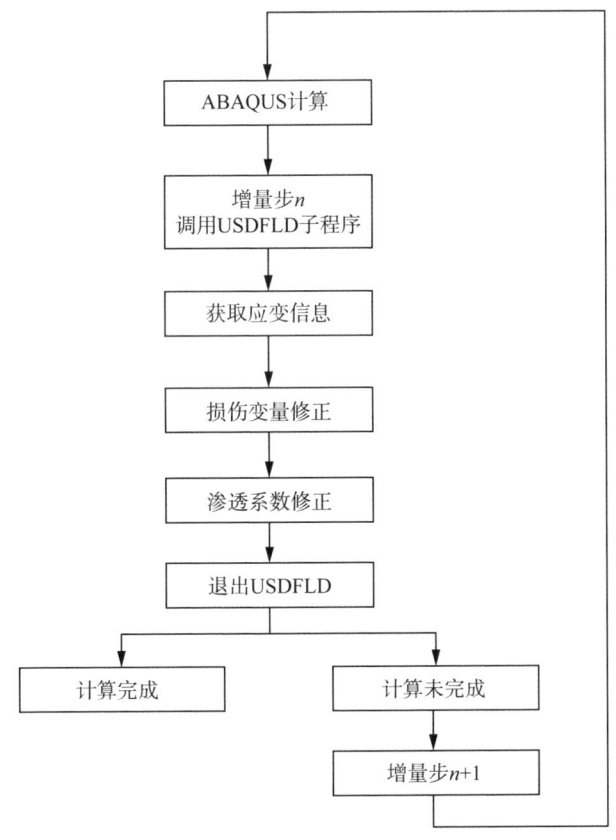

图 3.2.1　水工隧洞围岩弹塑性渗流-应力-损伤耦合分析流程图

3.2.1.1 考虑塑性损伤的耦合模型

当岩石单元的等效塑性应变超过极限塑性应变 $\bar{\varepsilon}_{p\max}$ 时,则认为该单元因塑性畸变破坏,取损伤变量和等效塑性应变的关系满足一阶指数衰减函数,将等效塑性应变进行归一化,即

$$D = A_0 e^{-\bar{\varepsilon}_{pn}/a} + B_0 \tag{3.2-1}$$

式中,$\bar{\varepsilon}_{pn}$——归一化的等效塑性应变;

a——材料参数;

$A_0 = \dfrac{1}{e^{-1/a}-1}$,$B_0 = -\dfrac{1}{e^{-1/a}-1}$。

损伤演化方程仅有一个待求参数 a,反映了损伤因子随等效塑性应变的演化速率。

在流固耦合体系中,固相为 $S=M+D$,未损伤固相为 M,损伤固相为 D,液相为 L。损伤 D 组分不能承受剪切载荷,但固相中的 M 组分仍然可以承受剪切和静水压力,因此,材料总体可以承受载荷,只是承受的载荷能力降低了,相对于材料总体产生了一定的折减,即发生了损伤。设多孔介质的体积为 V,损伤部分的体积为:

$$V_D = V(1-n)D \tag{3.2-2}$$

式中,n——岩石的孔隙度;

D——损伤变量。

按照渗流的立方定律,软岩的渗透系数按下式演化:

$$k = (1-D)k^M + Dk^D(1+\varepsilon_v^{pF})^3 \tag{3.2-3}$$

式中,k^M、k^D——非损伤岩石和破裂岩石的渗透系数;

ε_v^{pF}——缺陷相的塑性体积应变。压应力和压应变符号为负,拉应力和拉应变符号为正。

假设岩体弹性应变时不会发生损伤,而塑性变形与损伤是同时出现的,故 ε_v^{pF} 的计算公式为:

$$\varepsilon_v^{pF} = D\varepsilon_v^p \tag{3.2-4}$$

式中,ε_v^p——塑性体积应变。

3.2.1.2 裂隙岩体弹塑性渗流-应力-损伤耦合模型

对于工程岩体,孔隙度和渗透系数 K 等参数将随岩体的应力状态不同而

发生动态变化,因此有必要建立流固耦合作用下的动态模型。

根据李培超等[94]建立的饱和多孔介质流固耦合渗流的数学模型,可得到多孔介质孔隙度与体积应变、温度、应力等有如下关系:

$$\varphi = 1 - \frac{(1-\varphi_0)}{1+\varepsilon_v}\left(1 - \frac{\Delta p}{K_s} + \beta_s \Delta T\right) \qquad (3.2-5)$$

式中,φ_0 ——初始孔隙度;

ε_v ——体积应变,其表达式为 $\varepsilon_v = \frac{\Delta V_b}{V_b} = \varepsilon_{11} + \varepsilon_{22} + \varepsilon_{33}$;

V_b ——多孔介质体积;

ε_{11}、ε_{22}、ε_{33} —— x,y,z 方向上的应变;

K_s ——多孔介质骨架固体颗粒的体积弹性压缩模量;

β_s ——热膨胀系数。

若不考虑渗流工程中温度和骨架颗粒的体积变化,无扩容现象,其孔隙度可由下式得到:

$$\varphi = 1 - \frac{(1-\varphi_0)}{1+\varepsilon_v} = \frac{\varphi_0 + \varepsilon_v}{1+\varepsilon_v} \qquad (3.2-6)$$

考虑到岩体扩容现象,可得到孔隙度 φ 的动态演化模型为:

$$\varphi = 1 - \frac{(1-\varphi_0)}{1-\varepsilon_v} = \frac{\varphi_0 - \varepsilon_v}{1-\varepsilon_v} \qquad (3.2-7)$$

由 Kozeny-Carman 方程导出的渗透系数与体积应变的关系式为:

$$K = K_0 \frac{1}{1+\varepsilon_v}\left[1 + \frac{\varepsilon_v}{\varphi_0} - \frac{(\beta_s \Delta T + \Delta p/K_s)(1-\varphi_0)}{\varphi_0}\right]^3 \qquad (3.2-8)$$

同样,如果不考虑温度和材料骨架颗粒的体积变化,则可以得到等温渗流过程中渗透系数的动态演化模型为:

$$K = K_0 \frac{1}{1+\varepsilon_v}\left(1 + \frac{\varepsilon_v}{\varphi_0}\right)^3 \qquad (3.2-9)$$

对于扩容后的情况,采用同样的分析方法,可以得到压缩条件下渗透系数的动态演化模型为:

$$K = K_0 \frac{1}{1-\varepsilon_v}\left(1 - \frac{\varepsilon_v}{\varphi_0}\right)^3 \qquad (3.2-10)$$

式(3.2-6)~式(3.2-10)反映了岩体在应力作用下使裂隙闭合时将孔隙度与渗透系数减小的特点,以及当微裂隙扩展使得岩体产生扩容现象时,其孔隙度和渗透系数将相应增大的特性。

图 3.2.2 与图 3.2.3 为不同初始孔隙度下,孔隙度和 K/K_0 与体积应变的关系。可以看出,渗透系数之比与体积应变之间为非线性关系;初始孔隙率越小,体积应变对渗透系数之比的影响越明显;随着体积应变的增大,渗透系数逐渐增大;孔隙度与体积应变之间为线性关系;随着体积应变的增大,孔隙度逐渐增大。

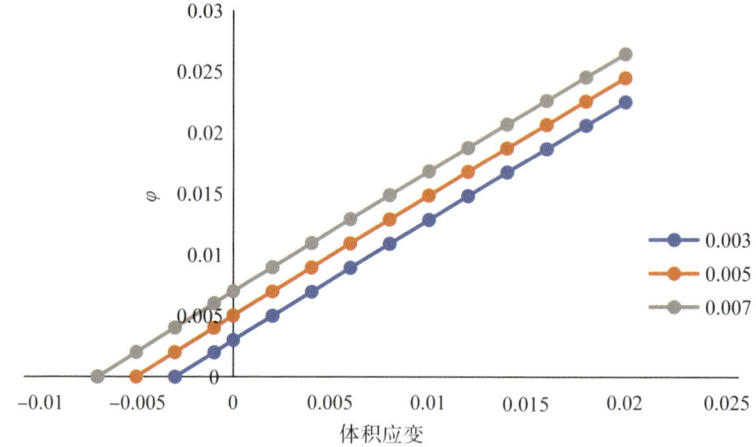

图 3.2.2 孔隙度与体积应变关系图

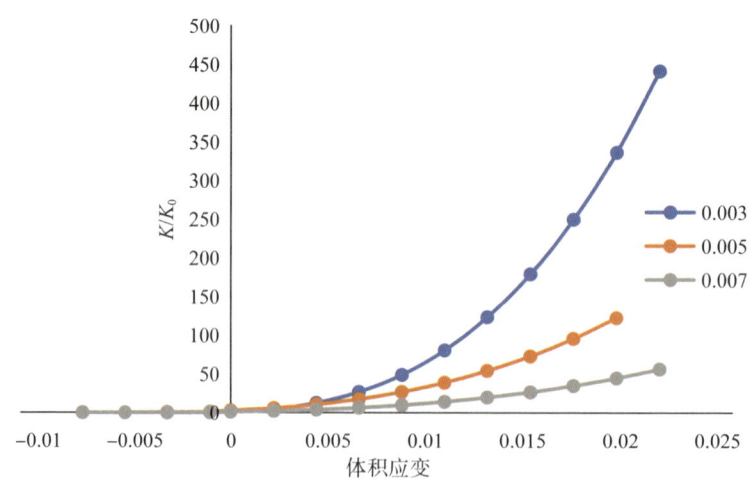

图 3.2.3 k/k_0 与体积应变关系图

裂隙岩体渗流对围岩的应力场有较大的影响,其渗透性与应力状态也密切相关,由于节理裂隙的分布复杂且裂隙损伤演化依赖加载历史,通常应用自制方法或统计观点建立简化模型研究,但仅限于描述岩体弹性阶段的损伤,其损伤演化特性未能和岩体的渗透性建立很好的关联关系。基于前述的裂隙岩体孔隙度动态演化的概念,建立岩体的损伤演化的概念如下:

$$\Omega = \frac{\varphi_0 - \varphi}{\varphi_0 - \varphi_s} = \begin{cases} 0 & \text{弹性压密阶段} \\ \dfrac{\varphi_0 - \dfrac{\varphi_0 + \varepsilon_v}{1 + \varepsilon_v}}{\varphi_0 - \varphi_s} & \text{扩容前} \\ \dfrac{\varphi_0 - \dfrac{\varphi_0 - \varepsilon_v}{1 - \varepsilon_v}}{\varphi_0 - \varphi_s} & \text{扩容后} \end{cases} \quad (3.2\text{-}11)$$

式(3.2-11)即为裂隙岩体损伤演化模型。由此可知,损伤变量仅与材料的体积应变有关,其变化规律不仅与弹性变形相关,还与塑性变形密切相关。从损伤变量的表达式可知,此处定义的损伤变量实际上为一标量损伤。该定义可以较好地描述岩石材料在不同应力状态下的损伤演化规律。

3.2.2 考虑渗流-应力-损伤耦合的隧洞水压力分布

3.2.2.1 考虑塑性损伤的耦合模型数值计算

隧洞开挖和衬后断面均采用四心圆马蹄形断面,净空断面尺寸为 7.62 m×8.22 m(宽×高),衬砌厚 0.5 m,如图 3.2.4 所示,模型宽、高均为 200 m,隧洞位于模型中心,网格模型如图 3.2.5 所示。

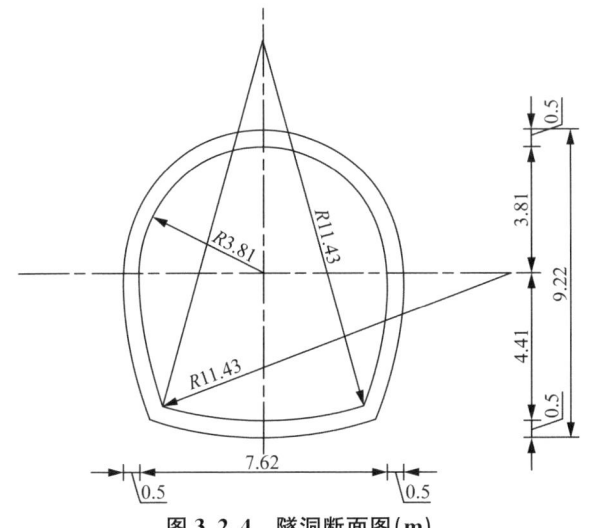

图 3.2.4　隧洞断面图(m)

图 3.2.5　网格模型图

隧洞围岩与衬砌的物理力学参数如表 3.2.1 所示。

表 3.2.1　材料参数

材料	变形模量 (GPa)	泊松比	密度 (kg/m³)	黏聚力 (MPa)	内摩擦角 (°)	渗透系数 (m/s)	孔隙率
围岩	9	0.23	2 600	1	38	1×10^{-6}	0.12
衬砌	25	0.167	2 500	—	—	1×10^{-8}	0.08

为了分析岩体渗流-应力-损伤耦合效应,分两种方案进行计算分析。

方案一:考虑渗流场作用,但不考虑岩体渗透性变化,即渗透系数为定值,在 Biot 耦合理论基础上进行渗流-应力耦合分析,模型顶部上覆岩体厚度为 400 m,压力水头为 280 m。

方案二:考虑渗流场作用,考虑岩体渗透性变化,且模拟岩体损伤区域渗透系数演化特性,采用本章建立的渗流-应力-损伤耦合模型,模型顶部上覆岩体厚度为 400 m,压力水头为 280 m。

具体计算过程如下:

①建立初始地应力平衡,给定水头边界;

②模拟隧洞开挖,洞壁孔隙水压力降为 0 MPa,模拟时间为 1 d;

③施作混凝土衬砌,衬砌内表面孔隙水压力为 0 MPa,模拟时间为 10 d。

开挖和施作衬砌后两方案的隧洞围岩渗流场孔压分布云图如表 3.2.2 和表 3.2.3 所示。随着时间的推移,隧洞围岩周围水压力迅速降低,孔压降低范围逐渐扩大,一段时间后,渗流场逐渐趋于稳定,两种方案下渗流场分布规律基本一致,在水平方向上,离隧洞距离越近,孔隙水压力降低越显著;在铅直方向上,在靠近洞顶一定距离内受排水作用,孔压从洞径位置逐渐升高。在方案二中,由于考虑了围岩开挖损伤导致渗透系数增大,隧洞排水作用较方案一更强,因此,隧洞附近一定范围内渗流场孔压降低更明显。

表 3.2.2 方案一隧洞围岩渗流场孔压分布

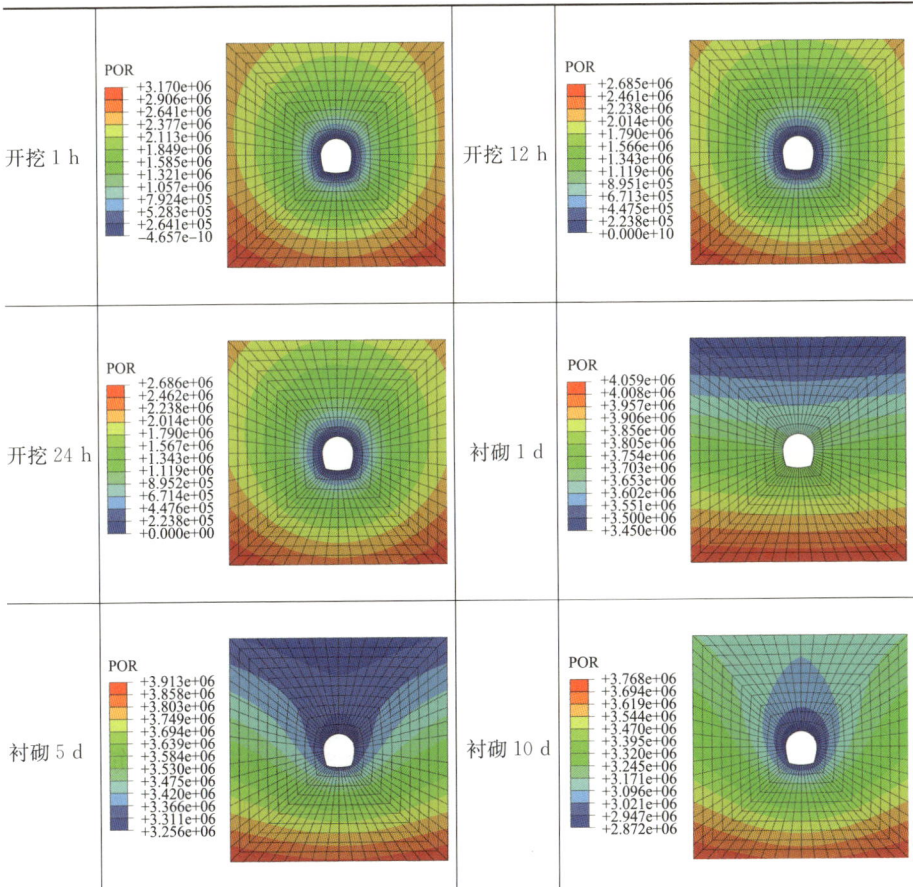

表 3.2.3 方案二隧洞围岩渗流场孔压分布

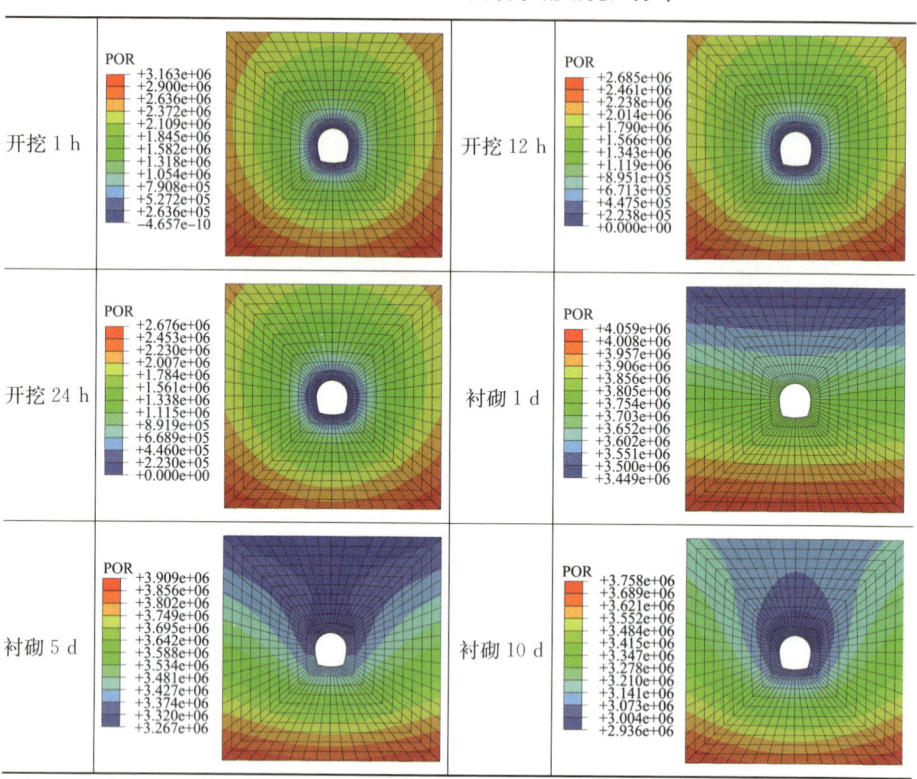

隧洞围岩施作衬砌后岩体产生了较大的塑性破坏区,方案一最大等效塑性应变为 0.030 91,最大深度为 4.2 m,方案二塑性区结果与方案一一致。各方案塑性区分布如图 3.2.6 和图 3.2.7 所示。

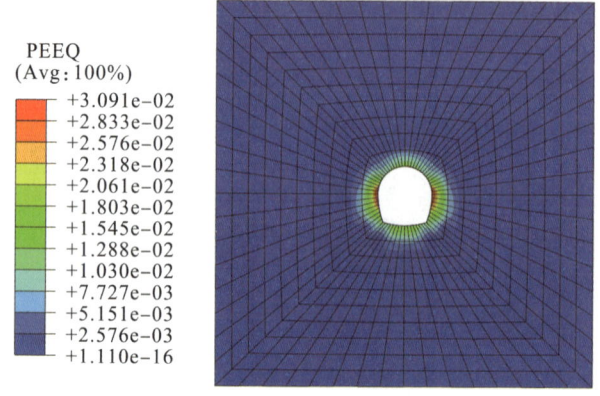

图 3.2.6 方案一塑性区分布图

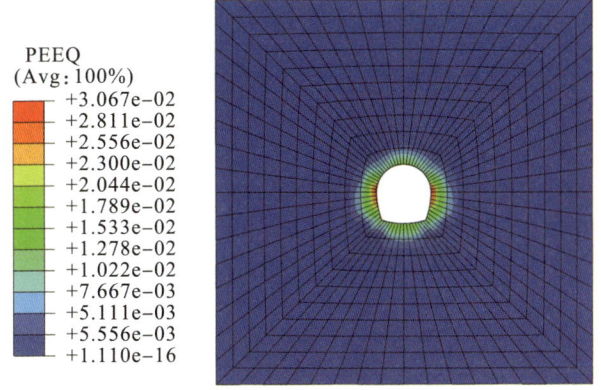

图 3.2.7　方案二塑性区分布图

围岩进入塑性屈服状态后,围岩等效塑性应变逐渐增大,相应的围岩损伤区出现并逐渐增大,方案二中在隧洞开挖稳定后洞周内侧最大损伤值达到了 0.143 6,出现在隧洞左右边拱内表面处。围岩损伤变量云图如图 3.2.8 所示。

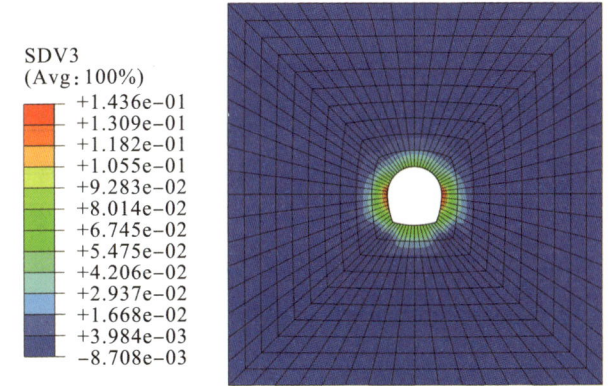

图 3.2.8　方案二围岩损伤变量云图

对于方案二,在考虑围岩损伤对渗透系数的影响时,隧洞开挖后围岩塑性损伤区域渗透系数明显增大,开挖稳定后围岩渗透系数分布如图 3.2.9 所示。隧洞围岩渗透系数增大区域与损伤分布相对应,受围岩开挖扰动影响,在隧洞腰部内侧 4m 范围内围岩渗透性变化较大,在开挖稳定后围岩渗透系数最大值从 1×10^{-6} m/s 增大到 1.522×10^{-5} m/s,比围岩的初始渗透系数增大近 15 倍。

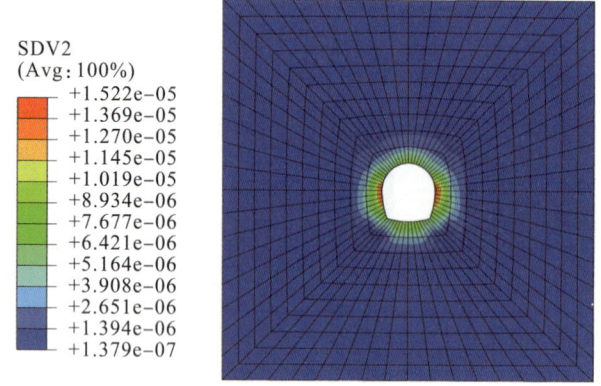

图 3.2.9　方案二围岩渗透系数分布图(m/s)

3.2.2.2　裂隙岩体弹塑性渗流-应力-损伤耦合模型算例

计算模型尺寸、网格划分以及参数选取同前文一致。

开挖和施作衬砌后隧洞围岩渗流场孔压分布云图如表 3.2.4 所示。随着时间的推移，洞周水压力迅速降低，孔压降低范围逐渐扩大，渗流场分布规律与前面基本一致，在水平方向上，离隧洞距离越近，孔隙水压力降低越显著；在铅直方向上，在靠近洞顶一定距离内受排水作用，孔压从洞径位置逐渐升高。

表 3.2.4　裂隙岩体弹塑性渗流-应力-损伤耦合模型算例渗流场孔压分布

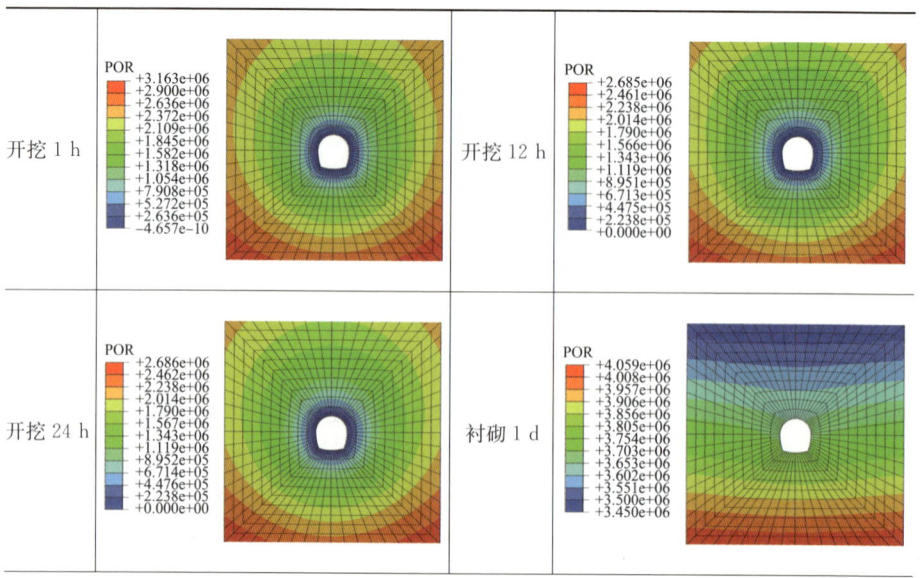

续表

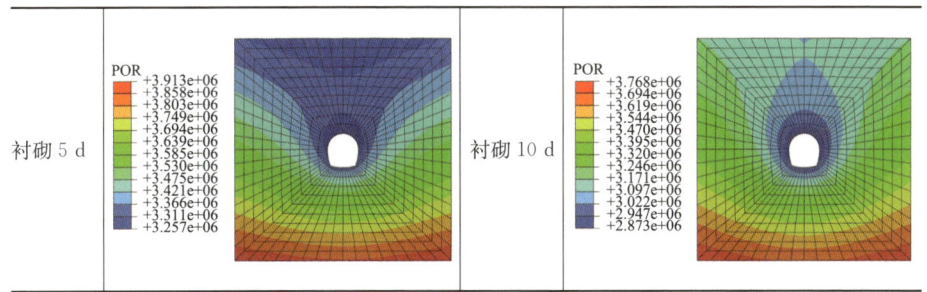

施作衬砌后岩体产生了较大的塑性破坏区,方案一最大等效塑性应变为 0.030 91,最大深度为 4.2 m,塑性区结果与前面一致。具体塑性区分布如图 3.2.10 所示。

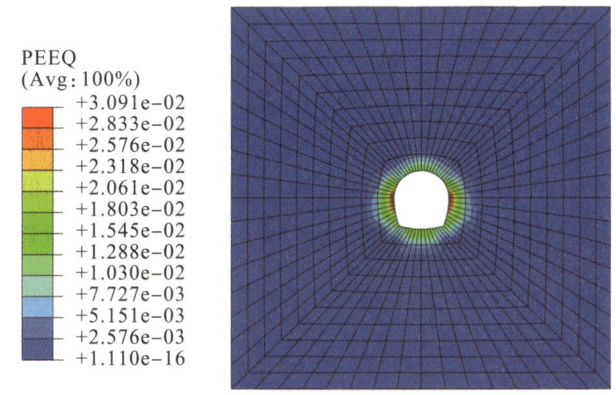

图 3.2 10　裂隙岩体弹塑性渗流-应力-损伤耦合模型算例塑性区分布图

此方案在隧洞洞周内侧最大损伤值达到 0.017 36,隧洞左右边拱内以及底拱表面处出现较大损伤。围岩损伤变量云图如图 3.2.11 所示。

隧洞开挖衬砌后围岩损伤区域渗透系数明显增大,开挖稳定后围岩渗透系数分布如图 3.2.12 所示。渗透系数增大区域与损伤分布相对应,在施作衬砌后围岩渗透系数最大值从 1×10^{-6} m/s 增大到 1.038×10^{-6} m/s,增大幅度较小。

3.2.2.3　耦合模型典型断面精细化建模数值模拟

采用考虑体积应变引起的损伤建立的渗流-应力-损伤耦合模型,结合工程

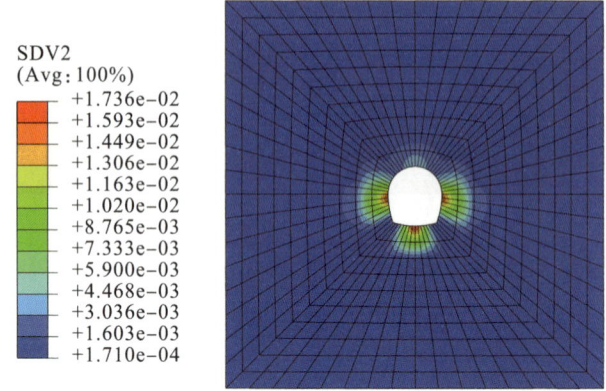

图 3.2.11 裂隙岩体弹塑性渗流-应力-损伤耦合模型算例围岩损伤变量分布云图

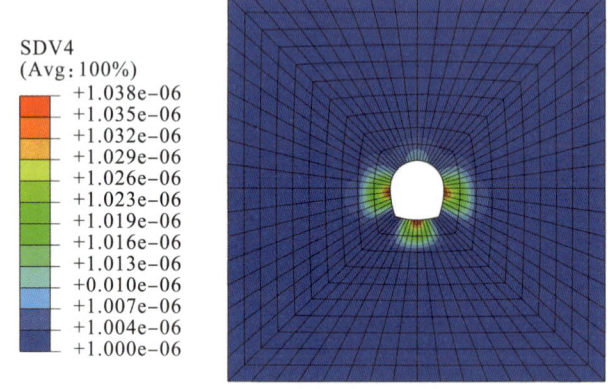

图 3.2.12 裂隙岩体弹塑性渗流-应力-损伤耦合模型算例围岩渗透系数分布云图(m/s)

典型断面,对初期衬砌、二次衬砌、排水孔等结构进行精细化建模,对比分析考虑支护及排水措施、围岩渗透特性和衬砌渗透特性对围岩塑性区和损伤区分布、岩体渗透系数变化特征及外水压力分布的影响。计算模型与计算参数如图3.2.13 和表 3.2.5 所示。

图 3.2.13　隧洞数值计算模型网格

表 3.2.5　材料参数

材料	变形模量 (GPa)	泊松比	容重 (kN/m³)	黏聚力 (MPa)	内摩擦角 (°)	渗透系数 (m/s)	孔隙率
围岩	6	0.26	2 550	0.9	38	1×10^{-6}	0.11
初期支护	23	0.2	2 200	—	—	3×10^{-7}	0.07
二次衬砌	28	0.2	2 500	—	—	1×10^{-9}	0.07
锚杆	200	0.3	7 850	—	—	—	—

(1) 支护及排水措施

设置三种计算方案。方案一:不考虑支护措施和排水孔;方案二:考虑支护措施、不考虑排水孔;方案三:考虑支护措施及排水孔。计算结果分析如下:

①塑性区

图 3.2.14 为考虑岩体渗流-应力-损伤耦合作用下不同支护排水方案的塑性区分布图,由图可知,施作衬砌后岩体产生了较大的塑性破坏区,方案一的最大等效塑性应变为 0.107 5,塑性区最大深度约为 6 m。考虑支护措施后方案二塑性区明显变小,最大等效塑性应变为 0.063 4,塑性区最大深度约为 4 m。考虑设置排水孔后,方案三的塑性区的大小和范围较方案二均略有减小,最大等效塑性应变为 0.059 0,塑性区最大深度约为 3.5 m。

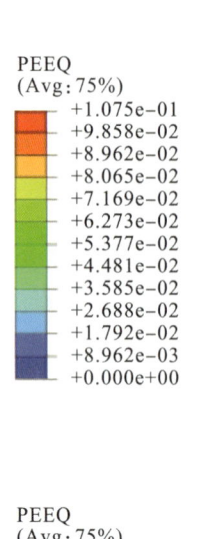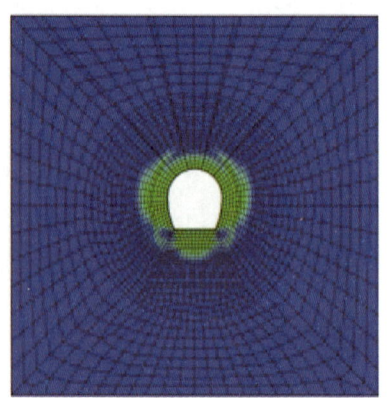

(a) 方案一

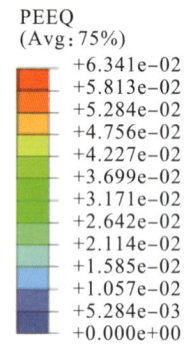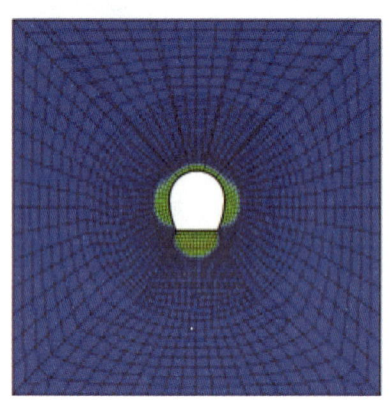

(b) 方案二

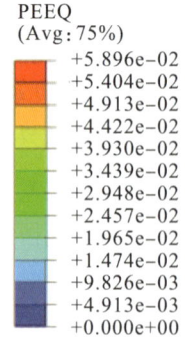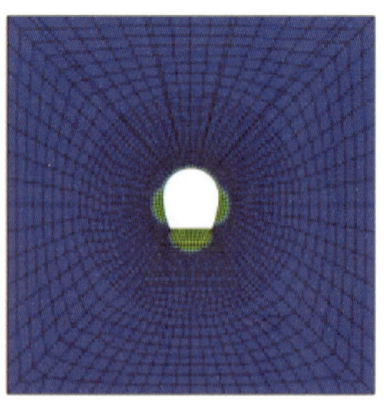

(c) 方案三

图 3.2.14　隧洞围岩塑性区分布图

②损伤变量

图 3.2.15 为考虑岩体渗流-应力-损伤耦合作用下不同支护排水方案的损

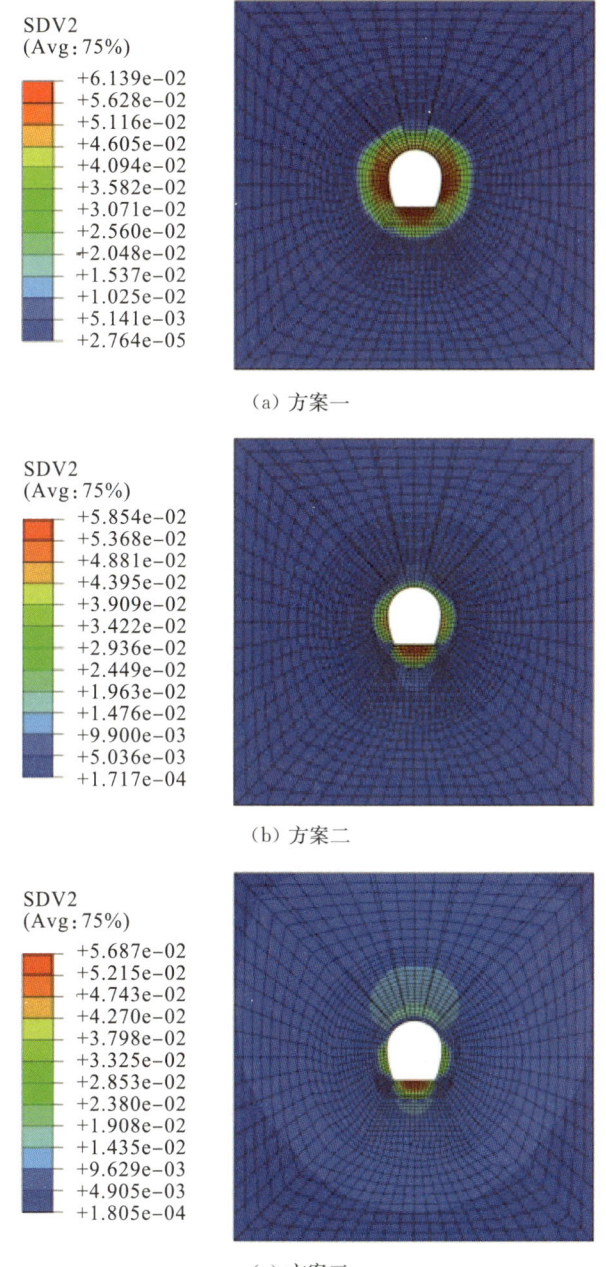

(a) 方案一

(b) 方案二

(c) 方案三

图 3.2.15 隧洞围岩损伤变量云图

伤变量云图,由图可知,方案一的隧洞左右边拱内以及底拱表面处均出现较大损伤,损伤最大值为 0.061 4,考虑支护措施后方案二的损伤范围明显变小,方案二的底拱表面出现较大损伤,损伤最大值为 0.058 5,方案三的损伤最大值也出现在底拱表面,损伤最大值为 0.056 9。

③渗透系数

图 3.2.16 为考虑岩体渗流-应力-损伤耦合作用下不同支护排水方案的渗透系数分布图,由图可知,围岩损伤区域渗透系数明显增大,渗透系数变化区域与损伤分布基本对应,方案一的围岩渗透系数最大值为 1.074×10^{-3} mm/s,方案二的围岩渗透系数最大值为 1.071×10^{-3} mm/s,方案三的围岩渗透系数最大值为 1.069×10^{-3} mm/s。

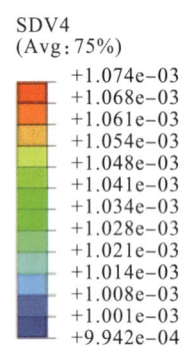
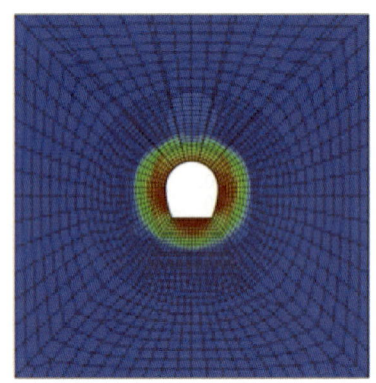

(a) 方案一

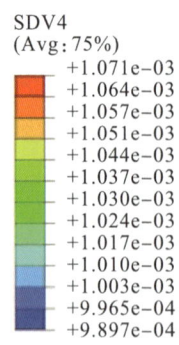
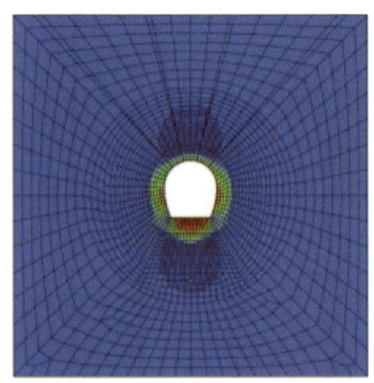

(b) 方案二

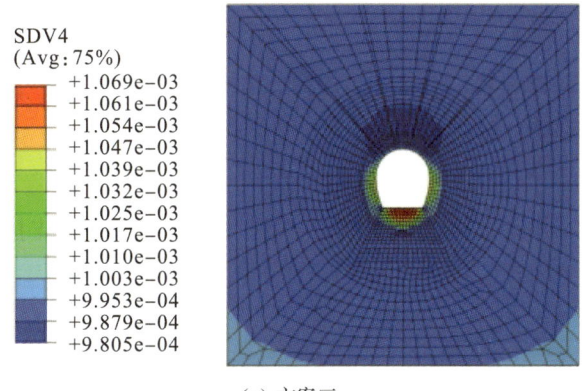

(c) 方案三

图 3.2.16　隧洞围岩渗透系数分布图(mm/s)

④衬砌外水压力

图 3.2.17 为考虑岩体渗流-应力-损伤耦合作用下不同支护排水方案的外水压力分布图,由图可知,方案一和方案二的衬砌外水压力分布一致,由于衬砌的渗透性很小,基本不排水,是否考虑支护对外水压力的影响不大,外水压力最大值均为 4.194 MPa,考虑设置排水孔后,方案三的衬砌外水压力明显减小,最大值为 2.275 MPa,排水孔附近外水压力下降明显,距离排水孔越远,外水压力下降越小。

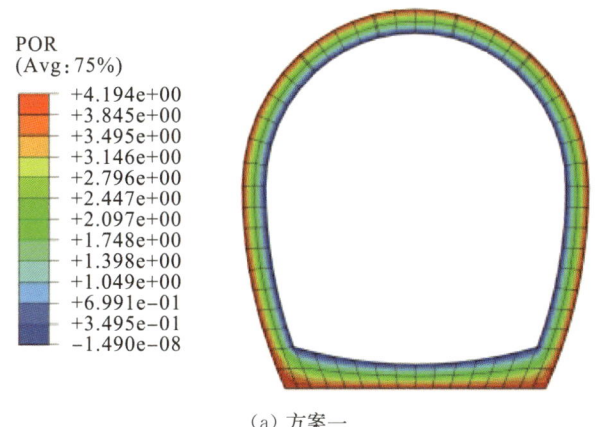

(a) 方案一

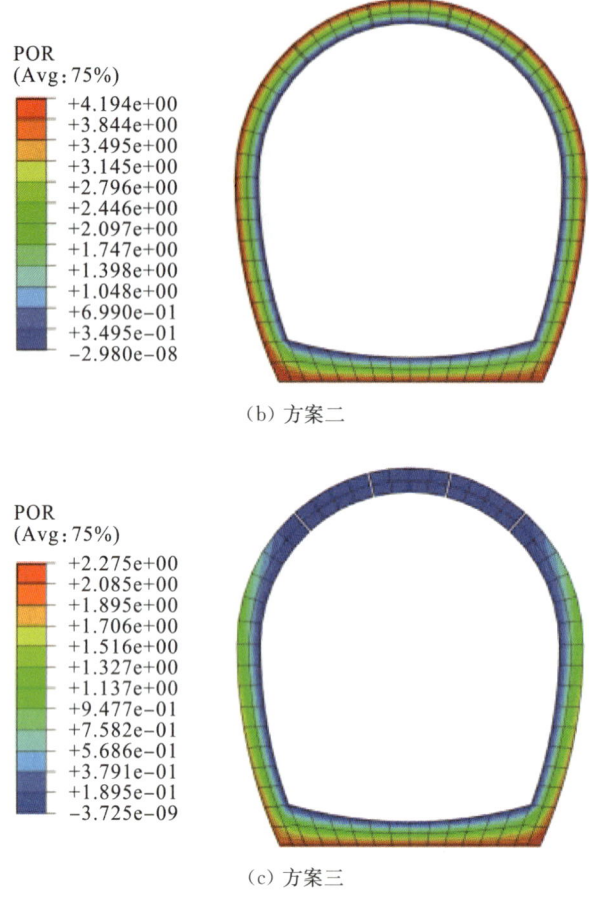

图 3.2.17 隧洞围岩衬砌外水压力分布图(MPa)

(2) 围岩和衬砌渗透特性

计算方案如表 3.2.6 所示,计算结果如下:

表 3.2.6 计算方案

计算方案	计算条件	
	衬砌渗透系数(m/s)	围岩渗透系数(m/s)
方案一	1×10^{-9}	
方案二	1×10^{-8}	围岩渗透系数为 1×10^{-6}、3×10^{-6}、
方案三	1×10^{-7}	6×10^{-6}、1×10^{-5}
方案四	1×10^{-6}	

①塑性区

图 3.2.18 为考虑岩体渗流-应力-损伤耦合作用下围岩渗透系数为 1×10^{-6} m/s 的塑性区分布图,由图可知,方案一至方案四的衬砌渗透系数不断增大,随着衬砌渗透系数的增大,塑性区范围略有减小,但总体变化不大,等效塑性应变最大值逐渐减小,但在衬砌渗透系数增大 1 000 倍后,等效塑性应变最大值略有增加。

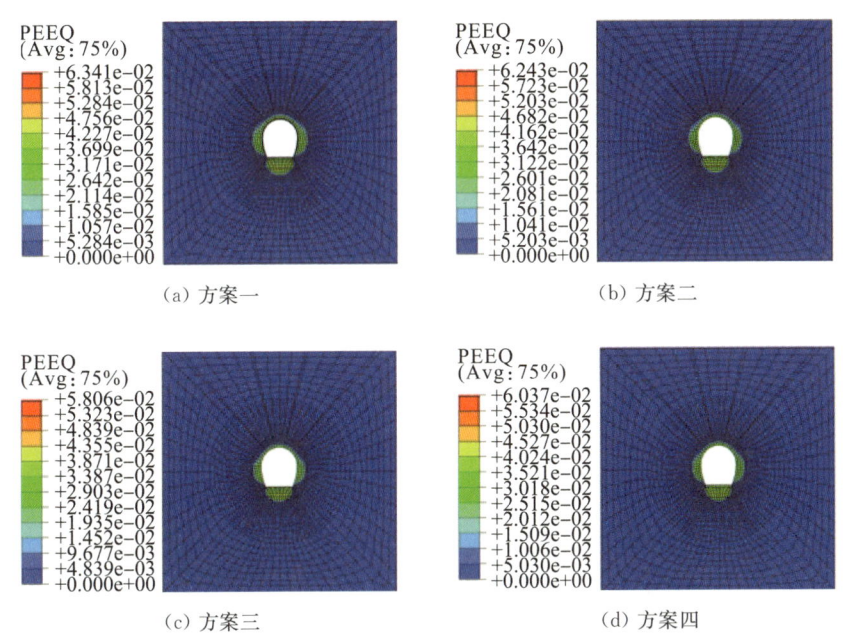

图 3.2.18 隧洞围岩渗透系数为 1×10^{-6} m/s 时各方案塑性区分布图

图 3.2.19 为考虑岩体渗流-应力-损伤耦合作用下围岩渗透系数为 3×10^{-6} m/s 的塑性区分布图,由图可知,方案一至方案四的衬砌渗透系数不

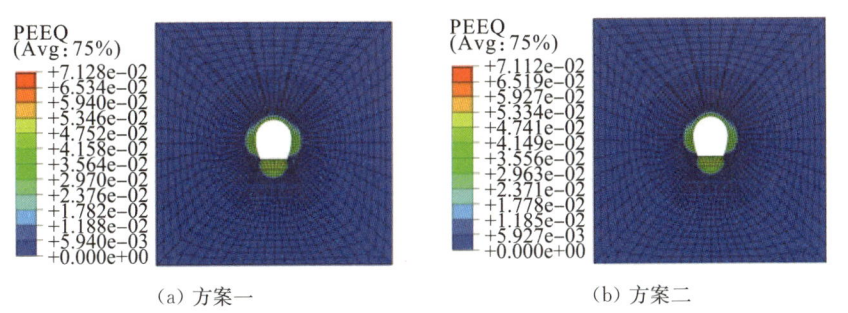

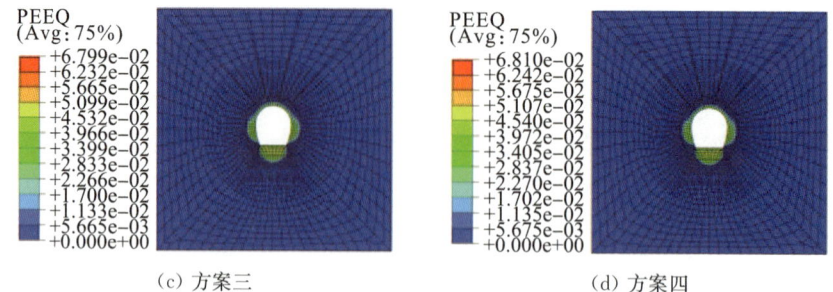

(c) 方案三　　　　　　　　　　(d) 方案四

图 3.2.19　隧洞围岩渗透系数为 $3×10^{-6}$ m/s 时各方案塑性区分布图

断增大,随着衬砌渗透系数的增大,塑性区范围总体变化不大,等效塑性应变最大值逐渐减小,但在衬砌渗透系数增大 1 000 倍后,等效塑性应变最大值略有增加。

图 3.2.20 为考虑岩体渗流-应力-损伤耦合作用下围岩渗透系数为 $6×10^{-6}$ m/s 的塑性区分布图,由图可知,方案一至方案四的衬砌渗透系数不断增大,随着衬砌渗透系数的增大,塑性区范围总体变化不大,等效塑性应变最大值逐渐减小。

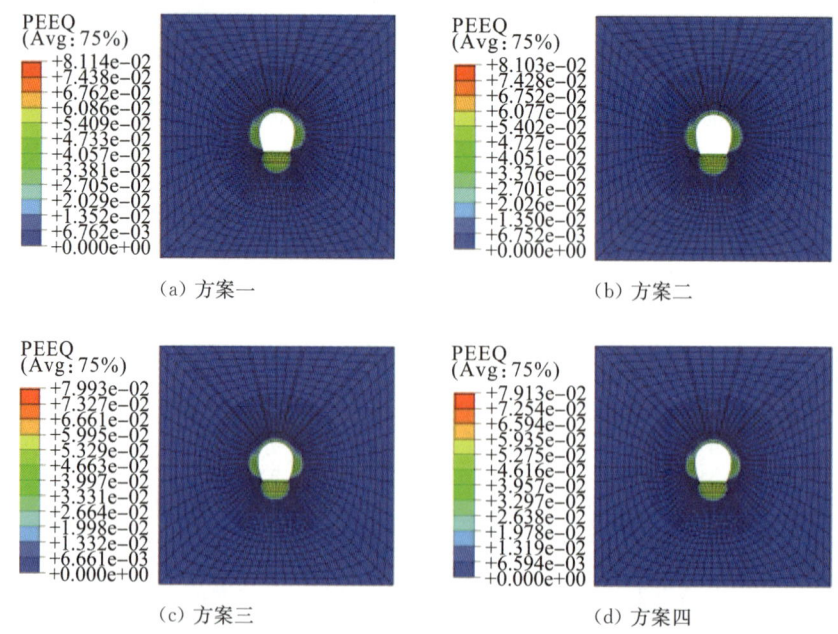

(a) 方案一　　　　　　　　　　(b) 方案二

(c) 方案三　　　　　　　　　　(d) 方案四

图 3.2.20　隧洞围岩渗透系数为 $6×10^{-6}$ m/s 时各方案塑性区分布图

图 3.2.21 为考虑岩体渗流-应力-损伤耦合作用下围岩渗透系数为 1×10^{-5} m/s 的塑性区分布图，由图可知，方案一至方案四的衬砌渗透系数不断增大，随着衬砌渗透系数的增大，塑性区范围总体变化不大，等效塑性应变最大值逐渐减小。

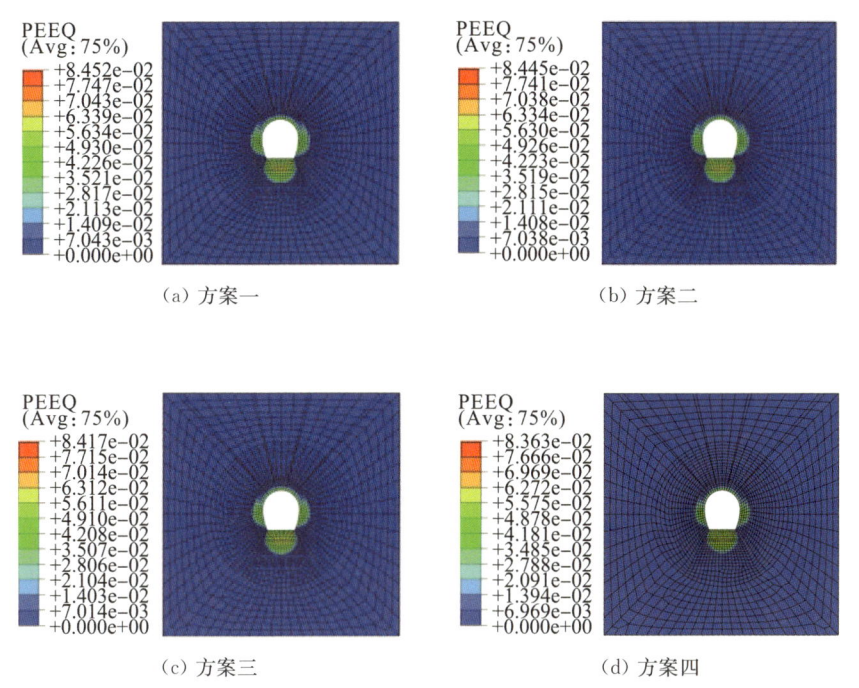

图 3.2.21　隧洞围岩渗透系数为 1×10^{-5} m/s 时各方案塑性区分布图

对不同衬砌渗透系数下，塑性区的范围和大小与围岩渗透系数的关系进行综合对比可知，随着围岩渗透系数的增大，岩体塑性区的范围略有增大但变化幅度较小，等效塑性应变最大值逐渐增大。

②损伤变量

图 3.2.22 为考虑岩体渗流-应力-损伤耦合作用下围岩渗透系数为 1×10^{-6} m/s 的损伤变量分布图，由图可知，方案一至方案四的衬砌渗透系数不断增大，随着衬砌渗透系数的增大，损伤最大值逐渐减小，损伤范围逐渐增大，底板中部和两侧边拱损伤值较大。

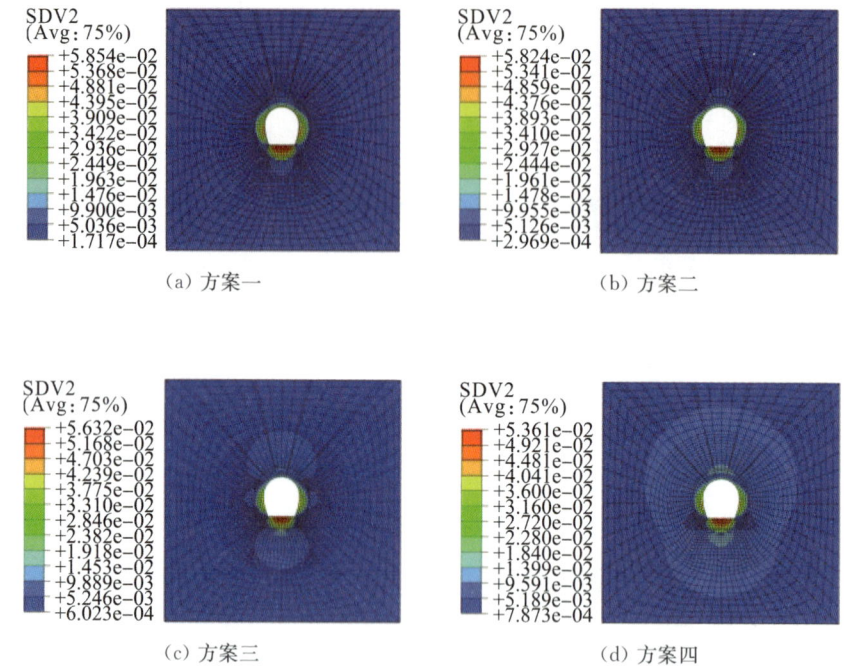

图 3.2.22　隧洞围岩渗透系数为 1×10^{-6} m/s 时各方案损伤变量分布图

图 3.2.23 为考虑岩体渗流-应力-损伤耦合作用下围岩渗透系数为 3×10^{-6} m/s 的损伤变量分布图，由图可知，方案一至方案四的衬砌渗透系数不断增大，随着衬砌渗透系数的增大，损伤最大值逐渐减小，损伤范围逐渐增大，底板中部和两侧边拱损伤值较大。

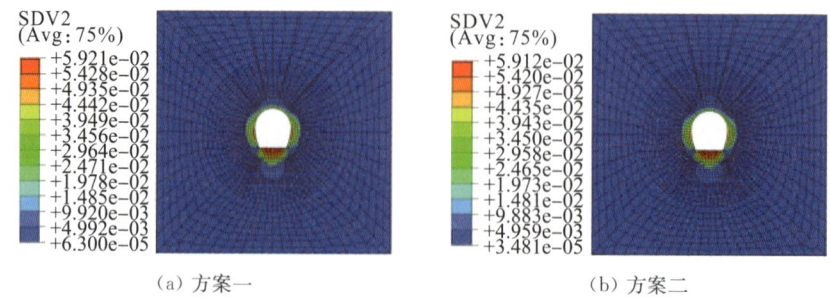

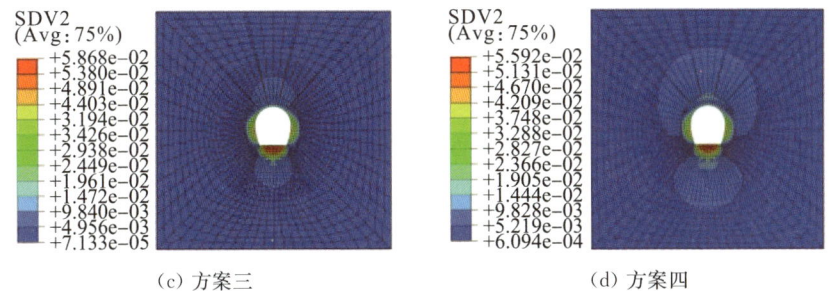

图 3.2.23 隧洞围岩渗透系数为 3×10^{-6} m/s 时各方案损伤变量分布图

图 3.2.24 为考虑岩体渗流-应力-损伤耦合作用下围岩渗透系数为 6×10^{-6} m/s 的损伤变量分布图,由图可知,方案一至方案四的衬砌渗透系数不断增大,随着衬砌渗透系数的增大,损伤最大值逐渐减小,损伤范围逐渐增大,底板中部和两侧边拱损伤值较大。

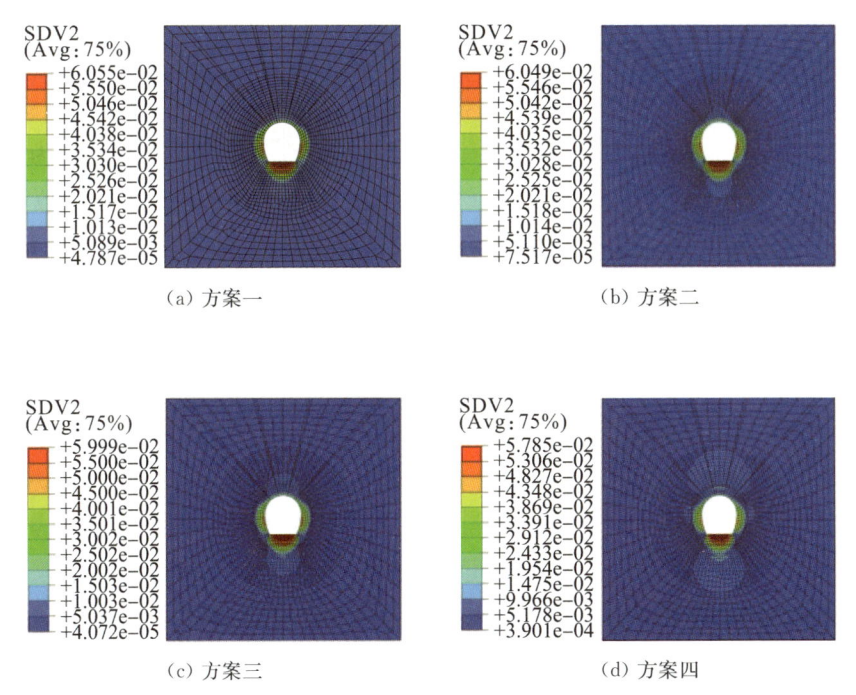

图 3.2.24 隧洞围岩渗透系数为 6×10^{-6} m/s 时各方案损伤变量分布图

图 3.2.25 为考虑岩体渗流-应力-损伤耦合作用下围岩渗透系数为 1×10^{-5} m/s 的损伤变量分布图,由图可知,方案一至方案四的衬砌渗透系数不断增大,随着衬砌渗透系数的增大,损伤最大值逐渐减小,损伤范围逐渐增大,底板中部和两侧边拱损伤值较大。

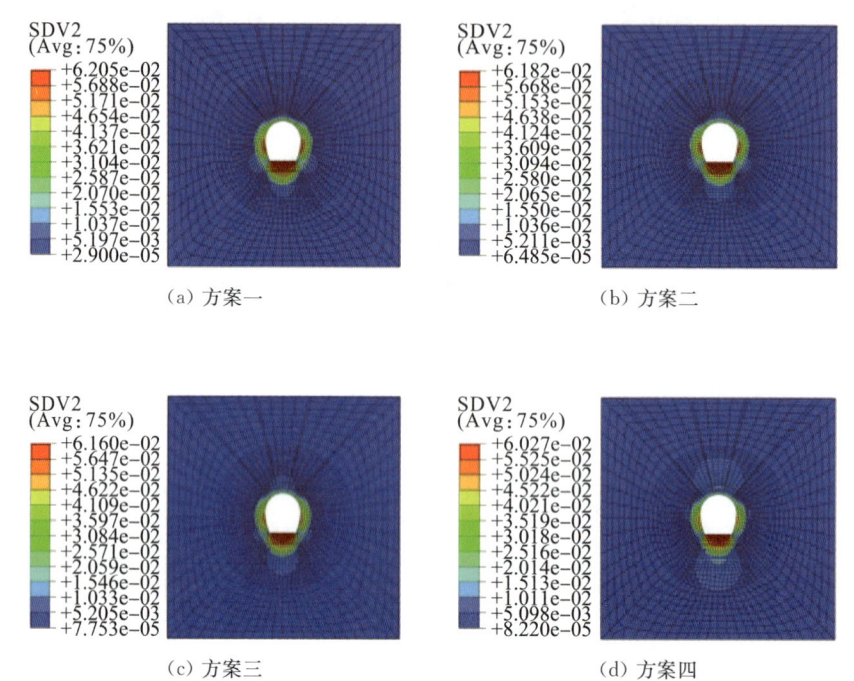

图 3.2.25 隧洞围岩渗透系数为 1×10^{-5} m/s 时各方案损伤变量分布图

对不同衬砌渗透系数下,损伤因子与围岩渗透系数的关系进行综合对比可知,随着围岩渗透系数的增大,岩体损伤区的范围逐渐增大,损伤最大值也逐渐增大。

③渗透系数

图 3.2.26 为考虑岩体渗流-应力-损伤耦合作用下围岩渗透系数为 1×10^{-6} m/s 的渗透系数分布图,由图可知,方案一至方案四的衬砌渗透系数不断增大,围岩渗透系数变化区域与损伤分布区域基本对应,随着衬砌渗透系数的增大,围岩渗透系数最大值逐渐减小。

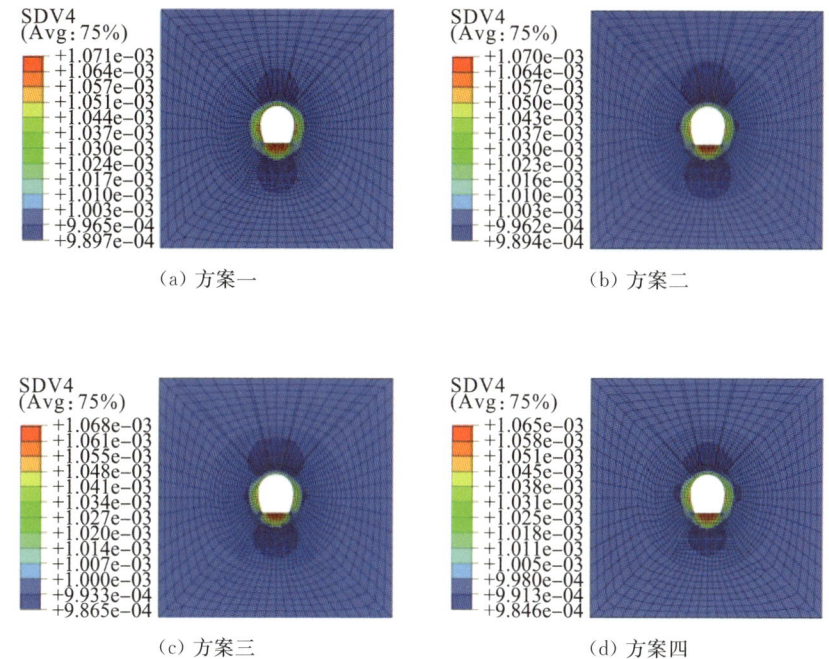

图 3.2.26 隧洞围岩渗透系数为 1×10^{-6} m/s 时各方案渗透系数分布图(mm/s)

图 3.2.27 为考虑岩体渗流-应力-损伤耦合作用下围岩渗透系数为 3×10^{-6} m/s 的渗透系数分布图,由图可知,方案一至方案四的衬砌渗透系数不断增大,围岩渗透系数变化区域与损伤分布区域基本对应,随着衬砌渗透系数的增大,围岩渗透系数最大值逐渐减小。

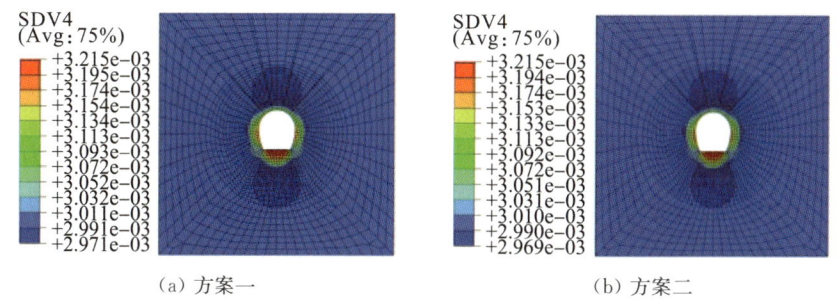

第 3 章 水工隧洞高外水压力数值模拟分析

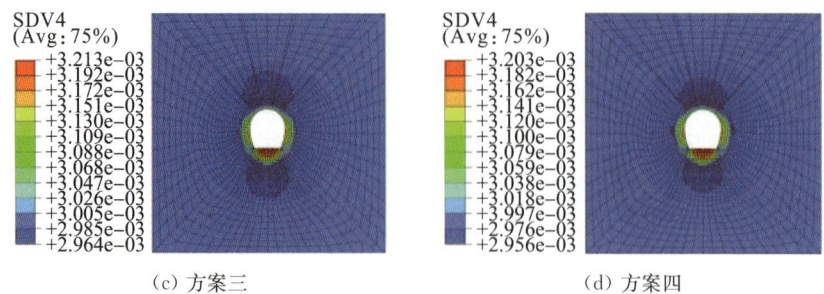

(c) 方案三　　　　　　　　　　　　(d) 方案四

图 3.2.27　隧洞围岩渗透系数为 $3×10^{-6}$ m/s 时各方案渗透系数分布图(mm/s)

图 3.2.28 为考虑岩体渗流-应力-损伤耦合作用下围岩渗透系数为 $6×10^{-6}$ m/s 的渗透系数分布图,由图可知,方案一至方案四的衬砌渗透系数不断增大,围岩渗透系数变化区域与损伤分布区域基本对应,随着衬砌渗透系数的增大,围岩渗透系数最大值逐渐减小。

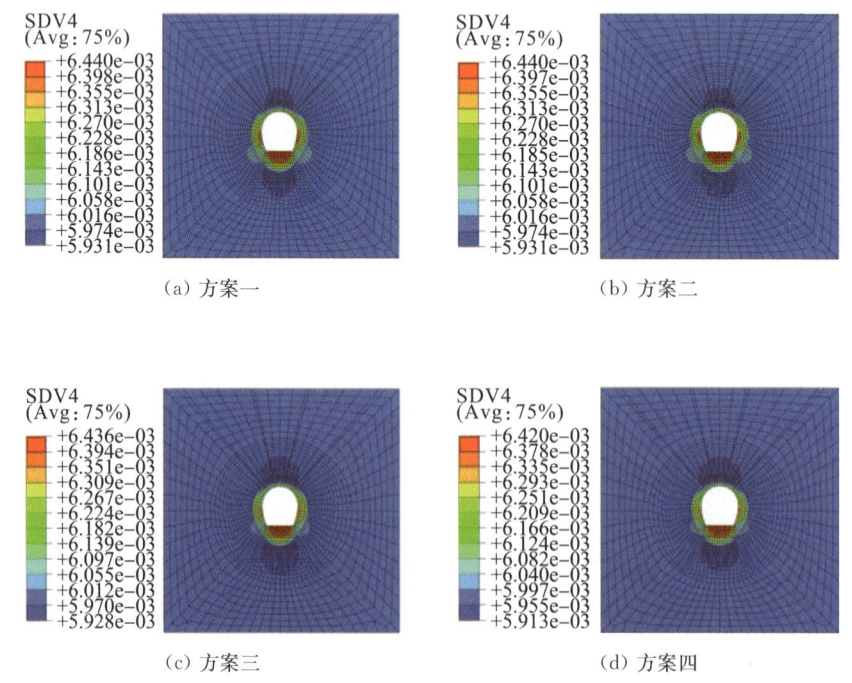

图 3.2.28　隧洞围岩渗透系数为 $6×10^{-6}$ m/s 时各方案渗透系数分布图(mm/s)

图 3.2.29 为考虑岩体渗流-应力-损伤耦合作用下围岩渗透系数为 $1×10^{-5}$ m/s 的渗透系数分布图，由图可知，方案一至方案四的衬砌渗透系数不断增大，围岩渗透系数变化区域与损伤分布区域基本对应，随着衬砌渗透系数的增大，围岩渗透系数最大值逐渐减小。

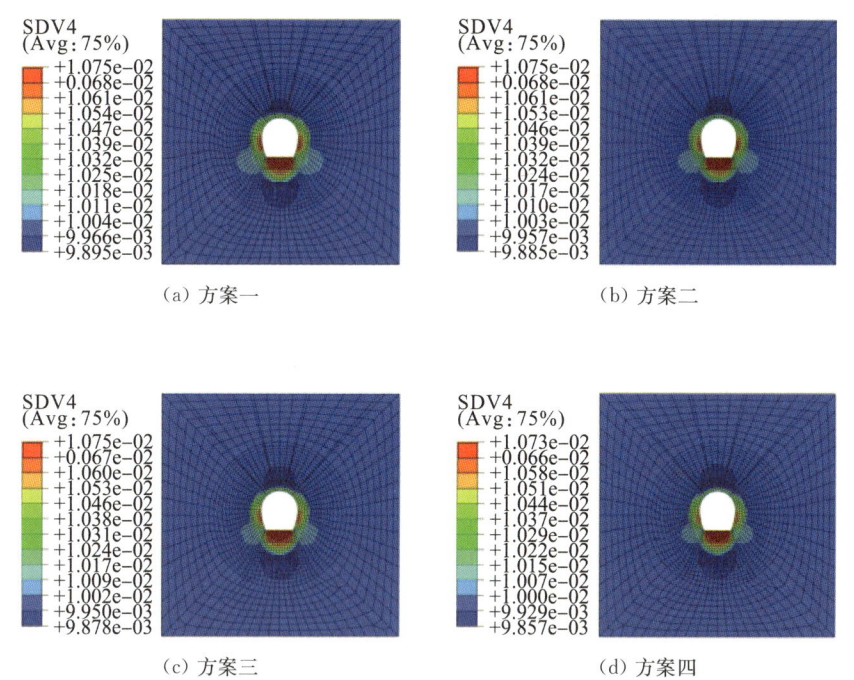

图 3.2.29　隧洞围岩渗透系数为 $1×10^{-5}$ m/s 时各方案渗透系数分布图(mm/s)

对不同衬砌渗透系数下，渗透系数与围岩渗透系数的关系进行综合对比可知，随着围岩渗透系数的增大，渗透系数变化区域的范围逐渐增大。

④衬砌外水压力

图 3.2.30 为考虑岩体渗流-应力-损伤耦合作用下围岩渗透系数为 $1×10^{-6}$ m/s 的衬砌外水压力分布图，由图可知，方案一至方案四的衬砌渗透系数不断增大，随着衬砌渗透系数的增大，衬砌外水压力明显降低。

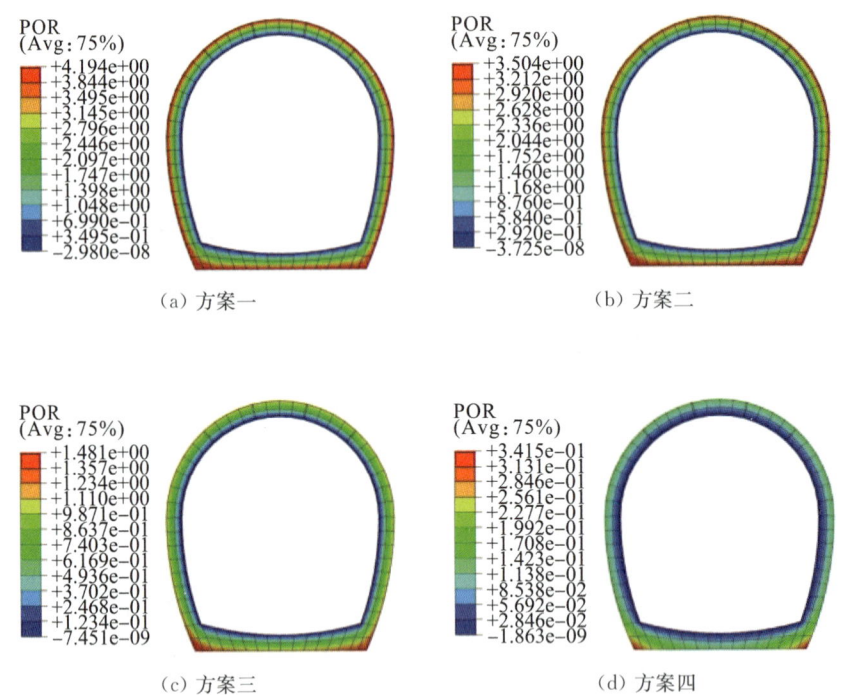

图 3.2.30　隧洞围岩渗透系数为 1×10^{-6} m/s 时各方案衬砌外水压力分布图（MPa）

图 3.2.31 为考虑岩体渗流-应力-损伤耦合作用下围岩渗透系数为 3×10^{-6} m/s 的衬砌外水压力分布图，由图可知，方案一至方案四的衬砌渗透系数不断增大，随着衬砌渗透系数的增大，衬砌外水压力明显降低。

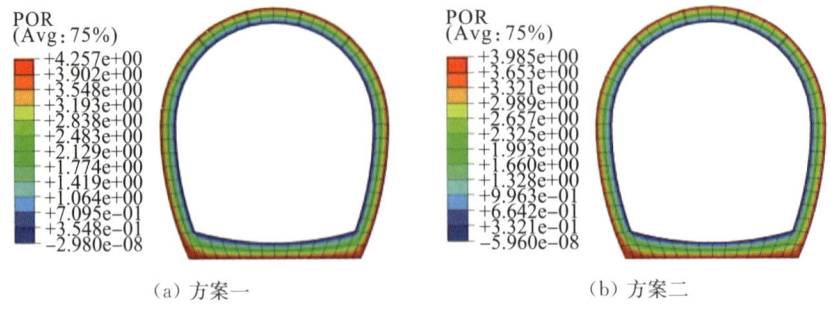

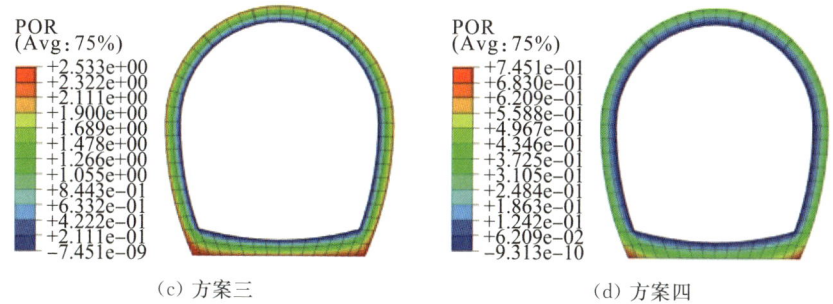

(c) 方案三　　　　　　　　　　(d) 方案四

图 3.2.31 隧洞围岩渗透系数为 $3×10^{-6}$ m/s 时各方案衬砌外水压力分布图(MPa)

图 3.2.32 为考虑岩体渗流-应力-损伤耦合作用下围岩渗透系数为 $6×10^{-6}$ m/s 的衬砌外水压力分布图，由图可知，方案一至方案四的衬砌渗透系数不断增大，随着衬砌渗透系数的增大，衬砌外水压力明显降低。

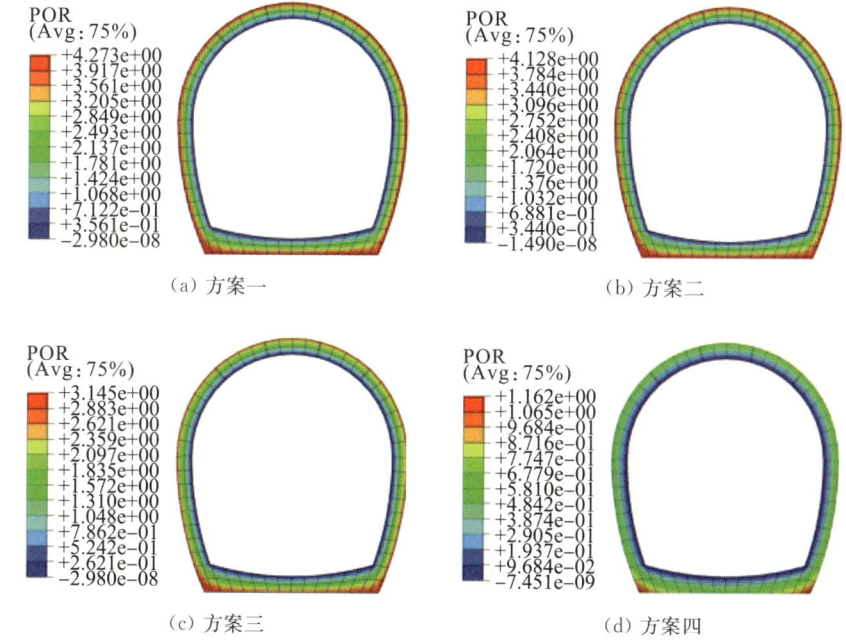

(a) 方案一　　　　　　　　　　(b) 方案二

(c) 方案三　　　　　　　　　　(d) 方案四

图 3.2.32 隧洞围岩渗透系数为 $6×10^{-6}$ m/s 时各方案衬砌外水压力分布图(MPa)

图 3.2.33 为考虑岩体渗流-应力-损伤耦合作用下围岩渗透系数为 $1×10^{-5}$ m/s 的衬砌外水压力分布图，由图可知，方案一至方案四的衬砌渗透系数不断增大，随着衬砌渗透系数的增大，衬砌外水压力明显降低。

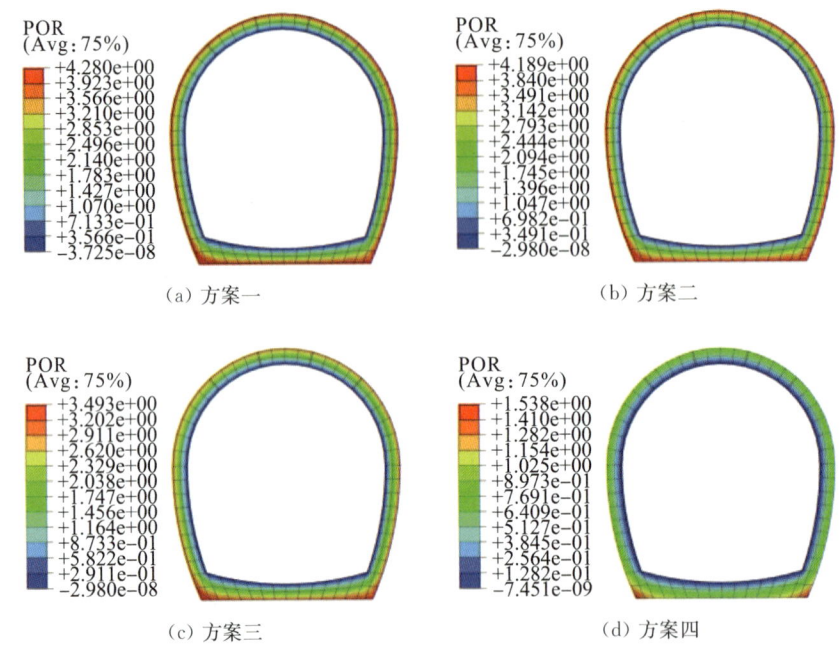

图 3.2.33　隧洞围岩渗透系数为 $1×10^{-5}$ m/s 时各方案衬砌外水压力分布图(MPa)

对不同衬砌渗透系数下,衬砌外水压力与围岩渗透系数的关系进行综合对比可知,随着围岩渗透系数的增大,衬砌外水压力是逐渐增大的。

3.3　小结

1. 根据水文地质导水构造分布规律,以开度为依据划分了导水构造,分为渗流、管道流及断层,渗流分为微小裂隙、溶隙、中宽裂隙及宽裂隙,管道流分为层流和紊流。

2. 根据导水构造分类,研究了不同导水构造对隧洞开挖的影响,分析计算了隧洞支护后 1~50 d 内的应力场、位移场以及孔隙水压力,裂隙的存在影响了原有隧洞的应力场、位移场以及孔隙水压力分布,具体表现为:①隧洞周围裂隙越大,影响程度越大,当裂隙足够小时,如微小裂隙,对隧洞的影响基本可以忽略;②当围岩内含多组裂隙时,围岩内裂隙的存在对隧洞的应力场、位移场和孔隙水压力影响显著。支护 1 d 时的应力场,围岩内不含裂隙时,最大拉应力为 1.174 MPa,而含多组裂隙,最大拉应力变为 1.217 MPa;支护 50 d 时的应力场,围岩内不含裂隙时,最大拉应力为 0.220 MPa,而含多组裂隙,最大拉应力变为 0.287 MPa。

3. 考虑了围岩损伤和渗透性的动态演化,探究了围岩损伤机理。研究表明,隧洞开挖衬砌伴随着损伤的发展演化,围岩的渗透性导致了不同程度的围岩损伤,更加贴合实际工程。

4. 结合滇中引水工程富水区典型水工隧洞工程实例,根据不同水工隧洞围岩渗透结构类型与渗透特征,研究考虑水工隧洞围岩灌浆岩体多场耦合模型和结构面损伤渗流模型,揭示水工隧洞高外水压力分布规律。采用数值模拟计算开展水工隧洞外水压力分布多场耦合模型研究,提出了考虑渗流-变形-应力多场耦合作用的水工隧洞衬砌不同围岩高外水压力计算方法,并与规范采用的折减系数法进行对比分析。建立适用于水工隧洞围岩与支护衬砌结构联合承担外水压力的分析计算方法,可更好地指导富水区水工隧洞高外压力作用设计施工及运行的工程实践。

第 4 章

水工隧洞高外水压力作用模型试验设计

模型试验是研究水工隧洞高外水压力作用问题的重要方法。本章设计了水工隧洞高外水压力作用物理模型试验系统,实现高地应力与高外水压力的加载,深入开展隧洞围岩-灌浆圈-衬砌复合系统高外水作用机理的研究,依照相似理论开展深埋隧洞高外水压力作用物理模型试验,根据隧洞围岩岩体结构特征和力学参数情况,选择满足隧洞高外水压力模型试验条件的相似材料,基于参数敏感性分析和神经网络方法进行相似材料配比分析。

4.1 试验系统总体设计

为满足水工隧洞高外水作用物理试验要求,试验系统总体设计(图4.1.1)与功能如下:

(1)模型尺寸:地应力加载系统可提供竖向压力达到500 kN,侧向压力可达到300 kN,水压加载系统可提供高达5 MPa的渗水压力,能够准确模拟深埋隧洞的高地应力和高外水压力条件;

(2)地应力加载包括液压泵和千斤顶,千斤顶提供恒定压力;

(3)液压加载系统包括恒压变频控制系统和加压管网,能够维持恒定水压;

(4)试验模型框架采用可拆卸结构,易于装配,采用亚克力板保证模型的可视性;

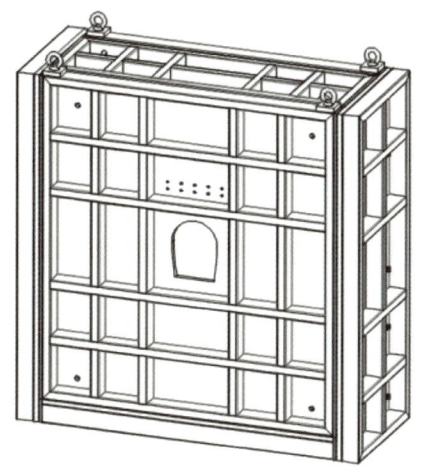

图 4.1.1 物理模型试验箱示意图

图 4.1.2　物理模型试验箱

(5) 试验模型框架采用胶条、胶垫等进行密封,避免渗漏造成试样水压降低;

(6) 观测系统对渗压、应力、位移等试验数据进行实时的监测和记录。

水工隧洞高外水作用物理试验系统的主要目的为实现高地应力与高外水压力的加载,深入开展隧洞围岩-灌浆圈-衬砌复合系统高外水作用机理的研究。试验模型箱体(图 4.1.2)由钢板及亚克力板组成,左右两侧通过螺栓固定,内置厚橡胶垫片,可以进行侧向加载并在加载时保证试验箱密封性,底部和顶部设置有密封橡胶垫圈以实现高渗压条件下的密封防渗。

4.2　物理模型试验应力加载系统设计

试验采用三向移动式静力加载系统进行应力加载,该套加载装置可用于对梁、柱、板、墙及框架等典型结构的拟静力的加载,也可以完成分层加载试验,如图 4.2.1 所示。

加载装置通过反力架进行应力加载,顶部设置一个 50 t 千斤顶,侧面设置 6 个 10 t 千斤顶进行侧向加载,通过千斤顶梯形应力分布施加地应力。

图 4.2.1 三向移动式静力加载系统

4.3 物理模型试验水压加载系统设计

渗压加载系统由恒压变频控制系统及加压管组成,如图 4.3.1 所示。在较低水压时配合减压阀进行渗压加载,可以实现水头的恒定水压加载。将试验台架与渗压加载系统利用管道连接,水流经管网流入注水孔,用滤网包裹以防止模型材料进入管网造成堵塞,以模型周围多个注水孔作为渗流的源头向模型材料内供水。

图 4.3.1 渗压加载系统

4.4 物理模型试验观测系统设计

为了监测不同埋深、外水压力条件下围岩-灌浆圈-衬砌复合系统与渗透压力互馈作用,试验采用微型压力计、微型渗压计和位移计进行监测。采用分布式应力应变测试分析系统进行数据采集,如图 4.4.1 和图 4.4.2 所示,4 组控制器共有 64 组通道,可用于现场测点分散的大型结构静力试验、拟静力试验、疲劳试验等场合。渗压、应力、位移传感器布置如图 4.4.3～图 4.4.5 所示。排水孔流量通过集水容器、橡胶管及刻度桶进行监测。

试验过程中,在分层填筑完成后挖槽进行传感器布设,监测传感器布置情况如图 4.4.6～图 4.4.8 所示。在传感器周围将相似材料替换为细砂以提高测量准确度,并保护传感器以防被相似材料侵蚀,影响其使用效果。

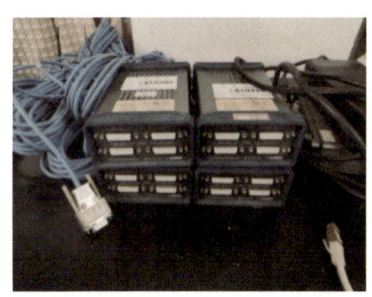
图 4.4.1 分布式应力应变测试分析系统

图 4.4.2 位移数据采集系统

图 4.4.3 微型渗压传感器

图 4.4.4 微型应力传感器

图 4.4.5 位移传感器

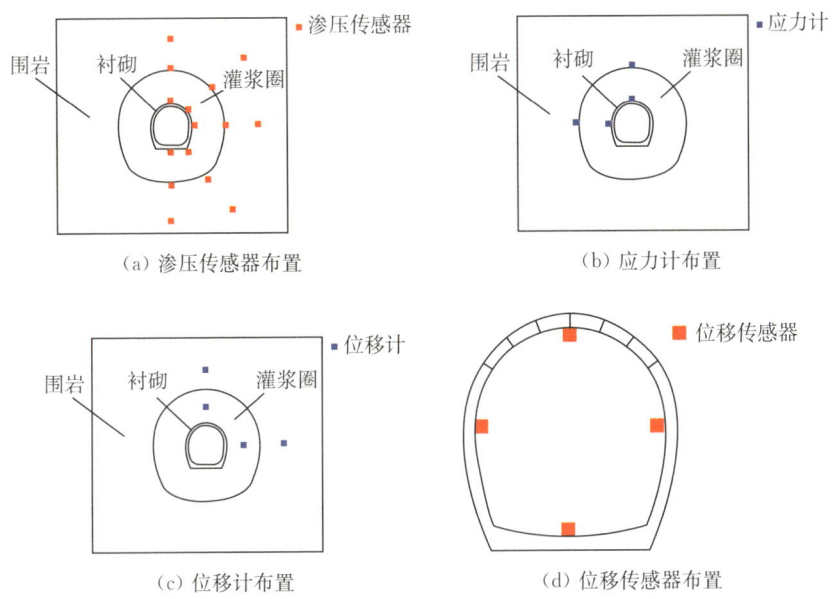

图 4.4.6 监测传感器布置图

图 4.4.7 排水孔流量监测

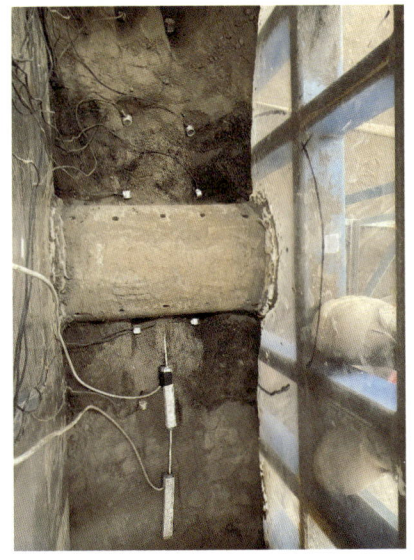

图 4.4.8 传感器布设

4.5　模型相似材料研制

依照相似理论开展水工隧洞高外水压力作用物理模型试验,根据隧洞围岩岩体结构特征和力学参数实际情况,选择满足隧洞高外水压力模型试验条件的相似材料,基于参数敏感性分析和神经网络方法进行相似材料配比分析。

4.5.1　相似材料配比试验

4.5.1.1　相似材料选取

骨料是试样的主材料,骨料通常分为粗骨料和细骨料,粗骨料指直径大于 5 mm 的材料,一般为碎石、卵石;细骨料指直径在 0.16～5 mm 的材料,比如河砂、矿砂、海砂、山谷砂和石英砂等。研究选取铁粉、石英砂、重晶石粉作为该外水压力模型试验的相似材料骨料。

铁粉比重较大,选择与原型材料比重接近的骨料更容易配比得到符合要求的相似材料;同时铁粉质地坚硬,增加铁粉的含量可以提高相似材料的强度和弹性模量。

石英砂质地坚硬,调整石英砂的含量可以有效增强试样强度,同时因其粒径较大,较高的石英砂含量可以提高相似材料的渗透系数。

重晶石粉是一种非金属矿物质,灰白色,主要是由硫酸钡($BaSO_4$)组成,安全无毒无害。粒径较小,密度较低,具有较高的可压实性,能够有效地调节试件的比重和渗透系数。

胶结材料指经过物理作用、化学作用,材料自身性质发生变化,并且能够与其他材料紧密黏结为一体,具有相当的强度的物质。在相似材料的研究中,胶结材料通常有松香、水泥、黏土、石蜡、石膏、乳胶等。

选取白水泥作为相似材料胶结材料,白水泥具有胶结强度适中、受温度影响相对较小的特点。

研究中相似材料的渗透系数,采用 1 000 cs 的硅油作为相似材料调节材料。

4.5.1.2　正交试验设计

在进行相似材料的配比设计时,涉及多种材料占比,各因素之间存在耦合效应,对各因素各层次相互匹配的试验将面临巨大的工作量。针对这一问题,设计正交试验表,根据正交性,从所有测试中选择一个具有代表性的测试方案。正交试验作为一种多因素、多层次的试验方法,由于其分散均匀、可比性强等优点,具有很高的科学性和合理性。

正交试验设计根据正交试验的思想,从综合试验中选出一个具有代表性的试验,继而将试验的水平组合列成表格,即正交试验表。如果一项测试有3个影响因素,且每个因素的水平数为4,则综合测试的测试次数大于64次,利用正交表进行设计则需要开展的试验次数为16。

选择铁粉：石英砂：重晶石粉的比值作为因素 A,白水泥含量作为因素 B,硅油含量作为因素 C,水含量作为因素 D,设计正交试验表,因素 A 设置 1∶1∶1、2∶1∶1、4∶1∶1、1∶2∶1、1∶1∶2、1∶1∶4 六个水平(分别为水平 1、2、3、4、5、6),因素 B(白水泥占总重百分比)设置 0.5%、1%、5%、10% 四个水平(分别为水平 1、2、3、4),因素 C(硅油占总重百分比)设置 0.5%、1%、3%、5% 四个水平(分别为水平 1、2、3、4),因素 D(水占总重百分比)设置 2%、4%、6%、8% 四个水平(分别为水平 1、2、3、4)。

进行相似材料试验方案的设计,确定具体材料配比方案,按照表 4.5.1 进行相似材料的配比制作。

表 4.5.1　相似材料试验配比表

试验号	试验方案	含量(%)					
		铁粉	石英砂	重晶石粉	白水泥	硅油	水
1	A1B1C2D1	32.17	32.17	32.17	0.5	1	2
2	A1B2C3D2	30.67	30.67	30.67	1	3	4
3	A1B3C4D3	28.00	28.00	28.00	5	5	6
4	A1B4C1D4	27.17	27.17	27.17	10	0.5	8
5	A2B1C3D3	45.25	22.63	22.63	0.5	3	6
6	A2B2C2D4	45.00	22.50	22.50	1	1	8
7	A2B3C1D1	46.25	23.13	23.13	5	0.5	2
8	A2B4C4D2	40.50	20.25	20.25	10	5	4
9	A3B1C4D4	57.67	14.42	14.42	0.5	5	8
10	A3B2C1D3	61.67	15.42	15.42	1	0.5	6

续表

试验号	试验方案	含量(%)					
		铁粉	石英砂	重晶石粉	白水泥	硅油	水
11	A3B3C2D2	60.00	15.00	15.00	5	1	4
12	A3B4C3D1	56.67	14.17	14.17	10	3	2
13	A4B1C1D2	23.75	47.50	23.75	0.5	0.5	4
14	A4B2C4D1	23.00	46.00	23.00	1	5	2
15	A4B3C3D4	21.00	42.00	21.00	5	3	8
16	A4B4C2D3	20.75	41.50	20.75	10	1	6
17	A5B1C3D3	22.63	22.63	45.25	0.5	3	6
18	A5B2C2D4	22.50	22.50	45.00	1	1	8
19	A5B3C1D1	23.13	23.13	46.25	5	0.5	2
20	A5B4C4D2	20.25	20.25	40.50	10	5	4
21	A6B1C4D4	14.42	14.42	57.67	0.5	5	8
22	A6B2C1D3	15.42	15.42	61.67	1	0.5	6
23	A6B3C2D2	15.00	15.00	60.00	5	1	4
24	A6B4C3D1	14.17	14.17	56.67	10	3	2
25	A2B4C1D4	40.75	20.38	20.38	10	0.5	8

4.5.1.3 相似材料试样制作

制作单轴试件是为了得到相似材料的抗压强度、弹性模量和密度。试验时每一个试验号将制作 4 个试样(图 4.5.1),室温养护 14 d 后,对试样进行单轴压缩试验,测定相关试验参数。

渗透性试验用来测试试件的渗透系数。根据试验方案,每一个试验号制作 2 个试样,养护完成后进行渗透性试验,取平均值作为该试验号的渗透系数。试验时利用渗透仪进行变水头试验。

试样渗透系数可通过下式计算:

$$K = 2.3 \frac{aL}{A(t_2-t_1)} \lg \frac{h_1}{h_2} \tag{4.5-1}$$

式中,a——测压管的内截面积;

L——试样的高度;

图 4.5.1 制作完成的部分单轴试样

A——试样的表面积；

h——某时刻测压管内水位与出水口的水位差；

h_1——t_1 时刻测压管内水位与出水口的水位差；

h_2——t_2 时刻测压管内水位与出水口的水位差。

4.5.1.4 相似材料力学试验

试样制作完成后，进行测量、称重、单轴试验及渗流试验获取不同配比的相似材料密度、单轴抗压强度、弹性模量、渗透系数。试验结果如表 4.5.2。

表 4.5.2 相似材料物理力学试验结果

试验号	密度(g/cm³)	单轴抗压强度(kPa)	弹性模量(MPa)	渗透系数(cm/s)
1	2.72	250.10	29.26	6.27×10^{-5}
2	2.90	144.16	10.64	1.79×10^{-4}
3	2.75	171.46	20.75	1.43×10^{-4}
4	2.76	756.94	266.60	1.57×10^{-6}
5	3.05	127.76	15.01	9.00×10^{-6}
6	3.07	171.46	20.75	7.86×10^{-6}
7	2.78	509.01	114.42	1.15×10^{-4}
8	2.83	191.35	18.06	1.04×10^{-5}

续表

试验号	密度(g/cm^3)	单轴抗压强度(kPa)	弹性模量(MPa)	渗透系数(cm/s)
9	3.00	27.95	4.24	6.79×10^{-5}
10	3.24	165.01	20.96	1.98×10^{-5}
11	3.09	293.48	67.51	2.70×10^{-4}
12	2.92	296.43	78.37	7.71×10^{-5}
13	2.52	144.86	20.04	4.83×10^{-4}
14	2.61	80.98	8.55	3.51×10^{-4}
15	2.60	279.50	35.56	6.45×10^{-4}
16	2.64	314.44	29.50	6.72×10^{-7}
17	2.81	166.09	16.83	3.02×10^{-6}
18	2.71	212.71	24.77	5.10×10^{-4}
19	2.54	267.14	90.66	8.35×10^{-6}
20	2.66	288.64	39.13	8.56×10^{-6}
21	2.64	103.79	7.80	5.26×10^{-6}
22	2.77	352.60	103.85	1.99×10^{-5}
23	2.52	214.46	52.74	1.89×10^{-5}
24	2.58	257.28	42.77	1.27×10^{-5}
25	2.92	810.60	194.93	6.47×10^{-4}

4.5.1.5 物理力学参数敏感性分析

利用极差分析方法对密度、弹性模量、渗透系数进行分析。

对试验数据进行归纳整理,采用混合正交试验的极差分析方法对试验结果进行计算,得到结果如表4.5.3所示,可以分析出对密度的影响程度按敏感性从大到小依次是因素A、D、B、C,因素A的折算后极差R'_j远大于因素B、C和D,因此因素A(骨料比或铁粉/骨料)对密度起控制作用。因素C即硅油占材料质量比重,其极差远小于因素B、D,考虑其占材料比重较小,认为硅油对密度的影响可以忽略。

表 4.5.3　密度极差分析(g/cm³)

	骨料比	白水泥含量	硅油含量	水含量
T_{j1}	11.13	16.74	19.53	16.15
T_{j2}	11.73	17.30	16.75	16.52
T_{j3}	12.25	16.28	16.86	17.26
T_{j4}	10.37	19.31	16.49	19.7
T_{j5}	10.72	—	—	—
T_{j6}	10.81	—	—	—
$\overline{T}_{j1}$	2.78	2.79	2.79	2.69
$\overline{T}_{j2}$	2.93	2.88	2.79	2.75
$\overline{T}_{j3}$	3.06	2.71	2.81	2.88
$\overline{T}_{j4}$	2.59	2.76	2.75	2.81
$\overline{T}_{j5}$	2.68	—	—	—
$\overline{T}_{j6}$	2.70	—	—	—
R_j	0.47	0.17	0.06	0.19
R'_j	0.35	0.19	0.07	0.21

对各因素，4 个水平密度之和 S_j 为：

$$S_j = \sum_{k=1}^{4} T_{jk} \qquad (4.5\text{-}2)$$

式中，T_{jk} 表示第 j 列因素水平 $k(k=1,2,\cdots)$ 的 4 次试验指标之和；$\overline{T}_{jk} = T_{jk}/4$，表示第 j 列因素水平 k 的 4 次试验指标的平均数。

表中 R_j（$j=1,2,3,4$）表示极差，定义为：

$$R_j = \max_{1 \leqslant k \leqslant 4} \overline{T}_{jk} - \min_{1 \leqslant k \leqslant 4} \overline{T}_{jk} \qquad (4.5\text{-}3)$$

等水平正交表各因素水平数相等，此时影响因素的敏感性大小顺序完全由极差 R_j 决定；考虑到试验采用混合正交试验表进行方案设计，因素 A 有 6 个水平，其余因素的水平数是 4 个，考虑到水平多的因素的极差值偏大，不宜直接比较极差 R_j。面对多因素的各水平数不相等的情况，需要将极差值利用折算公式折算后进行比较。

折算后的极差的计算公式如下：

$$R'_j = dR_j \sqrt{r} \quad (4.5-4)$$

式中，R'_j——折算后的极差；

R_j——因素的极差；

r——该因素每个水平试验的重复数，$r=n/m$，n 为试验个数，m 为水平数；

d——折算系数，与因素的水平数有关，其值见表 4.5.4。

表 4.5.4 折算系数表

水平数(m)	2	3	4	5	6	7	8	9	10
折算系数(d)	0.71	0.52	0.45	0.40	0.37	0.35	0.34	0.32	0.31

根据表 4.5.4 可以画出各因素对密度影响的指标趋势图，能够更加明显地看出各因素对密度的影响情况，将因素 A 中的骨料比例关系换算成铁粉占骨料的比重，趋势图如图 4.5.2 所示。

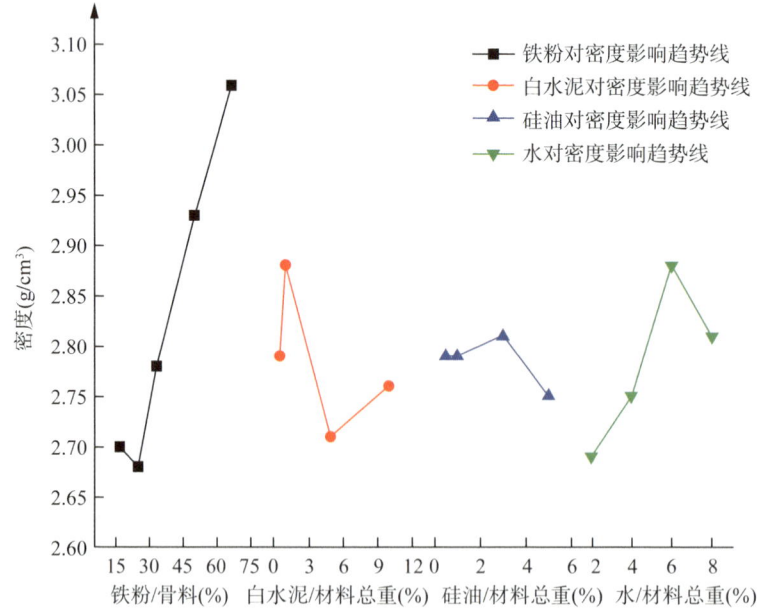

图 4.5.2 材料配比对密度影响趋势图

通过分析图 4.5.2,可以明显看出铁粉占骨料的比例越大,密度越大,密度受骨料比影响显著,胶结剂白水泥、调节剂硅油及水对密度的影响不明显。

分析得出对弹性模量的影响程度按敏感性从大到小依次是因素 C、B、D、A,即硅油含量对弹性模量的影响程度最大,其次是白水泥;相对于因素 B、因素 C,因素 A、D 的极差较小。

计算结果如表 4.5.5 所示。

表 4.5.5　弹性模量极差分析

	骨料比	白水泥含量(MPa)	硅油含量(MPa)	水含量(MPa)
T_{j1}	327.23	93.18	841.46	364.03
T_{j2}	168.24	189.52	224.53	208.12
T_{j3}	171.08	381.64	199.18	206.90
T_{j4}	93.65	669.36	98.53	554.65
T_{j5}	171.39	—	—	—
T_{j6}	207.16	—	—	—
$\bar{T}_{j1}$	81.81	15.53	120.21	60.67
$\bar{T}_{j2}$	42.06	31.59	37.42	34.69
$\bar{T}_{j3}$	42.77	63.60	33.20	34.50
$\bar{T}_{j4}$	23.41	95.60	16.42	79.24
$\bar{T}_{j5}$	42.85	—	—	—
$\bar{T}_{j6}$	51.79	—	—	—
R_j	58.40	80.07	103.79	44.74
R'_j	43.22	88.26	114.40	49.27

根据表 4.5.5 可绘制出弹性模量随着各影响因素的变化趋势图(图 4.5.3),将骨料比换算成铁粉占骨料的比例可得第一条变化折线。从图 4.5.3 中可知,随着铁粉的比例上升,弹性模量有着先上升后下降的趋势,当铁粉占骨料比例达到 30% 时达到峰值;随着胶结剂的占比升高,弹性模量呈线性增加,试验中白水泥占材料总重的 10% 时,弹性模量达到峰值;随着因素 C 硅油的增加,弹性模量呈现出下降趋势;对于因素 D 水,其比例增加,弹性模量呈先下降后升高的趋势。

渗透系数的影响因素按照极差分析方法进行计算,结果如表 4.5.6 所示。

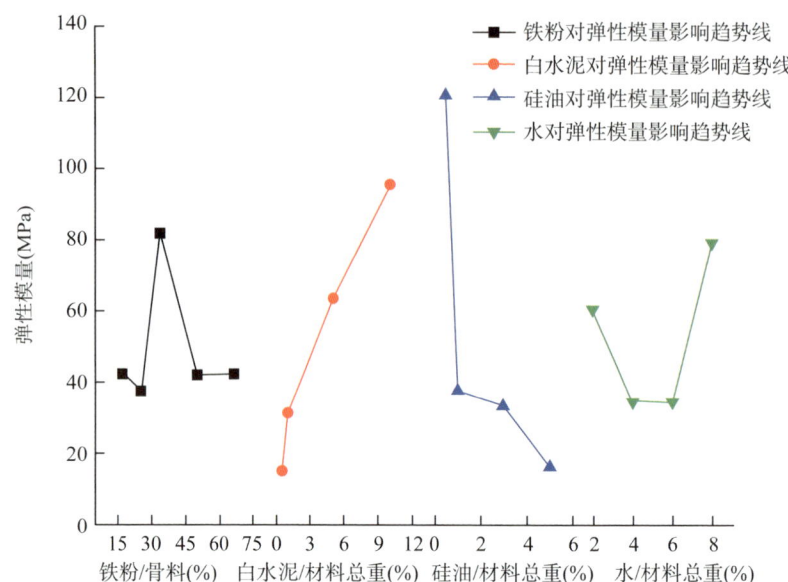

图 4.5.3　材料配比对弹性模量影响趋势图

渗透系数的极差从大到小依次是因素 A、D、B、C，即对渗透系数起到主控作用的是因素 A 骨料比，以及水的材料占比。根据表 4.5.6 可绘制渗透系数变化趋势图，见图 4.5.4。

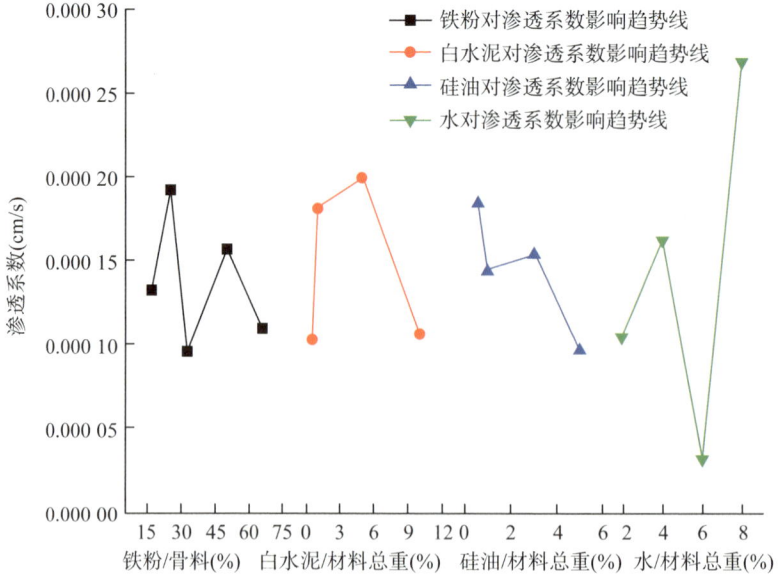

图 4.5.4　材料配比对渗透系数影响趋势图

表 4.5.6　渗透系数极差分析

	骨料比	白水泥含量(cm/s)	硅油含量(cm/s)	水含量(cm/s)
T_{j1}	3.86×10^{-4}	6.31×10^{-4}	1.30×10^{-3}	6.27×10^{-4}
T_{j2}	7.90×10^{-4}	1.09×10^{-3}	8.70×10^{-4}	9.70×10^{-4}
T_{j3}	4.35×10^{-4}	1.20×10^{-3}	9.26×10^{-4}	1.95×10^{-4}
T_{j4}	1.48×10^{-3}	7.58×10^{-4}	5.86×10^{-4}	1.88×10^{-3}
T_{j5}	5.30×10^{-4}	—	—	—
T_{j6}	5.68×10^{-5}	—	—	—
$\bar{T}_{j1}$	9.65×10^{-5}	1.05×10^{-4}	1.85×10^{-4}	1.05×10^{-4}
$\bar{T}_{j2}$	1.58×10^{-4}	1.81×10^{-4}	1.45×10^{-4}	1.62×10^{-4}
$\bar{T}_{j3}$	1.09×10^{-4}	2.00×10^{-4}	1.54×10^{-4}	3.25×10^{-5}
$\bar{T}_{j4}$	3.70×10^{-4}	1.08×10^{-4}	9.77×10^{-5}	2.69×10^{-4}
$\bar{T}_{j5}$	1.32×10^{-4}	—	—	—
$\bar{T}_{j6}$	1.42×10^{-5}	—	—	—
R_j	3.56×10^{-4}	9.49×10^{-5}	8.75×10^{-5}	2.37×10^{-4}
R'_j	2.63×10^{-4}	1.05×10^{-4}	9.64×10^{-5}	2.61×10^{-4}

随着因素 C 硅油占材料总重变大，渗透系数呈现下降趋势；随着因素 B 白水泥比重的增大，渗透系数呈先上升后下降趋势，变化幅度较小；随着铁粉占骨料的比例升高，渗透系数呈波动状态，变化幅度较大；对于因素 D 水，其占比提高，对于提高试样的渗透系数有帮助作用。

4.5.2　基于神经网络的相似材料配比分析

人工神经网络具有自组织、自适应和自学习的特点，同时具备非线性、非局部性、非稳定性和非凸性，是解决复杂问题的有效工具。作为人工神经网络的一种，BP 神经网络得到广泛的应用。

基于 BP 神经网络算法对相似材料试验结果进行分析，可以获得材料占比与材料物理力学参数之间的非线性映射关系，从而根据所需的围岩、灌浆圈、断层力学参数获得所需的相似材料配比。BP 神经网络示意图如图 4.5.5 所示。

样本训练次数为 30 000 次，学习率为 0.000 35，理想误差为 5×10^{-7}，隐藏

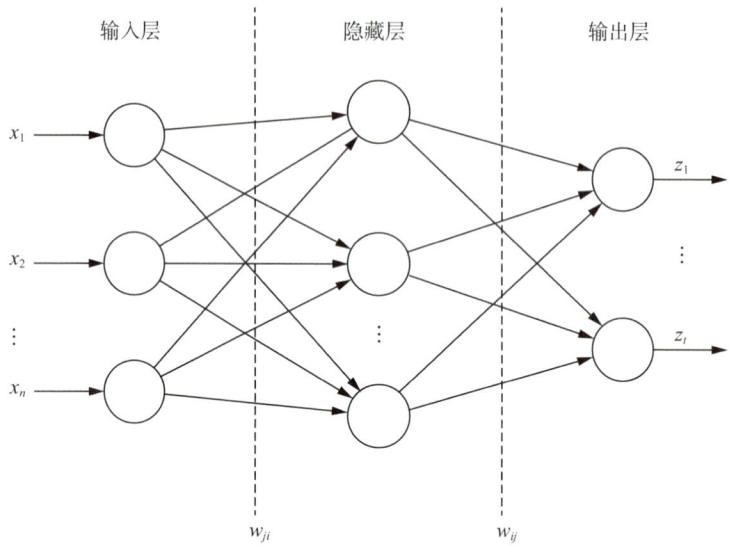

图 4.5.5　BP 神经网络示意图

层节点数为 80。神经网络对试验结果样本进行训练后，学习试样物理力学参数与材料配比之间的非线性映射关系，并根据试样密度、弹性模量、渗透率对材料配比进行预测。由于不同材料配比均可实现同一物理力学参数，因此预测材料配比与试验材料配比不要求完全一致。神经网络预测的材料配比与实际材料配比对比图如图 4.5.6～图 4.5.11 所示。

通过神经网络模型，输入预期的围岩、灌浆圈、断层参数，可以获得围岩、灌浆圈、断层的相似材料配比，并根据力学参数敏感性分析结果对配比进行微调，以获得对应参数的相似材料配比。

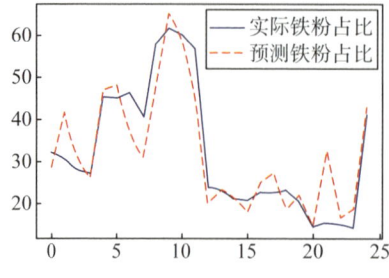

图 4.5.6　铁粉预测占比与实际对比图

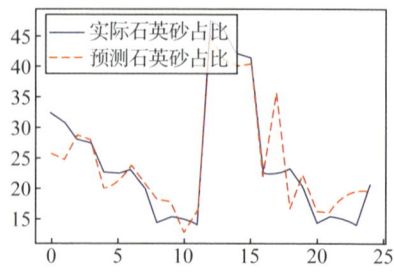

图 4.5.7　石英砂预测占比与实际对比图

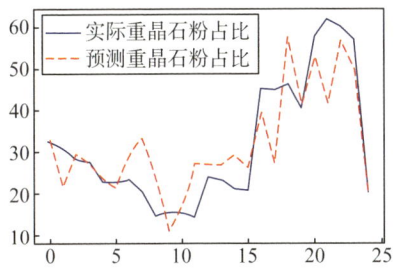

图 4.5.8　重晶石粉预测占比与实际对比图

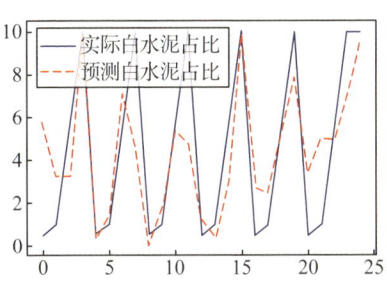

图 4.5.9　白水泥预测占比与实际对比图

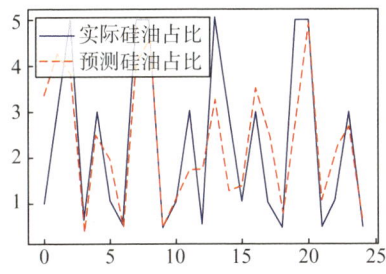

图 4.5.10　硅油预测占比与实际对比图

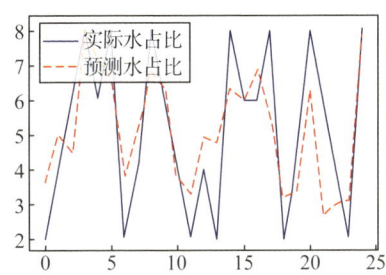

图 4.5.11　水预测占比与实际对比图

4.6　小结

建立了水工长大隧洞高外水压力作用物理模型试验系统,试验系统包括具有防水可视化功能的模型框架、应力加载系统、渗压加载系统、监测采集系统,并开展了相似材料物理力学试验,研究了不同材料配比下相似材料的密度、弹性模量及渗透系数差异,分析了不同材料占比对相似材料试样力学性质的影响,主要结论如下:

1. 物理模型加载系统采用三向加载的方式保证应力场的模拟,通过反力架进行应力加载,顶部设置一个 50 t 千斤顶,侧面设置 6 个 10 t 千斤顶进行侧向加载,通过千斤顶梯形应力分布施加地应力,可提供最高 500 kN 竖向压力,300 kN 侧向压力。

2. 液压加载系统包括恒压变频控制系统和加压管网,能够维持恒定水压,可提供高达 5 MPa 的水压。渗压加载系统利用管道与试验台架连接,水流经管网流入注水孔,通过滤网包裹防止模型材料进入管网造成堵塞。

3. 监测采集系统采用微型压力计、微型渗压计和位移计进行监测,可以实时监测布置点位的应力、渗压的数据并记录;排水孔流量通过集水容器、橡胶管及刻度桶进行监测。

4. 模型试验相似材料中铁粉占骨料的比例越大,密度越大,密度受骨料比影响显著。胶结剂白水泥、调节剂硅油及水对密度的影响不明显。通过神经网络算法对模型试验相似材料力学试验结果进行分析,结合参数敏感性分析,可通过材料密度、弹性模量、渗透率等目标参数确定模型试验中围岩、灌浆圈、断层等材料的配比。

第5章

均质围岩隧洞高外水压力物理模型试验

针对水工隧洞高外水压力问题,通常采取围岩灌浆及衬后排水措施处理,即堵水限排方案。围岩灌浆后隧洞横断面将形成三个圈层即衬砌、灌浆圈和围岩,高外水压力将与这三个圈层相互影响共同作用,作用过程受到复杂地质条件、高地应力、不同赋存环境,以及开挖方式、支护措施等因素的影响,揭露其相互作用规律具有重要理论价值和工程实践意义[95]。针对上述问题,地质力学物理模型试验手段结果直观,可考虑复杂地质条件,较理论分析和数值计算方法具有优势,依照模型试验相似比配置均质模型围岩、灌浆圈及衬砌,并开展水工隧洞高外水压力作用下围岩、灌浆圈及衬砌高外水压力分布规律研究,同时进行高外水压力折减系数确定,通过比对均质模型的解析计算结果与物理模型试验结果,验证模型试验结果的可靠性,相关成果可以为优化均质模型水工隧洞高外水压力作用下的支护设计和施工提供有益的借鉴。

5.1　均质围岩高外水压力作用物理模型试验

本节通过建立大型地质力学物理模型试验,针对不同埋深、不同渗压、不同外水压力水头,并结合衬砌不同排水方案,开展了均质隧洞围岩-灌浆圈-衬砌互馈作用机理研究。

5.2　试验设计

为研究均质模型水工隧洞衬砌-灌浆圈-围岩高外水压力作用,试验模型选取的相似比为1∶40,试验模型尺寸为 1.3 m×1.4 m×0.4 m,模型示意图如图 5.2.1 所示。

试验模型中衬砌结构使用混凝土充填钢丝进行衬砌浇筑,衬砌类型分为全封堵衬砌与排水衬砌,排水孔排距为 3 m,直径 50 mm,在衬砌顶部 120°范围内铺设细纱网模拟拱顶毛细排水带,连通各排水孔防止排水孔失效。全封堵衬砌结构模型示意图如图 5.2.2 所示,排水衬砌结构模型如图 5.2.3 所示。

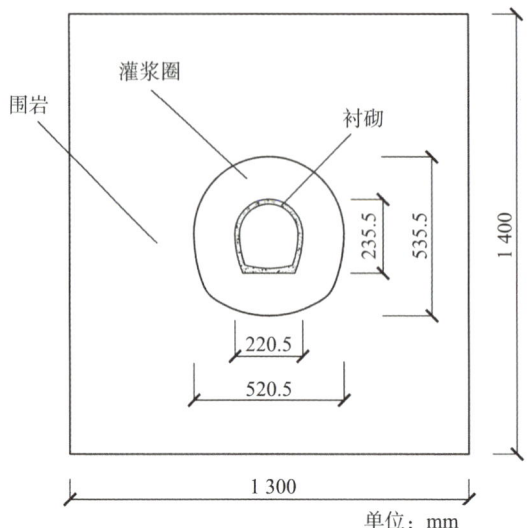

图 5.2.1 高外水试验模型示意图

图 5.2.2 全封堵衬砌模型

图 5.2.3 排水衬砌模型

高外水压力作用物理模型试验加载工况如表 5.2.1 所示。

表 5.2.1 加载工况汇总

加载方案编号	埋深/m	外水水头/m
1	200	80
2	200	120

续表

加载方案编号	埋深/m	外水水头/m
3	200	160
4	400	80
5	400	120
6	400	160
7	600	80
8	600	120
9	600	160

5.3 相似材料选取

选取围岩目标渗透系数为 5×10^{-5} cm/s,弹性模量为 2.3 GPa,密度为 2.7 g/cm³;选取灌浆圈目标渗透系数为 1.5×10^{-5} cm/s,弹性模量为 3.4 GPa,密度为 2.8 g/cm³;选取断层目标渗透系数为 1×10^{-3} cm/s,弹性模量为 0.8 GPa,密度为 2.6 g/cm³,选取断层灌浆圈目标渗透系数为 2.5×10^{-5} cm/s,弹性模量为 3.0 GPa,密度为 2.75 g/cm³。

通过神经网络学习得到模型试验围岩、灌浆圈、断层材料配比及参数如表 5.3.1、表 5.3.2 所示。

表 5.3.1 神经网络预测材料配比

	材料占比(%)					
	铁粉	石英砂	重晶石粉	白水泥	硅油	水
围岩	25.09	22.99	36.26	8.66	1.21	5.78
灌浆圈	31.34	26.59	23.07	11.25	0.26	7.49
断层	22.44	32.79	34.23	3.75	2.74	4.05
断层灌浆圈	31.58	27.62	23.97	9.75	0.27	6.81

表 5.3.2　相似材料参数

	密度(g/cm^3)	弹性模量(GPa)	渗透系数(10^{-5} cm/s)
围岩	2.68	2.31	5.7
灌浆圈	2.83	3.40	1.7
断层	2.55	1.0	103.1
断层灌浆圈	2.75	2.93	2.5

5.4　监测系统布置

采用水工隧洞高外水作用物理模型试验监测系统进行试验数据采集,由于试验模型为对称设计,试验监测点按照单侧布置,在外水压力分析时采用下图中的监测点进行分析。

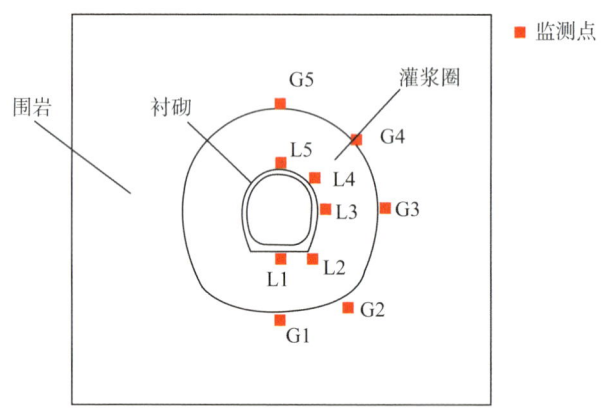

图 5.4.1　监测系统外水压力监测点布置

5.5　试验步骤

试验模型尺寸较大,先制作试块再进行砌筑拼接的方法难以实施,且整体性较差。试验模型制作采用分层填筑夯实的方法,且每一次填筑之前都要进行凿毛处理。具体试验流程如下。

（1）相似材料制备:按照相似材料配比及填筑高度计算各种材料所需重量,称量完毕后用搅拌机搅拌均匀后备用;

(2) 分层填筑夯实(图 5.5.1、图 5.5.2)：按照围岩、固结灌浆圈、断层、断层灌浆圈的区域分别填筑对应的相似材料，采用小型打夯机分层夯实；

图 5.5.1　分区域分层填筑　　　　图 5.5.2　打夯机分层夯实

(3) 衬砌与传感器布置(图 5.5.3、图 5.5.4)：在材料填筑过程中，根据传感器布置图，在各个位置布设相应的传感器；填筑到一定高度时，下放衬砌，并在衬砌与亚克力板接触处打结构胶，并养护一天时间等待结构胶硬化。

图 5.5.3　布设传感器　　　　图 5.5.4　下放衬砌

5.6 均质模型物理模型试验

5.6.1 渗压分布规律

本书按照模型试验步骤,开展不同埋深、不排水和排水工况下的均质围岩高外水压力作用物理模型试验,研究埋深和地下水水头压力对围岩渗压分布影响规律,提出了隧洞衬砌外水压力折减系数,分析隧洞衬砌结构排水效果。

200 m、400 m、600 m埋深不排水工况均质岩体渗压分布云图如图 5.6.1、图 5.6.2、图 5.6.3 所示。由图 5.6.1～图 5.6.3 可知,渗流场分布规律近似于原始渗流场,灌浆圈内渗压有一定降低,拱顶及拱脚渗压略微降低,衬砌最大渗压出现在拱脚位置,灌浆圈最大渗压出现在拱底对应位置;衬砌最小渗压出现在拱顶位置,灌浆圈最小渗压出现在拱顶对应位置。

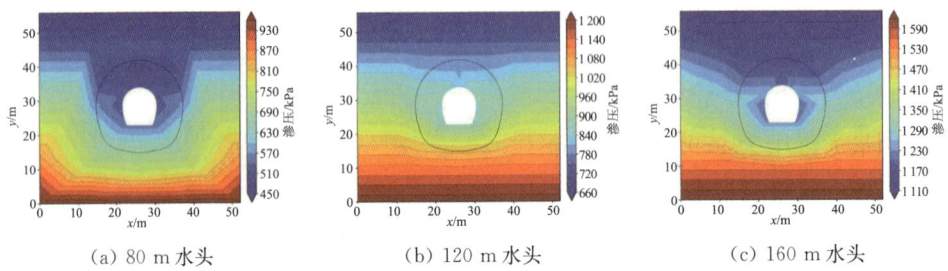

图 5.6.1　200 m 埋深不排水工况均质岩体渗压分布云图

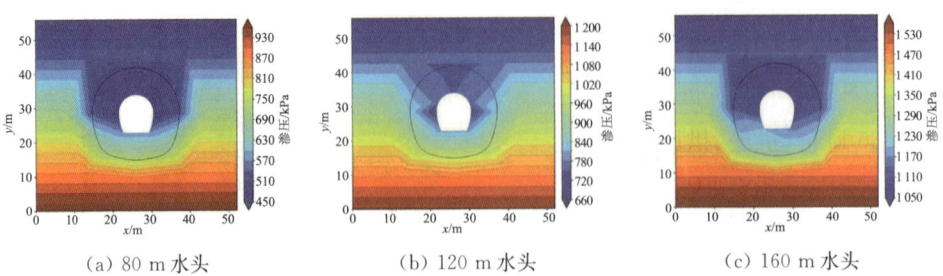

图 5.6.2　400 m 埋深不排水工况均质岩体渗压分布云图

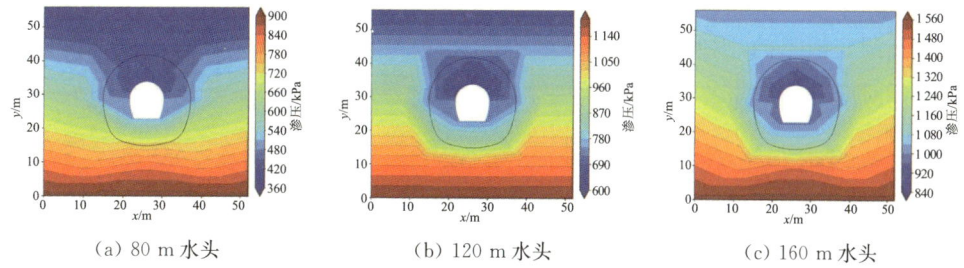

(a) 80 m 水头   (b) 120 m 水头   (c) 160 m 水头

图 5.6.3　600 m 埋深不排水工况均质岩体渗压分布云图

400 m 埋深不排水工况下，地下水水头为 80 m 时，衬砌最大渗压出现在拱脚位置，衬砌最大渗压为 569 kPa；灌浆圈最大渗压出现在拱底对应位置，灌浆圈最大渗压为 702 kPa。衬砌最小渗压出现在拱顶位置，衬砌最小渗压为 455 kPa；灌浆圈最小渗压出现在拱顶对应位置，灌浆圈最小渗压为 440 kPa。拱底、拱脚、拱腰、拱肩及拱顶渗压分别为 568 kPa、569 kPa、470 kPa、468 kPa、455 kPa，对应灌浆圈渗压为 702 kPa、689 kPa、543 kPa、468 kPa、440 kPa。

400 m 埋深不排水工况下，地下水水头为 120 m 时，衬砌最大渗压出现在拱脚位置，衬砌最大渗压为 795 kPa；灌浆圈最大渗压出现在拱底对应位置，灌浆圈最大渗压为 959 kPa。衬砌最小渗压出现在拱腰位置，衬砌最小渗压为 725 kPa；灌浆圈最小渗压出现在拱顶对应位置，灌浆圈最小渗压为 739 kPa。拱底、拱脚、拱腰、拱肩及拱顶渗压分别为 794 kPa、795 kPa、725 kPa、763 kPa、749 kPa，对应灌浆圈渗压为 959 kPa、945 kPa、845 kPa、773 kPa、739 kPa。

400 m 埋深不排水工况下，地下水水头为 160 m 时，衬砌最大渗压出现在拱底位置，衬砌最大渗压为 1 177 kPa；灌浆圈最大渗压出现在拱底对应位置，灌浆圈最大渗压为 1 245 kPa。衬砌最小渗压出现在拱顶位置，衬砌最小渗压为 1 085 kPa；灌浆圈最小渗压出现在拱顶对应位置，灌浆圈最小渗压为 1 036 kPa。拱底、拱脚、拱腰、拱肩及拱顶渗压分别为 1 177 kPa、1 157 kPa、1 088 kPa、1 100 kPa、1 085 kPa，对应灌浆圈渗压为 1 245 kPa、1 231 kPa、1 141 kPa、1 068 kPa、1 036 kPa。

排水工况下衬砌拱腰及以上部位受毛细排水带及排水孔影响，排水降压效果明显，灌浆圈内岩体渗压大幅度降低，如图 5.6.4～5.6.6 所示。受灌浆圈及排水影响，2～2.5 倍洞径范围内渗压有所降低，拱顶对应的灌浆圈边缘地下水向下由两侧排水孔排出，渗压最低；拱肩对应位置排水效果略弱于拱顶，因此渗压略高于拱顶对应位置。隧洞下部规律与上部相反,拱底的水在排出的过程中被隧洞底板阻挡,因此排水效果较差,拱底对应灌浆圈边缘部位渗压反而高于拱脚对应部位。

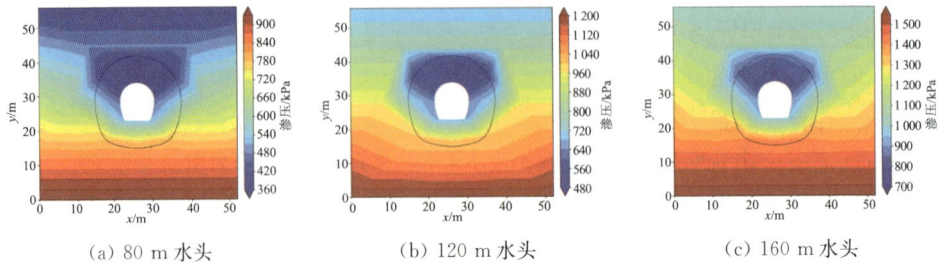

图 5.6.4　200 m 埋深排水工况均质岩体渗压分布云图

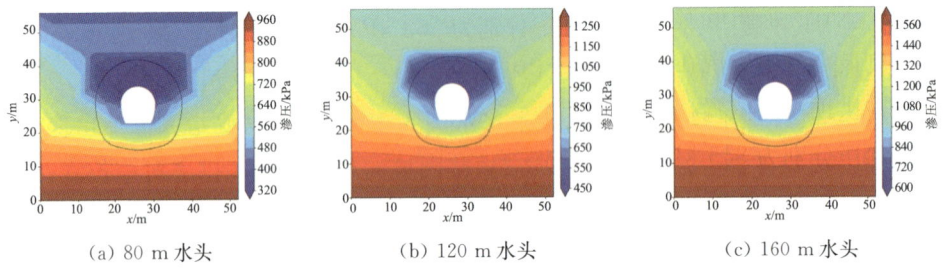

图 5.6.5　400 m 埋深排水工况均质岩体渗压分布云图

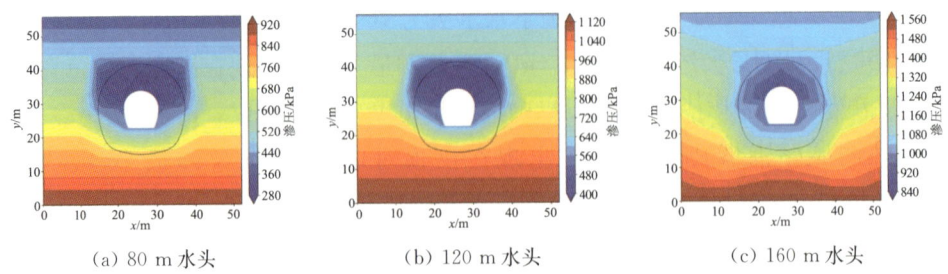

图 5.6.6　600 m 埋深排水工况均质岩体渗压分布云图

由图 5.6.5 可知,400 m 埋深排水工况下,隧洞排水孔位置渗压有明显降低,排水工况下灌浆圈内渗压有一定降低,拱底渗压略高于拱脚处。地下水水头为 80 m 时,衬砌最大渗压出现在拱脚位置,衬砌最大渗压为 452 kPa;灌浆圈最大渗压出现在拱底对应位置,灌浆圈最大渗压为 774 kPa。衬砌最小渗压出现在拱顶位置,衬砌最小渗压为 281 kPa;灌浆圈最小渗压出现在拱顶对应位置,灌浆圈最小渗压为 317 kPa。拱底、拱脚、拱腰、拱肩及拱顶渗压分别为 451 kPa、452 kPa、437 kPa、308 kPa、281 kPa,对应灌浆圈渗压为 774 kPa、760 kPa、521 kPa、337 kPa、317 kPa。

地下水水头为 120 m 时,衬砌最大渗压出现在拱脚位置,衬砌最大渗压为 672 kPa;灌浆圈最大渗压出现在拱底对应位置,灌浆圈最大渗压为 1 122 kPa。衬砌最小渗压出现在拱顶位置,衬砌最小渗压为 401 kPa;灌浆圈最小渗压出现在拱顶对应位置,灌浆圈最小渗压为 462 kPa。拱底、拱脚、拱腰、拱肩及拱顶渗压分别为 671 kPa、672 kPa、628 kPa、457 kPa、401 kPa,对应灌浆圈渗压为 1 122 kPa、1 107 kPa、763 kPa、479 kPa、462 kPa。

地下水水头为 160 m 时,衬砌最大渗压出现在拱脚位置,衬砌最大渗压为 845 kPa;灌浆圈最大渗压出现在拱底对应位置,灌浆圈最大渗压为 1 388 kPa。衬砌最小渗压出现在拱顶位置,衬砌最小渗压为 564 kPa;灌浆圈最小渗压出现在拱顶对应位置,灌浆圈最小渗压为 673 kPa。拱底、拱脚、拱腰、拱肩及拱顶渗压分别为 843 kPa、845 kPa、845 kPa、610 kPa、564 kPa,对应灌浆圈渗压为 1 388 kPa、1 374 kPa、1 006 kPa、691 kPa、673 kPa。

5.6.2 埋深及地下水水头对渗压分布的影响

不排水工况条件下围岩 L1 测点渗压如图 5.6.7 所示。由图可知,在地下水水头 80 m 条件下,600 m 埋深测点渗压较 200 m 埋深测点渗压降低 49 kPa,降低了 8.9%;地下水水头 160 m 条件下,600 m 埋深测点渗压较 200 m 埋深测点渗压降低 2 206 kPa,降低了 19.6%;200 m 埋深条件下,160 m 水头测点渗压较 80 m 水头测点渗压升高了 675 kPa,升高了 123.2%;在 600 m 埋深条件下,160 m 水头测点渗压较 80 m 水头测点渗压升高了 484 kPa,升高了 97.0%。

排水工况条件下围岩 L1 测点渗压如图 5.6.8 所示。由图可知,地下水水头 80 m 条件下,600 m 埋深测点渗压较 200 m 埋深测点渗压降低 106 kPa,降低了 20.5%;地下水水头 160 m 条件下,600 m 埋深测点渗压较 200 m 埋深测点渗压降低 272 kPa,降低了 28.4%;200 m 埋深条件下,160 m 水头测点渗压较 80 m 水头测点渗压升高了 441 kPa,升高了 85.3%;600 m 埋深条件下,

160 m 水头测点渗压较 80 m 水头测点渗压升高了 275 kPa,升高了 66.9%。

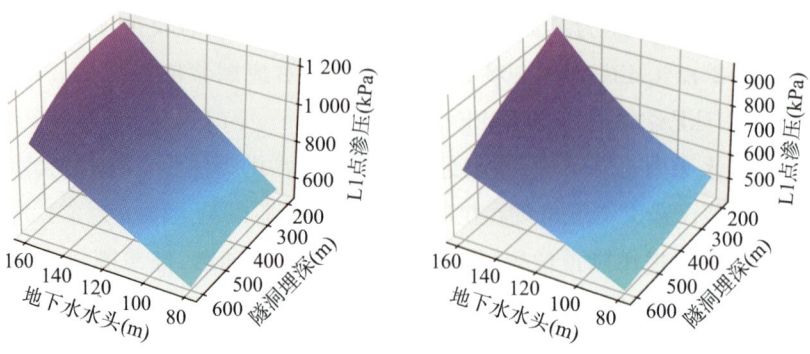

图 5.6.7　不排水工况下围岩 L1 点渗压　　图 5.6.8　排水工况下围岩 L1 点渗压

不排水工况条件下围岩 L2 测点渗压如图 5.6.9 所示。由图可知,地下水水头 80 m 条件下,600 m 埋深测点渗压较 200 m 埋深测点渗压降低 49 kPa,降低了 8.9%;地下水水头 160 m 条件下,600 m 埋深测点渗压较 200 m 埋深测点渗压降低 241 kPa,降低了 19.7%;200 m 埋深条件下,160 m 水头测点渗压较 80 m 水头测点渗压升高了 675 kPa,升高了 123.0%;600 m 埋深条件下,160 m 水头测点渗压较 80 m 水头测点渗压升高了 483 kPa,升高了 96.6%。

排水工况条件下围岩 L2 测点渗压如图 5.6.10 所示。由图可知,地下水水头 80 m 条件下,600 m 埋深测点渗压较 200 m 埋深测点渗压降低 106 kPa,降

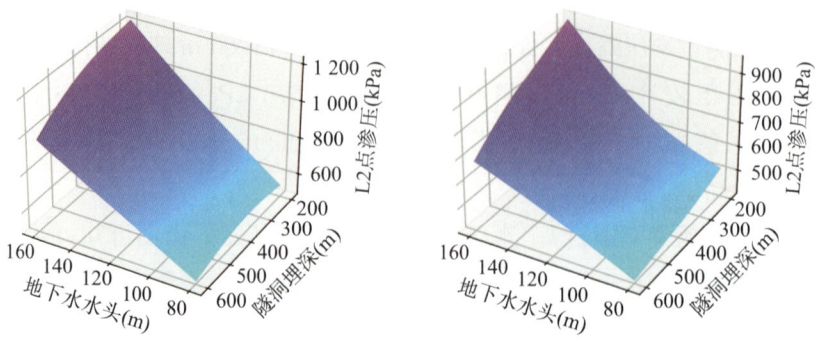

图 5.6.9　不排水工况下围岩 L2 点渗压　　图 5.6.10　排水工况下围岩 L2 点渗压

低了 20.5%;地下水水头 160 m 条件下,600 m 埋深测点渗压较 200 m 埋深测点渗压降低 271 kPa,降低了 28.3%;200 m 埋深条件下,160 m 水头测点渗压较 80 m 水头测点渗压升高了 441 kPa,升高了 85.1%;600 m 埋深条件下,160 m 水头测点渗压较 80 m 水头测点渗压升高了 276 kPa,升高了 67.0%。

不排水工况条件下围岩 L3 测点渗压如图 5.6.11 所示。由图可知,地下水水头 80 m 条件下,600 m 埋深测点渗压较 200 m 埋深测点渗压降低 38 kPa,降低了 7.3%;地下水水头 160 m 条件下,600 m 埋深测点渗压较 200 m 埋深测点渗压降低 215 kPa,降低了 17.8%;200 m 埋深条件下,160 m 水头测点渗压较 80 m 水头测点渗压升高了 687 kPa,升高了 131.1%;600 m 埋深条件下,160 m 水头测点渗压较 80 m 水头测点渗压升高了 510 kPa,升高了 104.9%。

排水工况条件下围岩 L3 测点渗压如图 5.6.12 所示。由图可知,地下水水头 80 m 条件下,600 m 埋深测点渗压较 200 m 埋深测点渗压降低 80 kPa,降低了 16.8%;地下水水头 160 m 条件下,600 m 埋深测点渗压较 200 m 埋深测点渗压降低 229 kPa,降低了 25.1%;200 m 埋深条件下,160 m 水头测点渗压较 80 m 水头测点渗压升高了 436 kPa,升高了 91.8%;600 m 埋深条件下,160 m 水头测点渗压较 80 m 水头测点渗压升高了 287 kPa,升高了 72.7%。

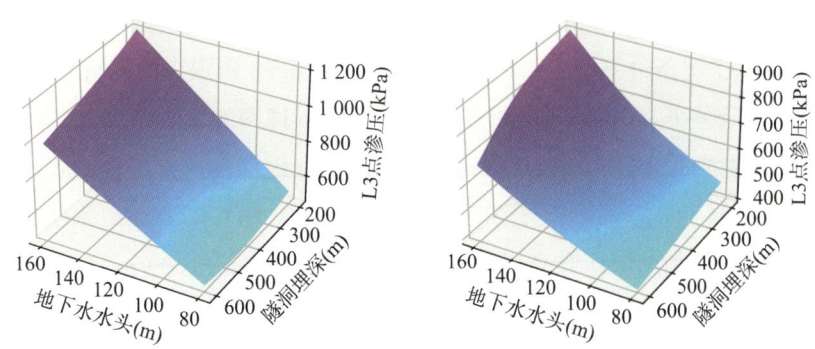

图 5.6.11　不排水工况下围岩 L3 点渗压　　图 5.6.12　排水工况下围岩 L3 点渗压

不排水工况条件下围岩 L4 测点渗压如图 5.6.13 所示。由图可知,地下水水头 80 m 条件下,600 m 埋深测点渗压较 200 m 埋深测点渗压降低 97 kPa,降低了 18.4%;地下水水头 160 m 条件下,600 m 埋深测点渗压较 200 m 埋深测点渗压降低 344 kPa,降低了 27.5%;200 m 埋深条件下,160 m 水头测点渗压较 80 m 水头测点渗压升高了 723 kPa,升高了 137.2%;600 m 埋深条件下,160 m 水头测点渗压较 80 m 水头测点渗压升高了 476 kPa,升高了 110.7%。

排水工况条件下围岩 L4 测点渗压如图 5.6.14 所示。由图可知,地下水水头 80 m 条件下,600 m 埋深测点渗压较 200 m 埋深测点渗压降低 120 kPa,降低了 30.2%;地下水水头 160 m 条件下,600 m 埋深测点渗压较 200 m 埋深测点渗压降低 292 kPa,降低了 37.4%;200 m 埋深条件下,160 m 水头测点渗压较 80 m 水头测点渗压升高了 384 kPa,升高了 96.7%;600 m 埋深条件下,160 m 水头测点渗压较 80 m 水头测点渗压升高了 212 kPa,升高了 76.5%。

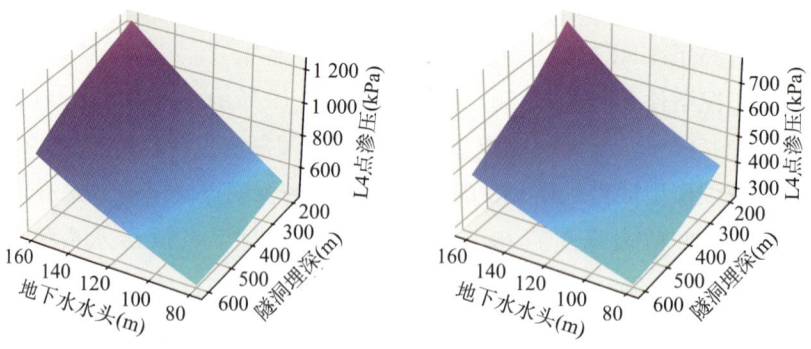

图 5.6.13　不排水工况下围岩 L4 点渗压　　图 5.6.14　排水工况下围岩 L4 点渗压

不排水工况条件下围岩 L5 测点渗压如图 5.6.15 所示。由图可知,地下水水头 80 m 条件下,600 m 埋深测点渗压较 200 m 埋深测点渗压降低 100 kPa,降低了 20.4%;地下水水头 160 m 条件下,600 m 埋深测点渗压较 200 m 埋深测点渗压降低 341 kPa,降低了 29.0%;200 m 埋深条件下,160 m 水头测点渗压较 80 m 水头测点渗压升高了 685 kPa,升高了 140.1%;600 m 埋深条件下,160 m 水头测点渗压较 80 m 水头测点渗压升高了 444 kPa,升高了 114.1%。

排水工况条件下围岩 L5 测点渗压如图 5.6.16 所示。由图可知,地下水水头 80 m 条件下,600 m 埋深测点渗压较 200 m 埋深测点渗压降低 81 kPa,降低了 23.1%;地下水水头 160 m 条件下,600 m 埋深测点渗压较 200 m 埋深测点渗压降低 217 kPa,降低了 31.1%;200 m 埋深条件下,160 m 水头测点渗压较 80 m 水头测点渗压升高了 348 kPa,升高了 99.4%;600 m 埋深条件下,160 m 水头测点渗压较 80 m 水头测点渗压升高了 212 kPa,升高了 78.8%。

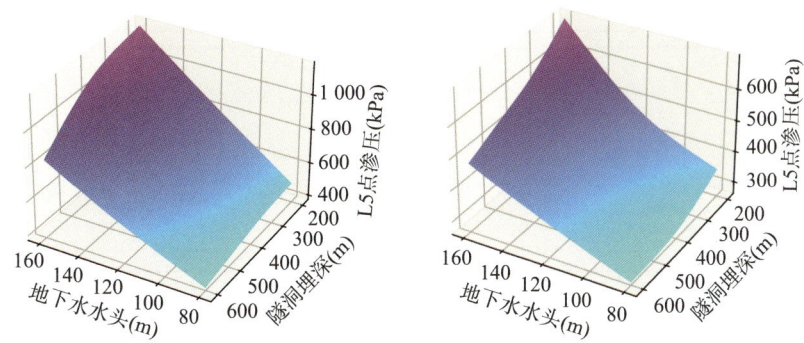

图 5.6.15　不排水工况下围岩 L5 点渗压　　图 5.6.16　排水工况下围岩 L5 点渗压

5.6.3　折减系数

根据物理模型试验测得的渗压计算隧洞外水压力折减系数,不同位置折减系数如表 5.6.1～表 5.6.6 所示。

表 5.6.1　200 m 埋深不排水工况下围岩各监测点外水压力折减系数

地下水水头	80 m	120 m	160 m
拱底(L1)	0.65	0.69	0.74
拱脚(L2)	0.65	0.69	0.74
拱腰(L3)	0.66	0.72	0.76
拱肩(L4)	0.69	0.75	0.80
拱顶(L5)	0.66	0.72	0.76

表 5.6.2　200 m 埋深排水工况下围岩各监测点外水压力折减系数

地下水水头	80 m	120 m	160 m
拱底(L1)	0.61	0.53	0.58
拱脚(L2)	0.61	0.53	0.58
拱腰(L3)	0.60	0.54	0.57
拱肩(L4)	0.52	0.47	0.50
拱顶(L5)	0.47	0.41	0.45

表 5.6.3　400 m 埋深不排水工况下围岩各监测点外水压力折减系数

地下水水头	80 m	120 m	160 m
拱底(L1)	0.67	0.64	0.71
拱脚(L2)	0.67	0.64	0.70
拱腰(L3)	0.59	0.61	0.68
拱肩(L4)	0.61	0.66	0.70
拱顶(L5)	0.61	0.65	0.70

表 5.6.4　400 m 埋深排水工况下围岩各监测点外水压力折减系数

地下水水头	80 m	120 m	160 m
拱底(L1)	0.53	0.54	0.51
拱脚(L2)	0.53	0.54	0.51
拱腰(L3)	0.55	0.53	0.53
拱肩(L4)	0.40	0.39	0.39
拱顶(L5)	0.38	0.35	0.37

表 5.6.5　600 m 埋深不排水工况下围岩各监测点外水压力折减系数

地下水水头	80 m	120 m	160 m
拱底(L1)	0.59	0.59	0.60
拱脚(L2)	0.59	0.59	0.60
拱腰(L3)	0.61	0.61	0.62
拱肩(L4)	0.56	0.55	0.58
拱顶(L5)	0.52	0.52	0.54

表 5.6.6　600 m 埋深排水工况下围岩各监测点外水压力折减系数

地下水水头	80 m	120 m	160 m
拱底(L1)	0.48	0.45	0.42
拱脚(L2)	0.49	0.45	0.42
拱腰(L3)	0.50	0.43	0.43
拱肩(L4)	0.44	0.41	0.43
拱顶(L5)	0.36	0.32	0.31

由表 5.6.1~5.6.6 中可以看出，不同埋深均质岩体监测断面外水压力折减系数在无排水措施情况下为 0.52~0.80，隧洞外水压力折减系数在不同部位差异较小；排水措施可有效降低隧洞拱肩以上部位的外水压力，外水压力折减系数可降低 0.33；水工隧洞受高地应力影响，岩石及灌浆圈渗透系数较低，相同排水条件下 600 m 埋深隧洞外水压力折减系数约为 200 m 埋深隧洞的 80%。

5.6.4 排水量

对排水工况排水量进行测试，试验过程中排水量以 2 min 为采集周期，在连续 3 次测得的排水量无明显变化后确认隧洞渗流场基本稳定，采集衬砌水压力、衬砌位移数据。试验依照渗流量相似比推算现场单天排水量数据如表 5.6.7 所示，隧洞排水量随水头增加而增大，随着埋深增加，隧洞排水量明显降低。

表 5.6.7 均质模型试验排水工况排水量（m^3/d）

外水水头(m)	埋深(m)		
	200	400	600
80	2 170	1 575	1 260
120	2 800	2 310	1 855
160	3 185	3 115	2 660

5.7 小结

本章建立了均质围岩高外水压力作用物理模型，针对不同埋深、不同外水压力水头，并结合衬砌不同排水方案，开展了均质模型隧洞衬砌-灌浆圈-围岩互馈作用机理研究，结合模型试验监测数据绘制渗压分布云图，基于衬砌是否排水探讨不同埋深、不同外水压力条件下，隧洞断面不同部位渗压分布规律，并提出折减系数区间，小结如下：

1. 不排水工况下，隧洞围岩渗压分布规律接近原始渗流场，围岩各点处渗压接近初始水头，灌浆圈内渗压微弱降低，灌浆圈并未起到明显降低外水压力的作用。

2. 排水工况下，围岩中渗压分布规律变化不明显，灌浆圈内渗压降低明显,说明灌浆圈承担了大部分外水压力,衬砌周围排水孔位置渗压降低最为显著。随着埋深增大,衬砌周围外水压力折减系数有降低的趋势,说明高地应力条件下围岩较低的渗透系数将会降低外水压力,600 m 埋深隧洞外水压力折减系数约为 200 m 埋深隧洞的 80%。

3. 随着地下水水头增加,不排水工况衬砌周围外水压力折减系数有明显增加的趋势,在排水工况下,外水压力折减系数略微减小,对比两种结果的不同,考虑其原因为,在地下水水头增加过程中,排水孔排水速度加快,渗透流量增加,衬砌周围水压积聚的过程减弱,导致衬砌周围水压降低得更为明显。外水压力折减系数与衬砌排水能力关系紧密,当衬砌排水不通畅时,水流出现积聚现象,外水压力将逐渐恢复到全水头,当衬砌排水通畅时,随着地下水水位的增加,外水压力折减系数将趋近于一个极限值,当外水压力增加到使得衬砌达到排水极限,水流又出现积聚情况时,外水压力折减系数又将增大。

4. 不同埋深均质岩体监测断面外水压力折减系数在无排水措施情况下为 0.52~0.80,无排水措施隧洞外水压力折减系数在不同部位差异较小;排水措施可有效降低隧洞拱肩以上部位的外水压力,外水压力折减系数可降低 0.33。

第6章

竖直断层分布隧洞高外水压力物理模型试验

实际工程中往往分布着不同的岩体不连续面,当隧洞穿越断层破碎带时,由于断层破碎带岩体裂隙发育,岩质松散,黏结性弱,强度低,且伴随着高地应力、高地下水头等地质条件,高外水压力问题尤为严峻[96]。

针对隧洞穿越岩体不连续面、断层破碎带过程中外水压力作用规律复杂的问题,可进行物理模型试验,物理模型试验是研究水工隧洞高外水压力作用机理及渗控的重要手段,本章研究了竖直断层分布水工隧洞高外水压力物理模型试验,为竖直断层分布水工隧洞设计施工提供理论依据。

6.1 试验设计和监测系统布置

含竖直断层岩体高外水压力作用物理模型试验,选取相似比同样为1∶40。隧洞穿过竖直断层,断层实际厚度为 2 m,模型示意图如图 6.1.1 所示。

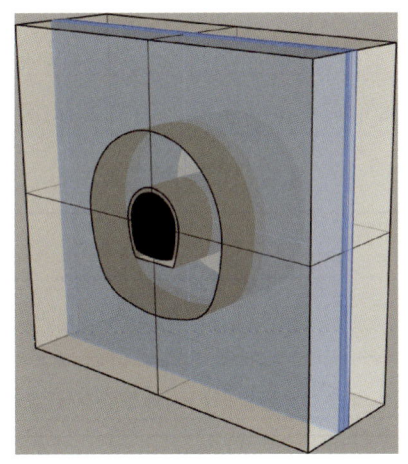

图 6.1.1 含竖直断层分布水工隧洞试验模型

采用水工隧洞高外水作用物理模型试验监测系统进行试验,由于含竖直断层水工隧洞模型试验为对称设计,在隧洞右侧重点部位进行监测布置,监测系统外水压力监测点布置见图 6.1.2。

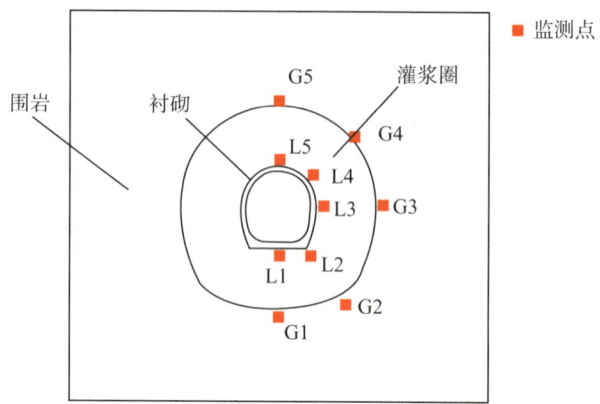

图 6.1.2　监测系统外水压力监测点布置

6.2　模型制作

模型制作须满足密封、材料夯实的要求,材料填筑结束后静压 24 小时,待模型填筑完毕进行饱水工作,从下面的进水口缓慢进水,等水流稳定从上面的出水口排水时,认为饱和完毕。试验工况如表 6.2.1、表 6.2.2 所示。

表 6.2.1　试验工况

工况编号	模型类型	隧洞排水类型
1	含竖直断层岩体	全封堵
2	含竖直断层岩体	排水孔

表 6.2.2　含竖直断层岩体模型加载工况

加载方案编号	埋深/m	外水水头/m
1	200	80
2	200	120
3	200	160
4	400	80
5	400	120
6	400	160

续表

加载方案编号	埋深/m	外水水头/m
7	600	80
8	600	120
9	600	160

6.3 物理模型试验结果

模型试验步骤按衬砌是否排水开展不同埋深、不同地下水水头工况下含竖直断层岩体的高外水压力作用物理模型试验,研究埋深、地下水水头压力和竖直断层对围岩渗压分布影响规律,提出隧洞衬砌外水压力折减系数,分析隧洞衬砌结构排水效果。

6.3.1 渗压分布规律

200 m、400 m、600 m 埋深不排水工况下含竖直断层隧洞围岩-灌浆圈-衬砌结构渗压分布云图如图 6.3.1、图 6.3.2 和图 6.3.3 所示。由图可知,渗流场分布规律近似于原始渗流场,灌浆圈内渗压有一定降低,拱顶及拱脚渗压略微降低,衬砌最大渗压出现在拱脚位置,灌浆圈最大渗压出现在拱底对应位置,衬砌最小渗压出现在拱顶位置,灌浆圈最小渗压出现在拱顶对应位置。

400 m 埋深不排水工况下,地下水水头为 80 m 时,衬砌最大渗压出现在拱底位置,衬砌最大渗压为 634 kPa;灌浆圈最大渗压出现在拱底对应位置,灌浆

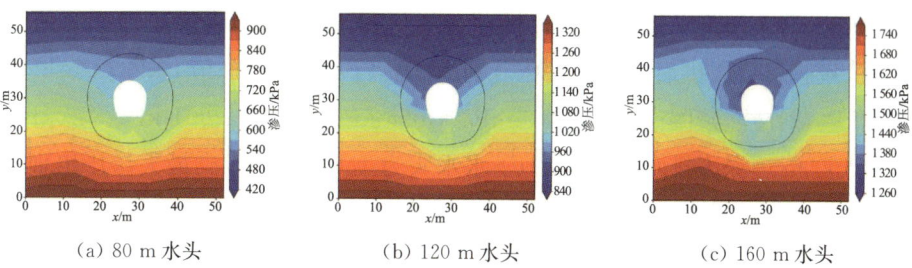

(a) 80 m 水头　　　　(b) 120 m 水头　　　　(c) 160 m 水头

图 6.3.1　200 m 埋深不排水工况断层渗压分布云图

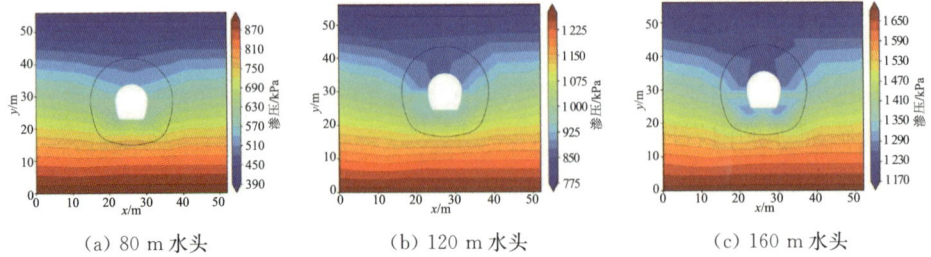

(a) 80 m 水头　　　　　(b) 120 m 水头　　　　　(c) 160 m 水头

图 6.3.2　400 m 埋深不排水工况断层渗压分布云图

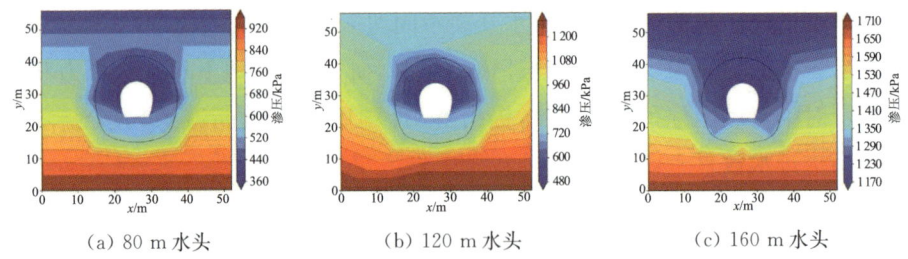

(a) 80 m 水头　　　　　(b) 120 m 水头　　　　　(c) 160 m 水头

图 6.3.3　600 m 埋深不排水工况断层渗压分布云图

圈最大渗压为 754 kPa。衬砌最小渗压出现在拱顶位置，衬砌最小渗压为 535 kPa；灌浆圈最小渗压出现在拱顶对应位置，灌浆圈最小渗压为 492 kPa。拱底、拱脚、拱腰、拱肩及拱顶渗压分别为 634 kPa、611 kPa、612 kPa、551 kPa、535 kPa，对应灌浆圈渗压为 754 kPa、725 kPa、617 kPa、533 kPa、492 kPa。

400 m 埋深不排水工况下，地下水水头为 120 m 时，衬砌最大渗压出现在拱底位置，衬砌最大渗压为 977 kPa；灌浆圈最大渗压出现在拱底对应位置，灌浆圈最大渗压为 1 116 kPa。衬砌最小渗压出现在拱顶位置，衬砌最小渗压为 868 kPa；灌浆圈最小渗压出现在拱顶对应位置，灌浆圈最小渗压为 859 kPa。拱底、拱脚、拱腰、拱肩及拱顶渗压分别为 977 kPa、969 kPa、974 kPa、883 kPa、868 kPa，对应灌浆圈渗压为 1 116 kPa、1 096 kPa、982 kPa、901 kPa、859 kPa。

400 m 埋深不排水工况下，地下水水头为 160 m 时，衬砌最大渗压出现在拱腰位置，衬砌最大渗压为 1 354 kPa；灌浆圈最大渗压出现在拱底对应位置，灌浆圈最大渗压为 1 519 kPa。衬砌最小渗压出现在拱顶位置，衬砌最小渗压为 1 243 kPa；灌浆圈最小渗压出现在拱顶对应位置，灌浆圈最小渗压为 1 247 kPa。拱底、拱脚、拱腰、拱肩及拱顶渗压分别为 1 344 kPa、1 295 kPa、

1 354 kPa、1 259 kPa、1 243 kPa，对应灌浆圈渗压为 1 519 kPa、1 476 kPa、1 365 kPa、1 286 kPa、1 247 kPa。

排水工况下衬砌拱腰及以上部位受毛细排水带及排水孔影响，排水降压效果明显，灌浆圈内岩体渗压大幅度降低，如图 6.3.4～图 6.3.6 所示。受灌浆圈及排水影响，在 2～2.5 倍洞径范围内渗压有所降低，拱顶对应的灌浆圈边缘地下水向下由两侧排水孔排出，渗压最低；拱肩对应位置排水效果略弱于拱顶，因此渗压略高于拱顶对应位置。隧洞下部规律与上部相反，拱底的水在排出的过程中被隧洞底板阻挡，因此排水效果较差，拱底对应灌浆圈边缘部位渗压反而高于拱脚对应部位。

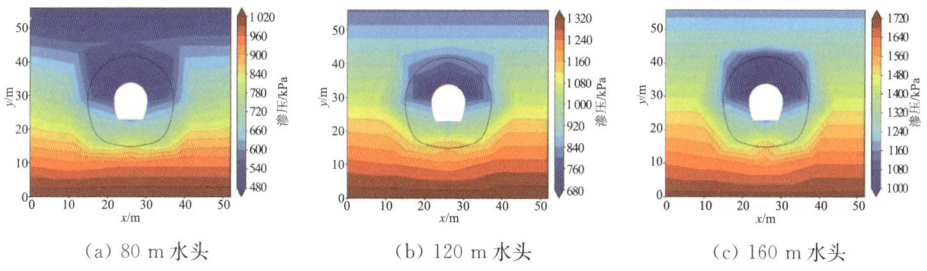

(a) 80 m 水头　　　　　(b) 120 m 水头　　　　　(c) 160 m 水头

图 6.3.4　200 m 埋深排水工况断层渗压分布云图

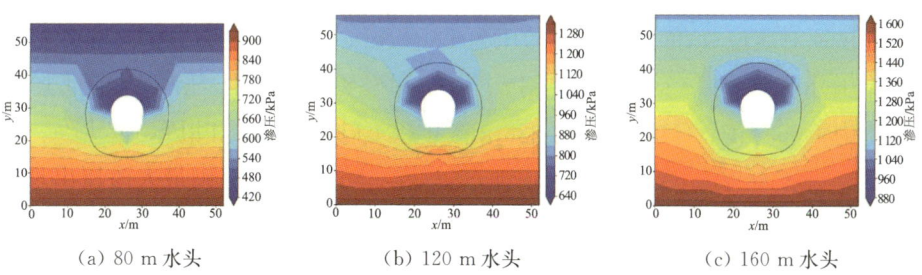

(a) 80 m 水头　　　　　(b) 120 m 水头　　　　　(c) 160 m 水头

图 6.3.5　400 m 埋深排水工况断层渗压分布云图

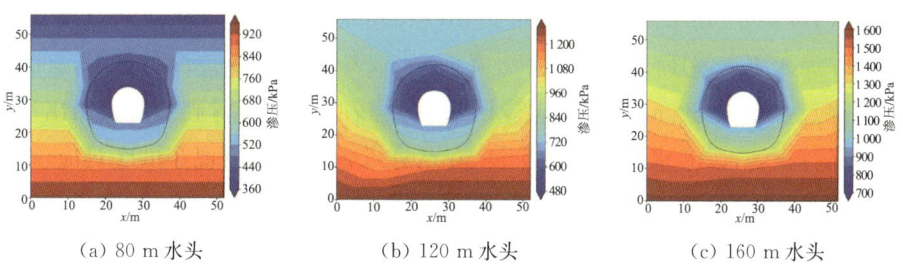

(a) 80 m 水头　　　　　(b) 120 m 水头　　　　　(c) 160 m 水头

图 6.3.6　600 m 埋深排水工况断层渗压分布云图

由图 6.3.5 可知,400 m 埋深排水工况下,隧洞排水孔位置渗压有明显降低,排水工况下灌浆圈内渗压有一定降低,拱底渗压略高于拱脚处。地下水水头为 80 m 时,衬砌最大渗压出现在拱脚位置,衬砌最大渗压为 702 kPa;灌浆圈最大渗压出现在拱底对应位置,灌浆圈最大渗压为 794 kPa。衬砌最小渗压出现在拱顶位置,衬砌最小渗压为 410 kPa;灌浆圈最小渗压出现在拱顶对应位置,灌浆圈最小渗压为 507 kPa。拱底、拱脚、拱腰、拱肩及拱顶渗压分别为 579 kPa、702 kPa、545 kPa、413 kPa、410 kPa,对应灌浆圈渗压为 794 kPa、753 kPa、625 kPa、522 kPa、507 kPa。

地下水水头为 120 m 时,衬砌最大渗压出现在拱脚位置,衬砌最大渗压为 928 kPa;灌浆圈最大渗压出现在拱底对应位置,灌浆圈最大渗压为 1 174 kPa。衬砌最小渗压出现在拱顶位置,衬砌最小渗压为 618 kPa;灌浆圈最小渗压出现在拱顶对应位置,灌浆圈最小渗压为 814 kPa。拱底、拱脚、拱腰、拱肩及拱顶渗压分别为 846 kPa、928 kPa、791 kPa、629 kPa、618 kPa,对应灌浆圈渗压为 1 174 kPa、1 093 kPa、921 kPa、860 kPa、814 kPa。

地下水水头为 160 m 时,衬砌最大渗压出现在拱脚位置,衬砌最大渗压为 1 231 kPa;灌浆圈最大渗压出现在拱底对应位置,灌浆圈最大渗压为 1 358 kPa。衬砌最小渗压出现在拱顶位置,衬砌最小渗压为 843 kPa;灌浆圈最小渗压出现在拱顶对应位置,灌浆圈最小渗压为 1 043 kPa。拱底、拱脚、拱腰、拱肩及拱顶渗压分别为 1 110 kPa、1 231 kPa、1 077 kPa、852 kPa、843 kPa,对应灌浆圈渗压为 1 358 kPa、1 287 kPa、1 236 kPa、1 064 kPa、1 043 kPa。

6.3.2 埋深及地下水水头对渗压分布的影响

不排水工况条件下断层 L1 测点渗压如图 6.3.7 所示。由图可知,在地下水水头 80 m 条件下,600 m 埋深测点渗压较 200 m 埋深测点渗压降低 93 kPa,降低了 13.8%;地下水水头 160 m 条件下,600 m 埋深测点渗压较 200 m 埋深测点渗压降低 174 kPa,降低了 12.0%;200 m 埋深条件下,160 m 水头测点渗压较 80 m 水头测点渗压升高了 773 kPa,升高了 115.0%;600 m 埋深条件下,160 m 水头测点渗压较 80 m 水头测点渗压升高了 692 kPa,升高了 119.5%。

排水工况条件下断层 L1 测点渗压如图 6.3.8 所示。由图可知,地下水水头 80 m 条件下,600 m 埋深测点渗压较 200 m 埋深测点渗压降低 94 kPa,降低了 15.8%；地下水水头 160 m 条件下，600 m 埋深测点渗压较 200 m 埋深测点渗压降低 193 kPa，降低了 17.0%；200 m 埋深条件下，160 m 水头测点渗压较 80 m 水头测点渗压升高了 543 kPa，升高了 91.4%；600 m 埋深条件下，160 m 水头测点渗压较 80 m 水头测点渗压升高了 444 kPa，升高了 88.8%。

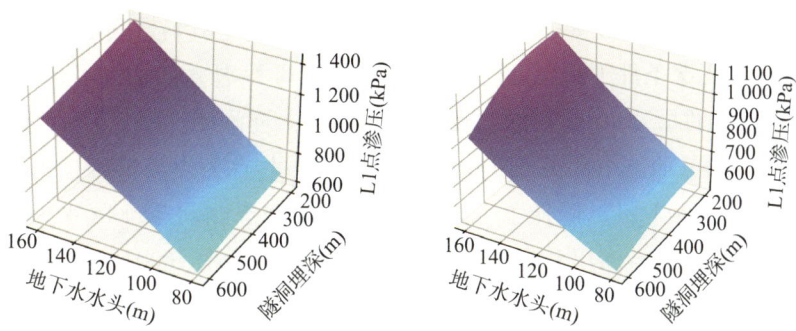

图 6.3.7 不排水工况下断层 L1 点渗压　　图 6.3.8 排水工况下断层 L1 点渗压

不排水工况条件下断层 L2 测点渗压如图 6.3.9 所示。由图可知，地下水水头 80 m 条件下，600 m 埋深测点渗压较 200 m 埋深测点渗压降低 124 kPa，降低了 17.6%；地下水水头 160 m 条件下，600 m 埋深测点渗压较 200 m 埋深测点渗压降低 239 kPa，降低了 15.8%；200 m 埋深条件下，160 m 水头测点渗压较 80 m 水头测点渗压升高了 809 kPa，升高了 114.8%；600 m 埋深条件下，160 m 水头测点渗压较 80 m 水头测点渗压升高了 694 kPa，升高了 119.4%。

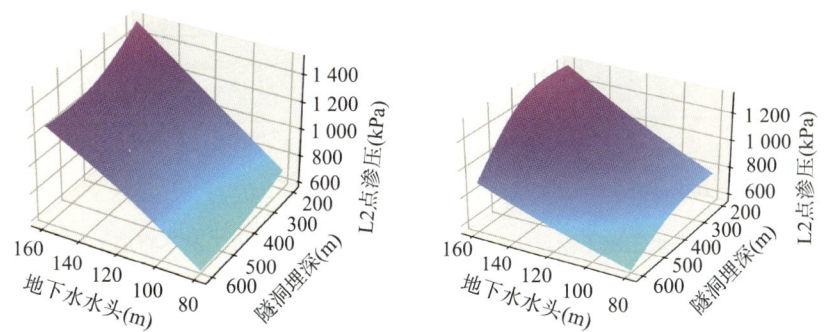

图 6.3.9 不排水工况下断层 L2 点渗压　　图 6.3.10 排水工况下断层 L2 点渗压

排水工况条件下断层 L2 测点渗压如图 6.3.10 所示。由图可知,地下水水头 80 m 条件下,600 m 埋深测点渗压较 200 m 埋深测点渗压降低 152 kPa,降低了 23.5%;地下水水头 160 m 条件下,600 m 埋深测点渗压较 200 m 埋深测点渗压降低 302 kPa,降低了 24.4%;200 m 埋深条件下,160 m 水头测点渗压较 80 m 水头测点渗压升高了 590 kPa,升高了 91.2%;600 m 埋深条件下,160 m 水头测点渗压较 80 m 水头测点渗压升高了 440 kPa,升高了 88.9%。

不排水工况条件下断层 L3 测点渗压如图 6.3.11 所示。由图可知,地下水水头 80 m 条件下,600 m 埋深测点渗压较 200 m 埋深测点渗压降低 89 kPa,降低了 14.6%;地下水水头 160 m 条件下,600 m 埋深测点渗压较 200 m 埋深测点渗压降低 171 kPa,降低了 12.6%;200 m 埋深条件下,160 m 水头测点渗压较 80 m 水头测点渗压升高了 753 kPa,升高了 123.6%;600 m 埋深条件下,160 m 水头测点渗压较 80 m 水头测点渗压升高了 671 kPa,升高了 129.0%。

排水工况条件下断层 L3 测点渗压如图 6.3.12 所示。由图可知,地下水水头 80 m 条件下,600 m 埋深测点渗压较 200 m 埋深测点渗压降低 210 kPa,降低了 36.9%;地下水水头 160 m 条件下,600 m 埋深测点渗压较 200 m 埋深测点渗压降低 420 kPa,降低了 37.4%;200 m 埋深条件下,160 m 水头测点渗压较 80 m 水头测点渗压升高了 553 kPa,升高了 97.2%;600 m 埋深条件下,160 m 水头测点渗压较 80 m 水头测点渗压升高了 343 kPa,升高了 95.5%。

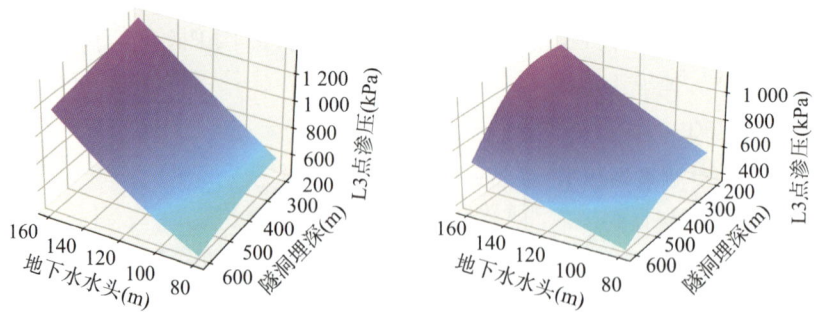

图 6.3.11　不排水工况下断层 L3 点渗压　　图 6.3.12　排水工况下断层 L3 点渗压

不排水工况条件下断层 L4 测点渗压如图 6.3.13 所示。由图可知,地下水水头 80 m 条件下,600 m 埋深测点渗压较 200 m 埋深测点渗压降低 136 kPa,降低了 23.2%;地下水水头 160 m 条件下,600 m 埋深测点渗压较 200 m 埋深测点渗压降低 171 kPa,降低了 12.7%;200 m 埋深条件下,160 m 水头测点渗压较 80 m 水头测点渗压升高了 762 kPa,升高了 129.8%;600 m 埋深条件下,160 m 水头测点渗压较 80 m 水头测点渗压升高了 727 kPa,升高了 161.2%。

排水工况条件下断层 L4 测点渗压如图 6.3.14 所示。由图可知,地下水水头 80 m 条件下,600 m 埋深测点渗压较 200 m 埋深测点渗压降低 141 kPa,降低了 29.6%;地下水水头 160 m 条件下,600 m 埋深测点渗压较 200 m 埋深测点渗压降低 289 kPa,降低了 30.0%;200 m 埋深条件下,160 m 水头测点渗压较 80 m 水头测点渗压升高了 486 kPa,升高了 101.9%;600 m 埋深条件下,160 m 水头测点渗压较 80 m 水头测点渗压升高了 338 kPa,升高了 100.6%。

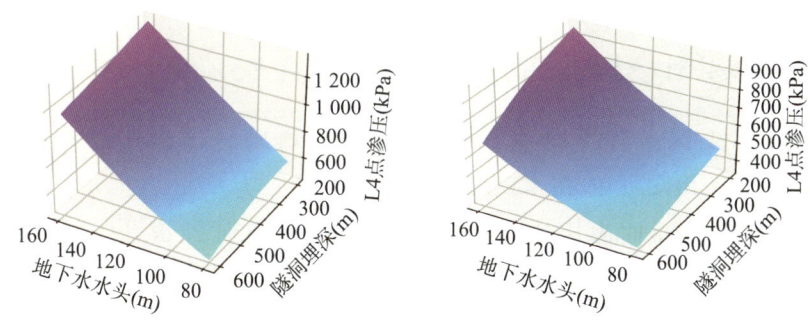

图 6.3.13　不排水工况下断层 L4 点渗压　图 6.3.14　排水工况下断层 L4 点渗压

不排水工况条件下断层 L5 测点渗压如图 6.3.15 所示。由图可知,地下水水头 80 m 条件下,600 m 埋深测点渗压较 200 m 埋深测点渗压降低 134 kPa,降低了 23.4%;地下水水头 160 m 条件下,600 m 埋深测点渗压较 200 m 埋深测点渗压降低 136 kPa,降低了 10.2%;200 m 埋深条件下,160 m 水头测点渗压较 80 m 水头测点渗压升高了 762 kPa,升高了 133.2%;600 m 埋深条件下,160 m 水头测点渗压较 80 m 水头测点渗压升高了 760 kPa,升高了 173.5%。

排水工况条件下断层 L5 测点渗压如图 6.3.16 所示。由图可知,地下水水头 80 m 条件下,600 m 埋深测点渗压较 200 m 埋深测点渗压降低 139 kPa,降低了 28.4%;地下水水头 160 m 条件下,600 m 埋深测点渗压较 200 m 埋深测点渗压降低 287 kPa,降低了 28.7%;200 m 埋深条件下,160 m 水头测点渗压较 80 m 水头测点渗压升高了 510 kPa,升高了 104.1%;600 m 埋深条件下,160 m 水头测点渗压较 80 m 水头测点渗压升高了 362 kPa,升高了 103.1%。

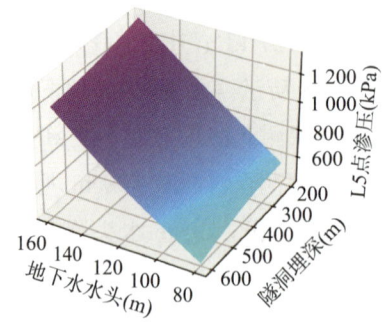
图 6.3.15　不排水工况下断层 L5 点渗压

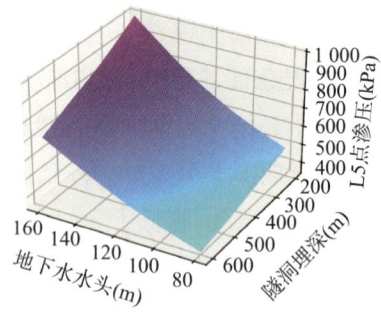
图 6.3.16　排水工况下断层 L5 点渗压

6.3.3　断层对渗压分布的影响

不排水工况条件下拱底（L1）测点断层均质岩体渗压对比图如图 6.3.17 所示。由图可知,在 400 m 埋深,地下水水头为 80 m、120 m、160 m 条件下,断层监测断面渗压比均质岩体监测断面分别高 66 kPa、183 kPa、167 kPa。在 200 m、400 m、600 m 埋深,地下水水头为 80 m 条件下,断层监测断面渗压比均质岩体监测断面分别高 124 kPa、66 kPa、80 kPa。在 200 m、400 m、600 m 埋深,地下水水头为 120 m 条件下,断层监测断面渗压比均质岩

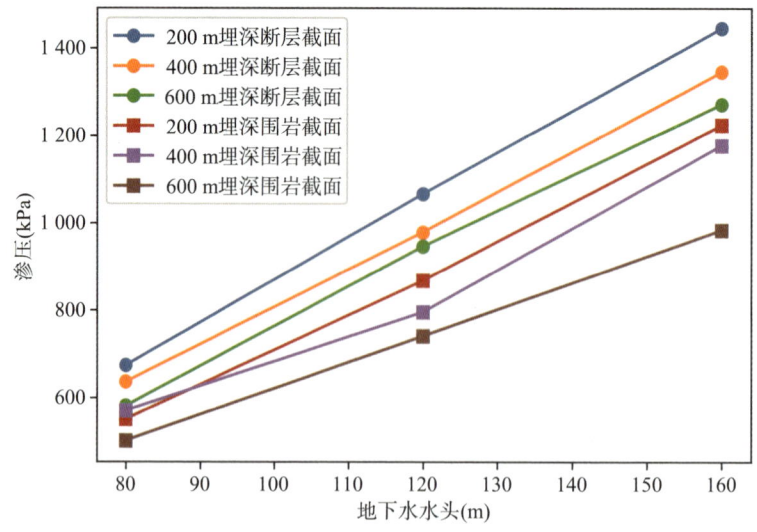
图 6.3.17　不排水工况条件下拱底（L1）测点断层均质岩体渗压对比图

体监测断面分别高 198 kPa、183 kPa、205 kPa。在 200 m、400 m、600 m 埋深，地下水水头为 160 m 条件下，断层监测断面渗压比均质岩体监测断面分别高 222 kPa、167 kPa、288 kPa。可以发现围压的升高对于断层与均质岩体渗压差值影响较小，渗压差值差距不大，高渗压条件下断层渗压显著升高，而均质围岩渗压升高幅度相对较小。

不排水工况条件下拱脚（L2）测点断层均质岩体渗压对比图如图 6.3.18 所示。由图可知，在 400 m 埋深，地下水水头为 80 m、120 m、160 m 条件下，断层监测断面渗压比均质岩体监测断面分别高 42 kPa、174 kPa、138 kPa。在 200 m、400 m、600 m 埋深，地下水水头为 80 m 条件下，断层监测断面渗压比均质岩体监测断面分别高 156 kPa、42 kPa、81 kPa。在 200 m、400 m、600 m 埋深，地下水水头为 120 m 条件下，断层监测断面渗压比均质岩体监测断面分别高 243 kPa、174 kPa、229 kPa。在 200 m、400 m、600 m 埋深，地下水水头为 160 m 条件下，断层监测断面渗压比均质岩体监测断面分别高 290 kPa、138 kPa、292 kPa。可以发现围压的升高对于断层与均质岩体渗压差值影响较小，渗压差值差距不大，高渗压条件下断层渗压显著升高，而均质围岩渗压升高幅度相对较小。

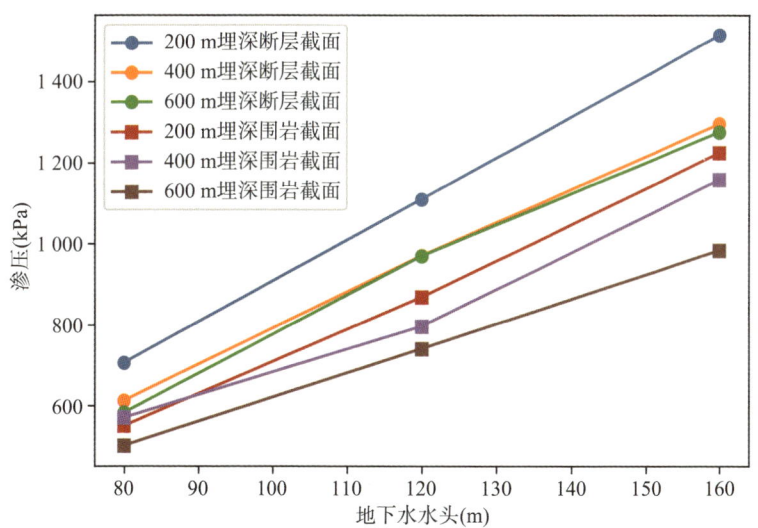

图 6.3.18　不排水工况条件下拱脚（L2）测点断层均质岩体渗压对比图

不排水工况条件下拱腰（L3）测点断层均质岩体渗压对比图如图

6.3.19 所示。由图可知,在 400 m 埋深,地下水水头为 80 m、120 m、160 m 条件下,断层监测断面渗压比均质岩体监测断面分别高 142 kPa、249 kPa、266 kPa。不同埋深同一地下水水头条件下地下水水头差值接近。在 200 m、400 m、600 m 埋深,地下水水头为 80 m 条件下,断层监测断面渗压比均质岩体监测断面分别高 85 kPa、142 kPa、34 kPa。在 200 m、400 m、600 m 埋深,地下水水头为 120 m 条件下,断层监测断面渗压比均质岩体监测断面分别高 97 kPa、249 kPa、164 kPa。在 200 m、400 m、600 m 埋深,地下水水头为 160 m 条件下,断层监测断面渗压比均质岩体监测断面分别高 151 kPa、266 kPa、195 kPa。可以发现围压的升高对于断层与均质岩体渗压影响较小,渗压差值差距不大,高渗压条件下断层渗压显著升高,而均质围岩渗压升高幅度相对较小。

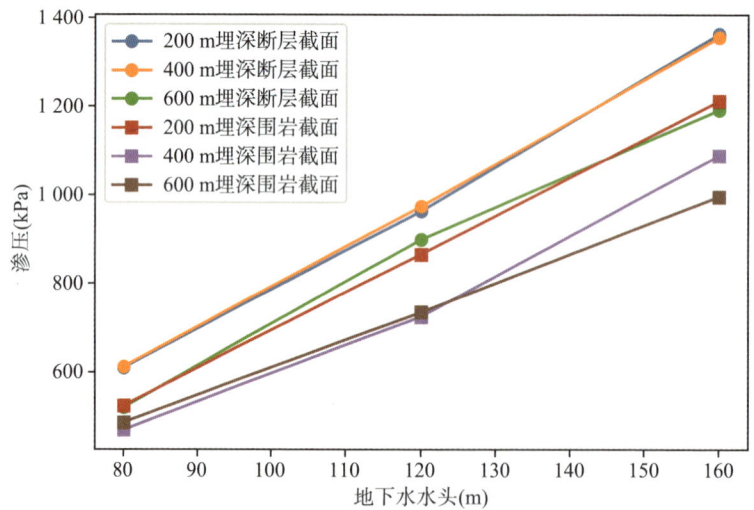

图 6.3.19 不排水工况条件下拱腰(L3)测点断层均质岩体渗压对比图

不排水工况条件下拱肩(L4)测点断层均质岩体渗压对比图如图 6.3.20 所示。由图可知,在 400 m 埋深,地下水水头为 80 m、120 m、160 m 条件下,断层监测断面渗压比均质岩体监测断面分别高 83 kPa、120 kPa、159 kPa。在 200 m、400 m、600 m 埋深,地下水水头为 80 m 条件下,断层监测断面渗压比均质岩体监测断面分别高 60 kPa、83 kPa、21 kPa。在 200 m、400 m、600 m 埋深,地下水水头为 120 m 条件下,断层监测断面渗压比均质岩体监测断面分别高 86 kPa、120 kPa、119 kPa。在 200 m、400 m、600 m 埋深,地下水水头为 160 m 条件下,断层监测断面渗压比均质岩体监测断面分别高 99 kPa、159 kPa、272 kPa。可以发现围压的升高对于断层与均质岩体渗压差值影响较小,渗压差值差距不大,高渗压条件下断层渗压显著升高,而均质围岩渗压升高幅度相对较小。

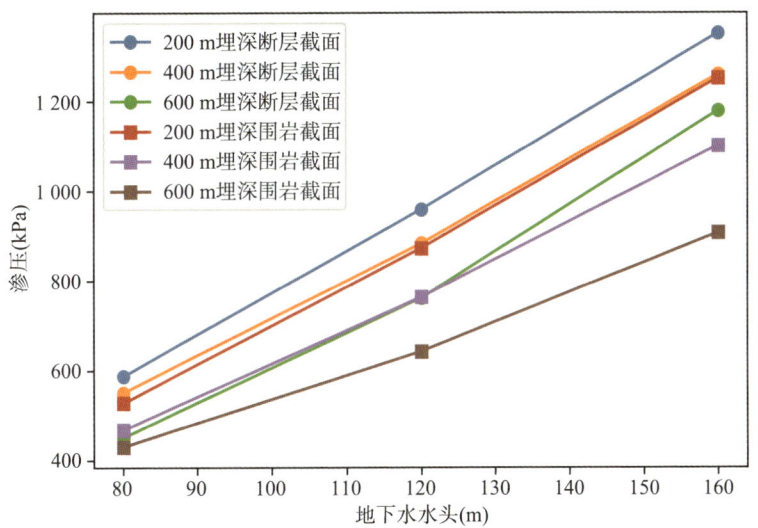

图 6.3.20　不排水工况条件下拱肩(L4)测点断层均质岩体渗压对比图

不排水工况条件下拱顶(L5)测点断层均质岩体渗压对比图如图 6.3.21 所示。由图可知,在 400 m 埋深,地下水水头为 80 m、120 m、160 m 条件下,断层监测断面渗压比均质岩体监测断面分别高 80 kPa、119 kPa、158 kPa。在 200 m、400 m、600 m 埋深,地下水水头为 80 m 条件下,断层监测断面渗压比均质岩体监测断面分别高 83 kPa、80 kPa、49 kPa。在 200 m、400 m、600 m 埋深,地下水水头为 120 m 条件下,断层监测断面渗压比均质岩体监测断面分别高 122 kPa、119 kPa、196 kPa。在 200 m、400 m、600 m 埋深,地下水水头为 160 m 条件下,断层监测断面渗压比均质岩体监测断面分别高 160 kPa、158 kPa、365 kPa。可以发现围压的升高对于断层与均质岩体渗压差值影响较小,渗压差值差距不大,高渗压条件下断层渗压显著升高,而均质围岩渗压升高幅度相对较小。

排水工况条件下拱底(L1)测点断层均质岩体渗压对比图如图 6.3.22 所

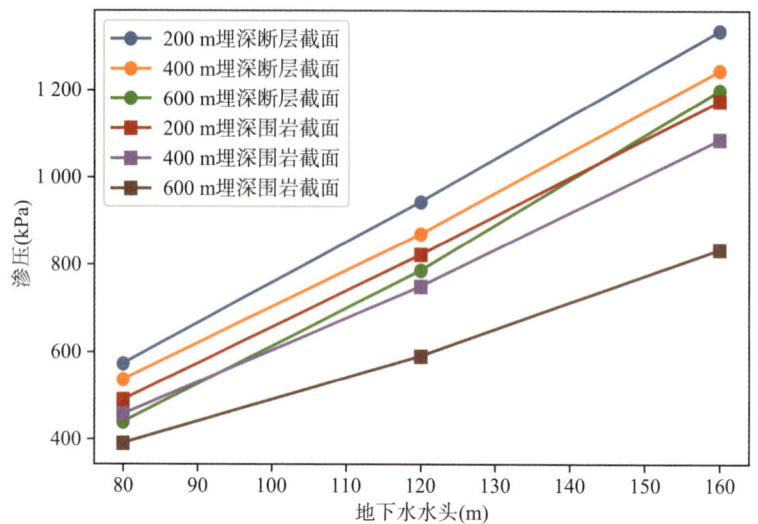

图 6.3.21　不排水工况条件下拱顶(L5)测点断层均质岩体渗压对比图

示。由图可知,在 400 m 埋深,地下水水头为 80 m、120 m、160 m 条件下,断层监测断面渗压比均质岩体监测断面分别高 128 kPa、175 kPa、267 kPa。在 200 m、400 m、600 m 埋深,地下水水头为 80 m 条件下,断层监测断面渗压比均质岩体监测断面分别高 77 kPa、128 kPa、89 kPa。在 200 m、400 m、600 m

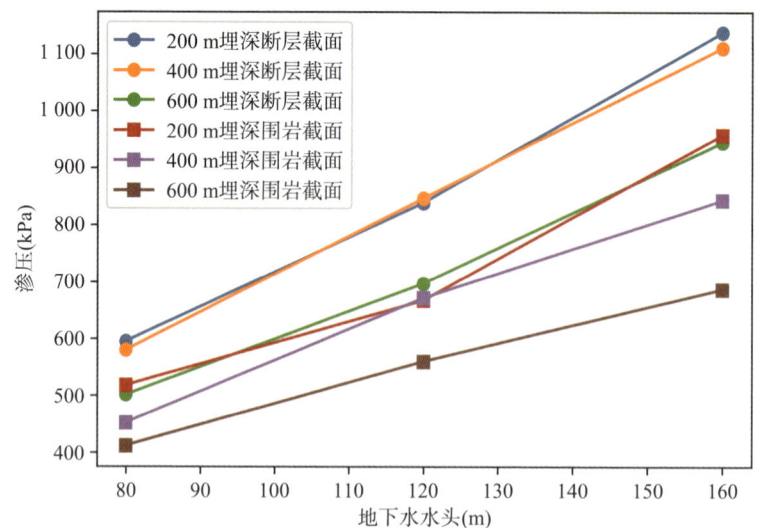

图 6.3.22　排水工况条件下拱底(L1)测点断层均质岩体渗压对比图

埋深,地下水水头为 120 m 条件下,断层监测断面渗压比均质岩体监测断面分别高 172 kPa、175 kPa、137 kPa。在 200 m、400 m、600 m 埋深,地下水水头为 160 m 条件下,断层监测断面渗压比均质岩体监测断面分别高 179 kPa、267 kPa、258 kPa。可以发现围压的升高对于断层与均质岩体渗压差值影响较小,渗压差值差距不大,高渗压条件下断层渗压显著升高,而均质围岩渗压升高幅度相对较小。

排水工况条件下拱脚(L2)测点断层均质岩体渗压对比图如图 6.3.23 所示。由图可知,在 400 m 埋深,地下水水头为 80 m、120 m、160 m 条件下,断层监测断面渗压比均质岩体监测断面分别高 250 kPa、256 kPa、386 kPa。在 200 m、400 m、600 m 埋深,地下水水头为 80 m 条件下,断层监测断面渗压比均质岩体监测断面分别高 129 kPa、250 kPa、83 kPa。在 200 m、400 m、600 m 埋深,地下水水头为 120 m 条件下,断层监测断面渗压比均质岩体监测断面分别高 261 kPa、256 kPa、136 kPa。在 200 m、400 m、600 m 埋深,地下水水头为 160 m 条件下,断层监测断面渗压比均质岩体监测断面分别高 278 kPa、386 kPa、247 kPa。可以发现围压的升高对于断层与均质岩体渗压差值影响较小,渗压差值差距不大,高渗压条件下断层渗压显著升高,而均质围岩渗压升高幅度相对较小。

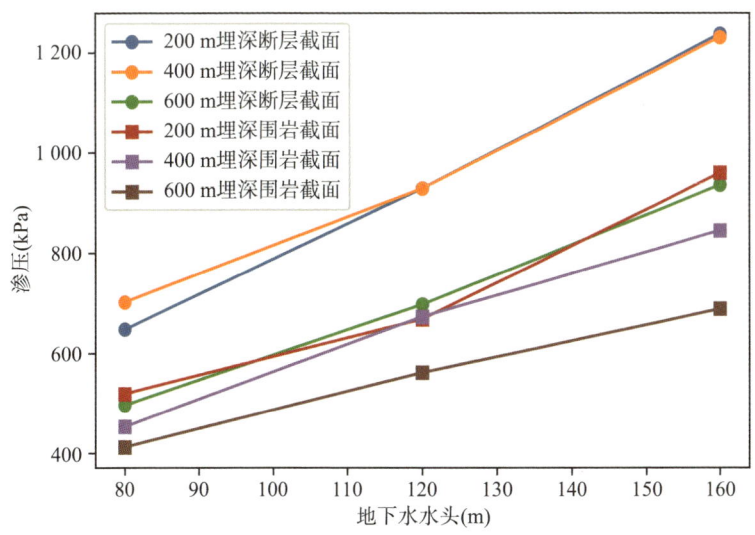

图 6.3.23　排水工况条件下拱脚(L2)测点断层均质岩体渗压对比图

排水工况条件下拱腰(L3)测点断层均质岩体渗压对比图如图 6.3.24 所示。由图可知,在 400 m 埋深,地下水水头为 80 m、120 m、160 m 条件下,断层监测断面渗压比均质岩体监测断面分别高 108 kPa、163 kPa、232 kPa。在 200 m、400 m、600 m 埋深,地下水水头为 80 m 条件下,断层监测断面渗压比均质岩体监测断面分别高 94 kPa、108 kPa、-36 kPa。在 200 m、400 m、600 m 埋深,地下水水头为 120 m 条件下,断层监测断面渗压比均质岩体监测断面分别高 174 kPa、163 kPa、-4 kPa。在 200 m、400 m、600 m 埋深,地下水水头为 160 m 条件下,断层监测断面渗压比均质岩体监测断面分别高 211 kPa、232 kPa、20 kPa。可以发现围压的升高对于断层与均质岩体渗压差值影响较小,渗压差值差距不大,高渗压条件下断层渗压显著升高,而均质围岩渗压升高幅度相对较小。

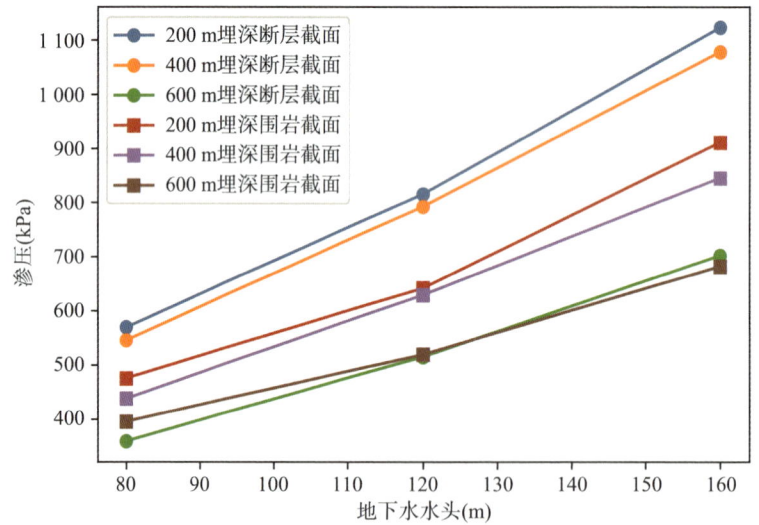

图 6.3.24　排水工况条件下拱腰(L3)测点断层均质岩体渗压对比图

排水工况条件下拱肩(L4)测点断层均质岩体渗压对比图如图 6.3.25 所示。由图可知,在 400 m 埋深,地下水水头为 80 m、120 m、160 m 条件下,断层监测断面渗压比均质岩体监测断面分别高 105 kPa、172 kPa、242 kPa。在 200 m、400 m、600 m 埋深,地下水水头为 80 m 条件下,断层监测断面渗压比均质岩体监测断面分别高 80 kPa、105 kPa、59 kPa。在 200 m、400 m、600 m 埋深,地下水水头为 120 m 条件下,断层监测断面渗压比均质岩体监测断面分别高 133 kPa、172 kPa、97 kPa。在 200 m、400 m、600 m 埋深,地下水水头为 160 m 条件下,断层监测断面渗压比均质岩体监测断面分别高 182 kPa、242 kPa、185 kPa。可以发现围压的升高对于断层与均质岩体渗压差值影响较小,渗压差值差距不大,高渗压条件下断层渗压显著升高,而均质围岩渗压升高幅度相对较小。

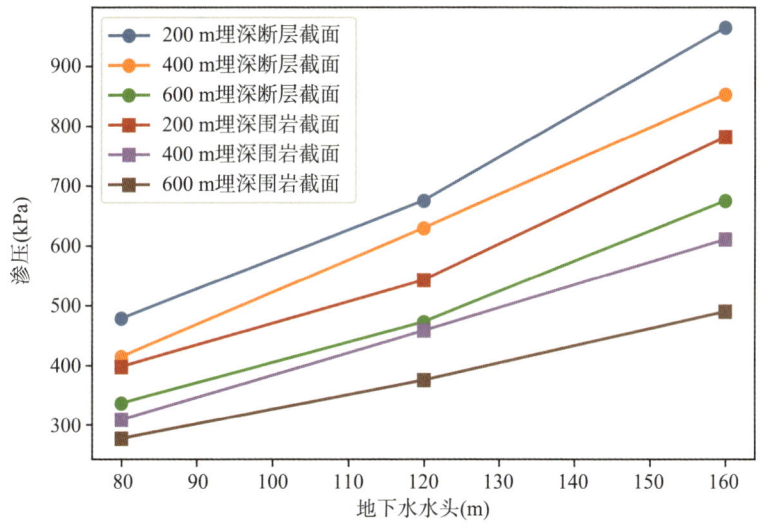

图 6.3.25　排水工况条件下拱肩(L4)测点断层均质岩体渗压对比图

排水工况条件下拱顶(L5)测点断层均质岩体渗压对比图如图 6.3.26 所示。由图可知,在 400 m 埋深,地下水水头为 80 m、120 m、160 m 条件下,断层监测断面渗压比均质岩体监测断面分别高 129 kPa、217 kPa、279 kPa。在 200 m、400 m、600 m 埋深,地下水水头为 80 m 条件下,断层监测断面渗压比均质岩体监测断面分别高 140 kPa、129 kPa、82 kPa。在 200 m、400 m、600 m 埋深,地下水水头为 120 m 条件下,断层监测断面渗压比均质岩体监测断面分别高 220 kPa、217 kPa、137 kPa。在 200 m、400 m、600 m 埋深,地下水水头为 160 m 条件下,断层监测断面渗压比均质岩体监测断面分别高 302 kPa、279 kPa、232 kPa。可以发现围压的升高对于断层与均质岩体渗压差值影响较小,渗压差值差距不大,高渗压条件下断层渗压显著升高,而均质围岩渗压升高幅度相对较小。

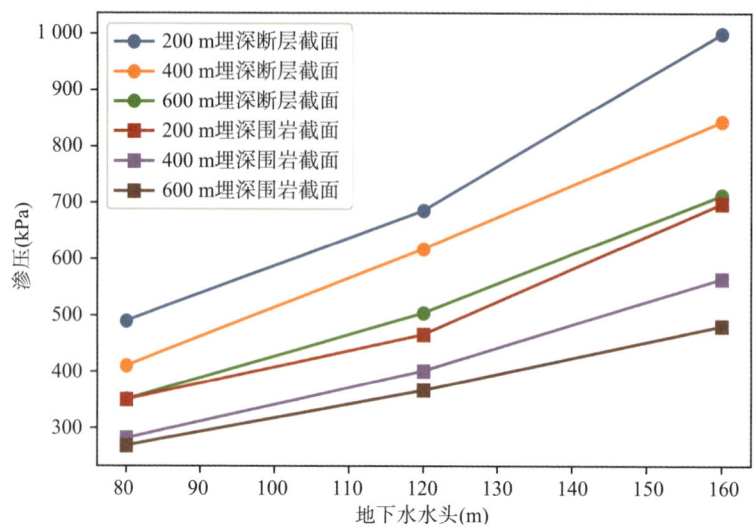

图 6.3.26　排水工况条件下拱顶(L5)测点断层均质岩体渗压对比图

6.3.4　折减系数取值

根据试验测得的测点渗压计算隧洞外水压力折减系数,不同位置折减系数如表 6.3.1～表 6.3.6 所示。

表 6.3.1　200 m 埋深不排水工况下断层各监测点外水压力折减系数

地下水水头	80 m	120 m	160 m
拱底(L1)	0.79	0.85	0.88
拱脚(L2)	0.83	0.89	0.92
拱腰(L3)	0.77	0.80	0.85
拱肩(L4)	0.77	0.83	0.86
拱顶(L5)	0.77	0.82	0.86

表 6.3.2　200 m 埋深排水工况下断层各监测点外水压力折减系数

地下水水头	80 m	120 m	160 m
拱底(L1)	0.70	0.67	0.69
拱脚(L2)	0.76	0.74	0.75
拱腰(L3)	0.71	0.68	0.70

续表

地下水水头	80 m	120 m	160 m
拱肩(L4)	0.63	0.58	0.62
拱顶(L5)	0.66	0.60	0.65

表 6.3.3　400 m 埋深不排水工况下断层各监测点外水压力折减系数

地下水水头	80 m	120 m	160 m
拱底(L1)	0.75	0.78	0.82
拱脚(L2)	0.72	0.78	0.79
拱腰(L3)	0.77	0.81	0.85
拱肩(L4)	0.72	0.76	0.81
拱顶(L5)	0.72	0.76	0.81

表 6.3.4　400 m 埋深排水工况下断层各监测点外水压力折减系数

地下水水头	80 m	120 m	160 m
拱底(L1)	0.68	0.68	0.67
拱脚(L2)	0.83	0.74	0.75
拱腰(L3)	0.68	0.66	0.68
拱肩(L4)	0.54	0.54	0.55
拱顶(L5)	0.55	0.54	0.55

表 6.3.5　600 m 埋深不排水工况下断层各监测点外水压力折减系数

地下水水头	80 m	120 m	160 m
拱底(L1)	0.68	0.76	0.77
拱脚(L2)	0.68	0.78	0.77
拱腰(L3)	0.65	0.75	0.75
拱肩(L4)	0.59	0.66	0.75
拱顶(L5)	0.59	0.69	0.78

表 6.3.6　600 m 埋深排水工况下断层各监测点外水压力折减系数

地下水水头	80 m	120 m	160 m
拱底(L1)	0.59	0.56	0.57

续表

地下水水头	80 m	120 m	160 m
拱脚(L2)	0.58	0.56	0.57
拱腰(L3)	0.45	0.43	0.44
拱肩(L4)	0.44	0.41	0.43
拱顶(L5)	0.47	0.44	0.46

由表中可以看出，不同埋深断层监测断面外水压力折减系数在无排水措施情况下为 0.59~0.92，无排水措施隧洞外水压力折减系数在不同部位差异较小；排水措施可有效降低隧洞拱肩以上部位的外水压力，断层外水压力折减系数降低 0.11~0.32；水工隧洞受高地应力影响，岩石及灌浆圈渗透系数较低，相同排水条件下 600 m 埋深隧洞外水压力折减系数约为 200 m 埋深隧洞的 80%。

6.3.5 排水量

对排水工况排水量进行收集，以上试验过程中排水量以 2 min 为采集周期，在连续 3 次测得的排水量无明显变化后隧洞渗流场基本稳定，方可采集衬砌水压力、衬砌位移数据。试验依照渗流量相似比推算现场单天排水量数据如表 6.3.7 所示。隧洞排水量随水头增加而增大，随着埋深增加，隧洞排水量明显降低。

表 6.3.7　含断层模型试验排水工况排水量(m^3/d)

外水水头(m)	埋深(m)		
	200	400	600
80	2 800	2 150	2 000
120	4 200	3 900	2 850
160	5 000	4 950	4 486

6.4　小结

本章针对隧洞穿越岩体不连续面、断层破碎带过程中外水压力作用规律复杂问题，建立含竖直断层岩体高外水压力作用物理模型，针对不同埋深、不同外水压力水头,并结合不同衬砌排水方案,开展了含竖直断层隧洞围岩-灌浆圈-衬砌互馈作用机理研究,结合模型试验监测数据绘制渗压分布云图,基于衬砌是否排水探讨不同埋深、不同外水压力条件下,隧洞含竖直断层断面不同部位渗压分布规律,小结如下:

1. 不排水工况下,隧洞围岩渗压分布规律接近原始渗流场,围岩各点处渗压接近初始水头,灌浆圈内渗压微弱降低,灌浆圈并未起到明显降低外水压力的作用;排水工况下,围岩中渗压分布规律变化不明显,灌浆圈内渗压降低明显,说明灌浆圈承担了大部分外水压力,衬砌周围排水孔位置渗压降低最为显著。随着埋深增大,衬砌周围外水压力折减系数有降低的趋势,说明在高地应力条件下围岩孔隙被压缩,围岩较低的渗透系数将会降低外水压力。

2. 不同埋深竖直断层监测断面外水压力折减系数在无排水措施情况下为 $0.59\sim0.92$,无排水措施隧洞外水压力折减系数在不同部位差异较小;排水措施可有效降低隧洞拱肩以上部位的外水压力,各测点外水压力折减系数降低 $0.11\sim0.32$。

3. 对比均质围岩断面渗压大小,埋深的增加对二者渗压差距影响较小,而在高渗压条件下有竖直断层分布情况下各处渗压显著升高,而均质围岩渗压升高幅度相对较小,说明高渗压环境隧洞过断层将会对衬砌外水压力产生明显提高的效果,平均提高 27.6%,折减系数相应提高。

第 7 章

倾斜断层分布隧洞高外水压力物理模型试验

基于滇中引水工程昆明段松林隧洞实际工程案例，为探究不连续面分布时围岩-灌浆圈-衬砌复合系统高外水压力作用机理，开展了含倾斜断层分布隧洞高外水压力物理模型试验。根据松林隧洞工程实际工程地质条件，物理模型试验分别模拟了单一倾斜断层分布和交叉倾斜断层分布工况，试验成果可为工程实际提供理论支撑。

7.1 松林隧洞 Fv-163 断层高外水压力作用物理模型试验

7.1.1 试验设计和监测系统布置

为研究松林隧洞围岩体中存在倾斜断层工况下围岩-灌浆圈-衬砌复合体系外水压力作用机理，物理模型试验选取松林隧洞 Fv-163 断层附近洞段进行分析，松林隧洞倾斜断层工况模型如图 7.1.1 所示。由于试验模拟工况为非对称模型，因此在模型两侧均进行渗压传感器布置，该工况监测点布置如图 7.1.2 所示。

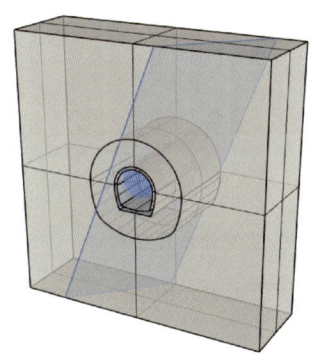 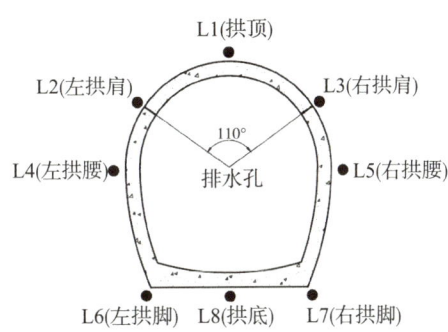

图 7.1.1 松林隧洞 Fv-163 断层模型示意图　　图 7.1.2 倾斜断层工况下监测点布置图

7.1.2 物理模型试验结果

7.1.2.1 隧洞埋深影响

水工隧洞围岩存在倾斜断层工况下不同地下水位衬砌各部位外水压力如图 7.1.3 所示。由图 7.1.3 可以看出，围岩存在倾斜断层工况下衬砌最大外水压力位于拱底，右拱肩由于断层分布的影响，外水压力与左拱肩相比显著增大，右拱肩处外水压力略小于拱底处外水压力;拱腰与拱脚未受断层分布影响,左右两侧外水压力大小较为相近;拱顶处外水压力距离断层带较近,外水压力有所提高。

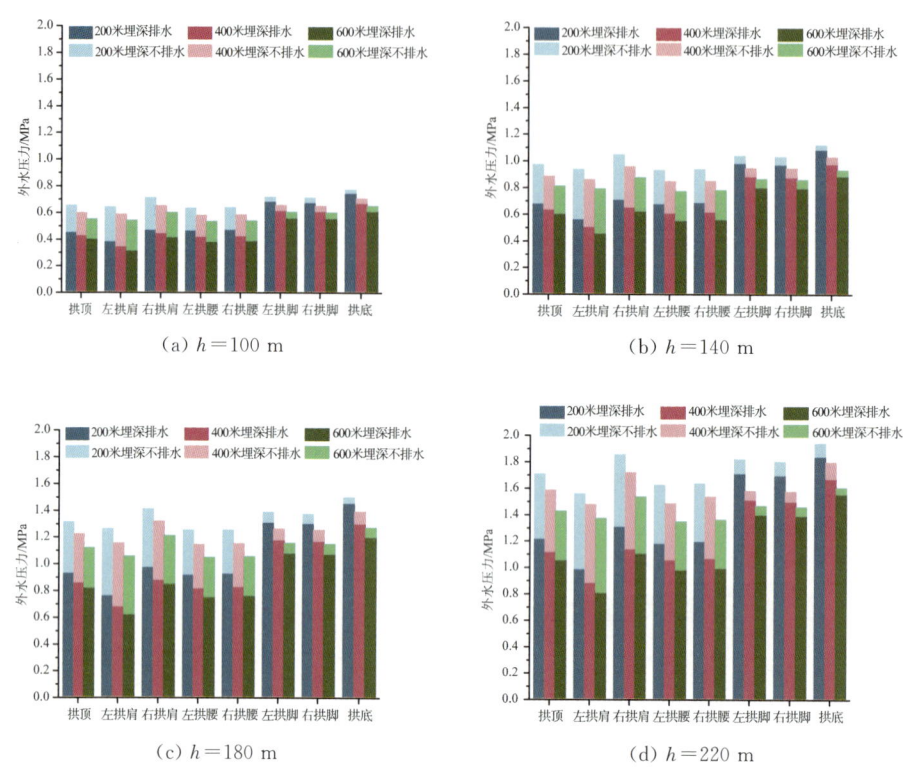

图 7.1.3　不同地下水位工况衬砌各部位外水压力

以该工况最不利点外水压力为例,即拱底处,为 L5 测点。当不设排水孔时,在地下水位为 100、140、180、220 m 工况下,L5 测点渗压在 400 m 埋深时比在 200 m 埋深时分别降低 65.1、89.9、107.3、141.8 kPa,降低了 8.45%、8.04%、7.16%、7.32%,L5 测点渗压在 600 m 埋深时比在 400 m 埋深时分别降低 54.6、97.2、118.4、191.3 kPa,降低了 7.74%、9.45%、8.51%、10.65%。可见,随着隧洞埋深的增大,拱底处外水压力呈现降低趋势,且在衬砌不排水情况下,隧洞埋深由 200 m 增大到 600 m 时,拱底处外水压力降低速度逐渐加快。当隧洞埋深由 200 m 增大到 400 m 时,随着地下水位的升高,拱底处外水压力降低幅度呈现下降趋势,当隧洞埋深由 400 m 增大到 600 m 时,随着地下水位的升高,拱底处外水压力降低幅度呈现上升趋势。

当设置排水孔时,在地下水位100、140、180、220 m工况下,L5测点渗压在400 m埋深时比在200 m埋深时分别降低74.6、108.8、153.6、168.8 kPa,降低了9.99%、10.01%、10.55%、9.17%,L5测点渗压在600 m埋深时比在400 m埋深时分别降低59.9、89.9、101.8、114.8 kPa,降低了8.91%、9.20%、7.81%、6.86%。可见,在衬砌排水情况下,隧洞埋深由200 m增大到400 m时,拱底处外水压力降低效率比不排水情况要高1.54%~3.39%。

7.1.2.2 地下水位影响

根据试验结果,不同隧洞埋深情况下衬砌外水压力包络图如图7.1.4所示。

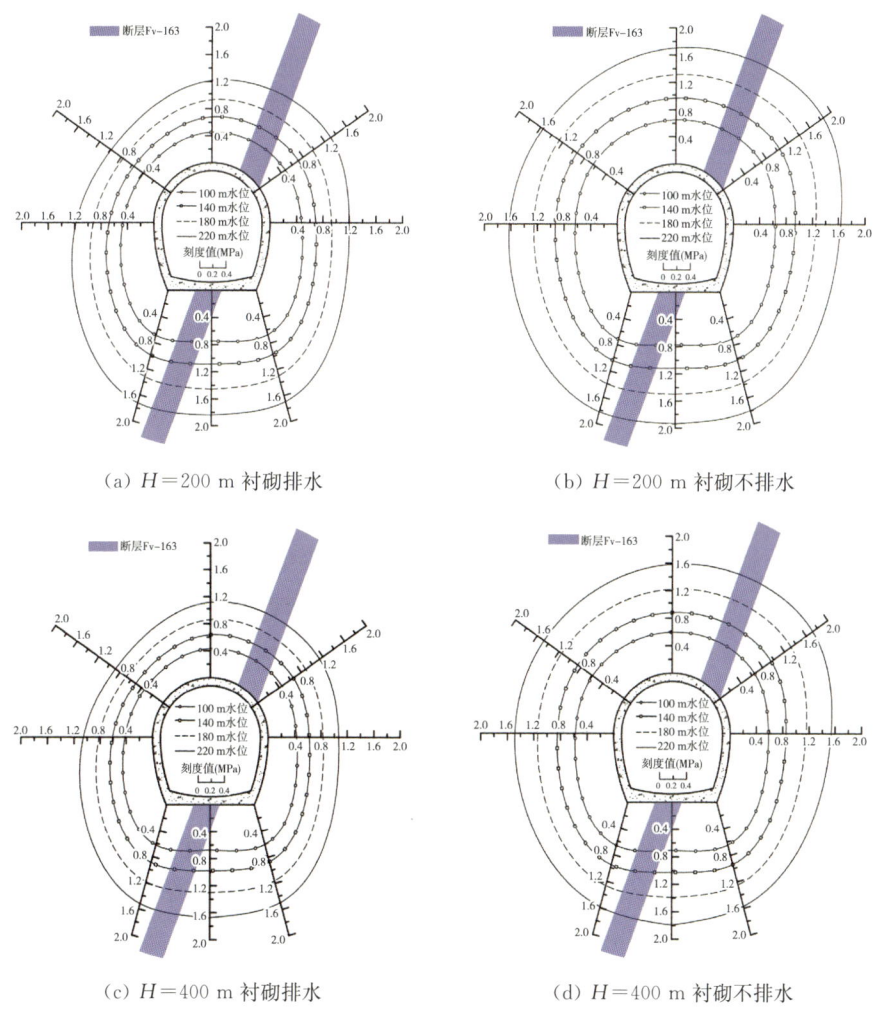

(a) H=200 m 衬砌排水   (b) H=200 m 衬砌不排水

(c) H=400 m 衬砌排水   (d) H=400 m 衬砌不排水

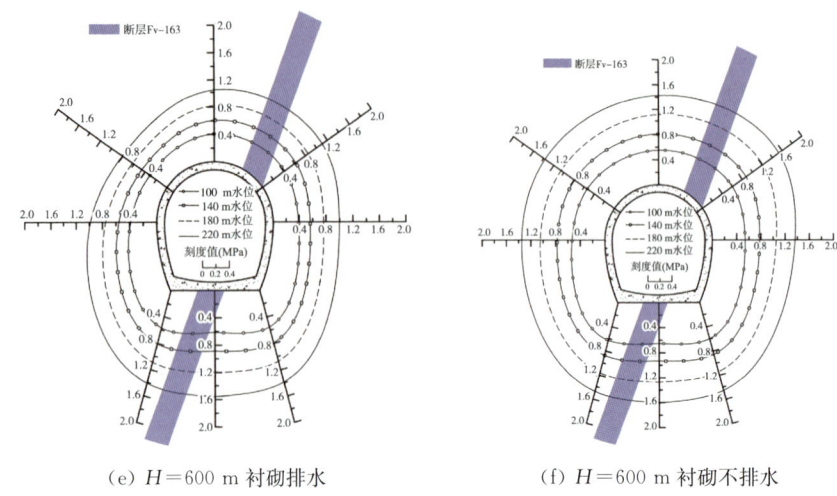

(e) $H=600$ m 衬砌排水　　(f) $H=600$ m 衬砌不排水

图 7.1.4　不同隧洞埋深工况衬砌外水压力包络图(单位：MPa)

由图 7.1.4 可知,随着地下水位的升高,衬砌全环外水压力逐渐增大。在隧洞围岩存在倾斜断层工况下,由于 Fv-163 断层在监测断面处穿过隧洞衬砌的右拱肩与拱底位置,因此衬砌外水压力在右拱肩与拱底处最大,外水压力包络图的右上部分与下部位置较为凸出。当衬砌在拱肩处设置排水孔时,左拱肩由于距离 Fv-163 断层较远,不受其影响,排水孔降压效果明显,该处外水压力显著下降,右拱肩因穿越断层,降压效果受到削弱。

当衬砌不排水时,在隧洞埋深分别为 200、400、600 m 工况下,地下水位由 100 m 增大到 140 m 时,衬砌全环外水压力增长量均值分别为 316.8、288.5、258.0 kPa,地下水位由 140 m 增大到 180 m 时,衬砌全环外水压力增长量均值分别为 342.9、322.5、297.3 kPa,地下水位由 180 m 增大到 220 m 时,衬砌全环外水压力增长量均值分别为 398.1、357.5、314.5 kPa。

当衬砌排水时,在隧洞埋深分别为 200、400、600 m 工况下,地下水位由 100 m 增大到 140 m 时,衬砌全环外水压力增长量均值分别为 251.1、224.6、206.6 kPa,地下水位由 140 m 增大到 180 m 时,衬砌全环外水压力增长量均值分别为 278.5、244.7、234.8 kPa,地下水位由 180 m 增大到 220 m 时,衬砌全环外水压力增长量均值分别为 318.5、279.0、266.1 kPa。

在隧洞围岩存在倾斜断层工况下,地下水位由 100 m 升高到 220 m 的过程中,衬砌外水压力增长速度逐渐加快,随着隧洞埋深的增大,衬砌全环外水压力增长速度减小。衬砌不排水时的全环外水压力增长量高于衬砌排水时的外水压力增长量,且增长速度更快,在一定程度上体现了在高地下水位工况下隧洞工程设置排水措施的必要性。

7.1.2.3 衬砌排水条件影响

将隧洞围岩存在 Fv-163 断层工况物理模型试验中衬砌排水与不排水两种情况下的监测数据进行对比,讨论衬砌排水后各部位外水压力变化规律,如表 7.1.1 所示。由表 7.1.1 可知,设置排水孔后,衬砌全环外水压力均有所降低,但是各部位降低幅度有较大差别,距离排水孔最近的拱肩部位降低幅度最大,左拱肩处各工况外水压力变化率在 36.6%～42.1%,右拱肩由于 Fv-163 断层分布的影响,排水孔减压效果受到削弱,右拱肩处各工况外水压力变化率在 27.9%～33.7%,约为左拱肩的 67.9%～84.4%;其次是拱顶处外水压力降低幅度较大,各工况变化率在 25.3%～30.4%;拱腰处受 Fv-163 断层分布影响不大,左右两侧未有明显差异,右拱腰处外水压力降低幅度较左拱腰处略小,拱腰处外水压力各工况变化率在 25.7%～28.7%;拱脚和拱底处距离排水孔最远,外水压力降低幅度很小,拱脚受 Fv-163 断层分布影响不大,左右两侧未有明显差异,拱脚处外水压力各工况变化率在 4.4%～7.3%;拱底为 Fv-163 断层分布重点影响部位,且距离拱肩处的排水孔较远,该处外水压力降低幅度最小,各工况变化率在 2.8%～6.9%。

表 7.1.1　衬砌排水后各部位外水压力变化率

埋深/m	地下水位/m	拱顶(L1)	左拱肩(L2)	右拱肩(L3)	左拱腰(L4)	右拱腰(L5)	左拱脚(L6)	右拱脚(L7)	拱底(L8)
200	100	−30.4	−39.8	−33.6	−26.1	−25.7	−4.4	−4.9	−3.1
	140	−29.8	−39.8	−32.0	−27.0	−26.5	−5.2	−5.5	−2.9
	180	−29.0	−39.3	−30.8	−26.5	−25.8	−5.5	−5.0	−2.8
	220	−28.7	−36.6	−29.3	−27.2	−26.8	−5.8	−5.7	−5.0
400	100	−27.9	−40.7	−31.2	−27.3	−26.8	−5.9	−6.1	−4.8
	140	−28.0	−40.9	−31.7	−27.9	−27.1	−6.4	−7.1	−4.9
	180	−29.5	−40.8	−33.3	−28.3	−27.9	−6.5	−6.6	−6.4
	220	−29.5	−40.1	−33.7	−28.7	−30.4	−4.1	−4.7	−6.9

续表

埋深 /m	地下水位 /m	衬砌排水后外水压力变化率/%							
		拱顶 (L1)	左拱肩 (L2)	右拱肩 (L3)	左拱腰 (L4)	右拱腰 (L5)	左拱脚 (L6)	右拱脚 (L7)	拱底 (L8)
600	100	−26.6	−42.0	−30.5	−28.1	−27.7	−7.1	−7.2	−6.0
	140	−25.3	−42.1	−28.7	−28.3	−27.8	−7.2	−7.3	−4.7
	180	−26.5	−40.9	−29.6	−28.2	−27.5	−6.4	−6.5	−5.7
	220	−26.1	−41.1	−27.9	−27.2	−27.0	−4.4	−4.5	−2.9

设置排水孔可有效降低衬砌拱肩附近部位的外水压力，外水压力降幅大约在25%~40%，对距离排水孔较远的部位影响程度十分有限，外水压力降幅一般不足10%。另外，当隧洞围岩存在单一断层分布时，受断层影响的衬砌部位的外水压力降低效果受到一定削弱，在实际工程中可以根据隧洞围岩条件，合理选择排水孔布置方案，将排水孔排水效率最大化，更好地发挥排水减压作用。

7.1.2.4 外水压力折减系数讨论

通过分析表7.1.2、表7.1.3和表7.1.4中数据，可发现当衬砌不排水时，各监测点外水压力折减系数较大，根据前文对隧洞埋深、地下水位、衬砌排水条件等因素对衬砌外水压力影响的讨论，可知在衬砌不排水条件下，200 m 埋深220 m 地下水位工况的外水压力折减系数最大，各监测点折减系数在0.715~0.861，最不利点为衬砌拱底（Fv-163 断层通过处），该处外水压力折减系数最大，为0.861。

当衬砌不排水时，400 m 埋深外水压力折减系数约为200 m 埋深外水压力折减系数的91.6%，600 m 埋深外水压力折减系数约为200 m 埋深外水压力折减系数的83.8%。在相同排水条件下，400 m 埋深外水压力折减系数约为200 m 埋深外水压力折减系数的90.1%，600 m 埋深外水压力折减系数约为200 m 埋深外水压力折减系数的83.4%。

当衬砌不排水时，220 m 地下水位外水压力折减系数约为100 m 地下水位外水压力折减系数的1.157倍；当衬砌排水时，220 m 地下水位外水压力折减系数约为100 m 地下水位外水压力折减系数的1.163倍。

由 Fv-163 断层分布特点可知，该断层主要穿越部位为衬砌右拱肩与拱底处，其次衬砌拱顶距离断层较近，这三处离断层较近，外水压力较高。在不排水情况下，右拱肩处外水压力折减系数在0.613~0.851，拱底处外水压力折减系数在 0.620~0.861,拱顶处外水压力折减系数在 0.576~0.791;在排水情况下,右拱肩处外水压力折减系数在 0.426~0.602,拱底处外水压力折减系数在 0.583~0.818,拱顶处外水压力折减系数在 0.423~0.564。

表 7.1.2　隧洞埋深 200 m 工况下衬砌各监测点外水压力折减系数

地下水位/m	100 不排水	100 排水	140 不排水	140 排水	180 不排水	180 排水	220 不排水	220 排水
拱顶(L1)	0.682	0.475	0.715	0.502	0.748	0.531	0.791	0.564
左拱肩(L2)	0.655	0.394	0.679	0.409	0.709	0.430	0.715	0.453
右拱肩(L3)	0.726	0.482	0.759	0.516	0.793	0.549	0.851	0.602
左拱腰(L4)	0.632	0.467	0.664	0.485	0.695	0.511	0.738	0.537
右拱腰(L5)	0.637	0.473	0.669	0.492	0.695	0.516	0.743	0.544
左拱脚(L6)	0.681	0.651	0.715	0.678	0.750	0.709	0.808	0.761
右拱脚(L7)	0.676	0.643	0.710	0.671	0.742	0.705	0.800	0.754
拱底(L8)	0.734	0.711	0.771	0.749	0.810	0.787	0.861	0.818

表 7.1.3　隧洞埋深 400 m 工况下衬砌各监测点外水压力折减系数

地下水位/m	100 不排水	100 排水	140 不排水	140 排水	180 不排水	180 排水	220 不排水	220 排水
拱顶(L1)	0.624	0.450	0.651	0.469	0.695	0.490	0.735	0.518
左拱肩(L2)	0.599	0.355	0.623	0.368	0.649	0.384	0.678	0.406
右拱肩(L3)	0.664	0.457	0.694	0.474	0.742	0.495	0.789	0.523
左拱腰(L4)	0.578	0.420	0.605	0.436	0.635	0.455	0.675	0.481
右拱腰(L5)	0.583	0.426	0.606	0.442	0.639	0.461	0.698	0.486
左拱脚(L6)	0.623	0.586	0.652	0.610	0.681	0.637	0.702	0.673
右拱脚(L7)	0.619	0.581	0.651	0.605	0.677	0.632	0.700	0.667
拱底(L8)	0.672	0.640	0.709	0.674	0.752	0.704	0.798	0.743

表 7.1.4　隧洞埋深 600 m 工况下衬砌各监测点外水压力折减系数

地下水位/m	100 不排水	100 排水	140 不排水	140 排水	180 不排水	180 排水	220 不排水	220 排水
拱顶(L1)	0.576	0.423	0.597	0.446	0.637	0.468	0.662	0.489

第 7 章　倾斜断层分布隧洞高外水压力物理模型试验

续表

地下水位/m	100 不排水	100 排水	140 不排水	140 排水	180 不排水	180 排水	220 不排水	220 排水
左拱肩(L2)	0.553	0.321	0.573	0.332	0.594	0.351	0.630	0.371
右拱肩(L3)	0.613	0.426	0.635	0.453	0.680	0.479	0.705	0.508
左拱腰(L4)	0.533	0.383	0.552	0.396	0.582	0.418	0.613	0.446
右拱腰(L5)	0.538	0.389	0.557	0.402	0.585	0.424	0.619	0.452
左拱脚(L6)	0.575	0.534	0.596	0.553	0.624	0.584	0.652	0.623
右拱脚(L7)	0.571	0.530	0.592	0.549	0.620	0.580	0.648	0.619
拱底(L8)	0.620	0.583	0.642	0.612	0.688	0.649	0.713	0.692

7.2 松林隧洞交叉倾斜断层高外水压力作用物理模型试验

7.2.1 试验设计和监测系统布置

为研究松林隧洞围岩体中存在复杂断层分布情况下围岩-灌浆圈-衬砌复合体系外水压力作用机理，物理模型试验选取松林隧洞 T_{SLT} - 005 与 T_{SLT} - 006 交叉断层附近洞段进行分析，松林隧洞交叉断层模型如图 7.2.1 所示。由于试验模拟工况为非对称模型，因此在模型两侧均进行渗压传感器布置，该工况监测点布置如图 7.2.2 所示。

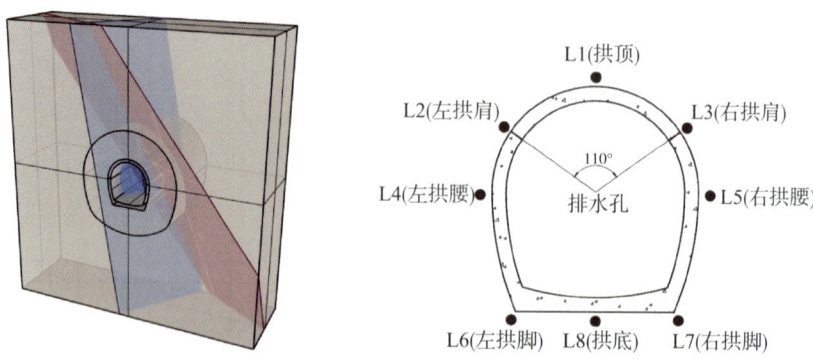

图 7.2.1　松林隧洞 T_{SLT} - 005 与 T_{SLT} - 006 交叉断层模型示意图　　图 7.2.2　交叉断层工况下监测点布置图

7.2.2 物理模型试验结果

7.2.2.1 隧洞埋深影响

交叉断层工况下不同地下水位衬砌各部位外水压力如图7.2.3所示。由图7.2.3可见,由于该模型交叉断层分布的影响,衬砌最大外水压力出现在拱底位置,其次是拱脚处外水压力较高,拱顶、左拱肩处受到断层的影响,外水压力有所提高。随着隧洞埋深增大,衬砌各部位外水压力逐渐降低,地下水位越高,衬砌外水压力降低幅度越明显。分析上述试验现象产生的原因:随着隧洞埋深的增大,围岩与固结灌浆圈受高地应力影响,自身的孔隙度与渗透性下降,对地下水渗流势能起到了更好的削弱作用,导致衬砌外水压力整体呈现降低趋势。当地下水位较低时,渗流势能本身较低,隧洞埋深大小对衬砌外水压力的影响并不能很好体现。

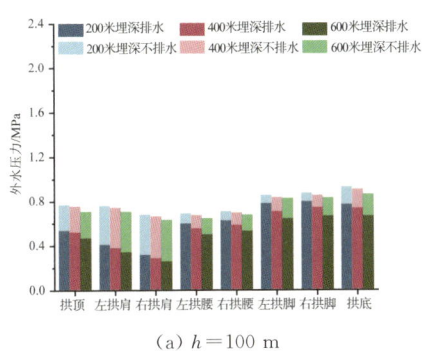
(a) $h=100$ m

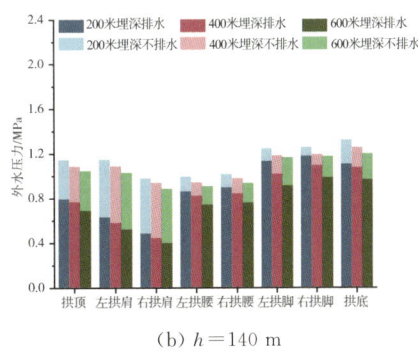
(b) $h=140$ m

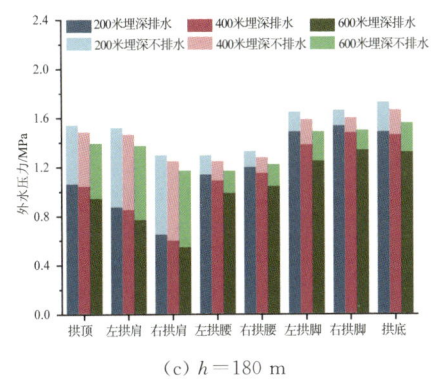
(c) $h=180$ m

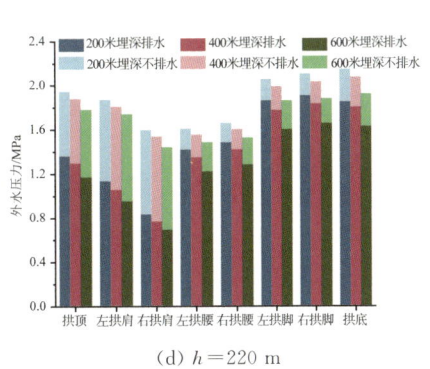
(d) $h=220$ m

图 7.2.3 不同地下水位工况衬砌各部位外水压力

以该工况最不利点外水压力为例,即拱底处,为 L5 测点。当不设排水孔时,在地下水位为 100、140、180、220 m 工况下,L5 测点渗压在 400 m 埋深时比在 200 m 埋深时分别降低 23.1、68.2、64.8、72.0 kPa,降低了 2.49%、5.15%、3.76%、3.35%,L5 测点渗压在 600 m 埋深时比在 400 m 埋深时分别降低 43.1、55.1、103.6、153.0 kPa,降低了 4.75%、4.39%、6.24%、7.38%。可见,随着隧洞埋深的增大,拱底处外水压力呈现降低趋势,且在衬砌不排水情况下,隧洞埋深由 200 m 增大到 600 m 时,拱底处外水压力降低速度逐渐加快。当隧洞埋深由 200 m 增大到 400 m 时,随着地下水位的升高,拱底处外水压力降低幅度大体呈现下降趋势,当隧洞埋深由 400 m 增大到 600 m 时,随着地下水位的升高,拱底处外水压力降低幅度大体呈现上升趋势。

当设置排水孔时,在地下水位 100、140、180、220 m 工况下,L5 测点渗压在 400 m 埋深时比在 200 m 埋深时分别降低 34.7、30.5、25.9、47.3 kPa,降低了 4.51%、2.75%、1.75%、2.56%,L5 测点渗压在 600 m 埋深时比在 400 m 埋深时分别降低 68.3、107.3、138.8、173.3 kPa,降低了 9.31%、9.97%、9.52%、9.61%。

7.2.2.2 地下水位影响

根据试验结果,不同隧洞埋深情况下衬砌外水压力包络图如图 7.2.4 所示。

由图 7.2.4 可知,随着地下水位的升高,衬砌全环外水压力逐渐增大。在隧洞围岩存在交叉断层工况下,由于 $T_{SLT}-005$ 与 $T_{SLT}-006$ 交叉断层在监测断面处穿过隧洞衬砌的左拱肩、拱顶、右拱腰与拱底位置,因此衬砌外水压力在这些部位较大,外水压力包络图的左上部分与右下部位较为凸出。当衬砌在拱肩处设置排水孔时,右拱肩由于距离交叉断层较远,不受其影响,排水孔降压效果明显,该处外水压力显著下降,左拱肩因穿越断层,降压效果受到削弱。

当衬砌不排水时,在隧洞埋深分别为 200、400、600 m 工况下,地下水位由 100 m 增大到 140 m 时,衬砌全环外水压力增长量均值分别为 356.5、318.7、307.4 kPa,地下水位由 140 m 增大到 180 m 时,衬砌全环外水压力增长量均值分别为 361.8、361.1、314.0 kPa,地下水位由 180 m 增大到 220 m 时,衬砌全环外水压力增长量均值分别为 372.4、364.0、346.8 kPa。可见,当地下水位由 100 m 增大到 220 m 时,衬砌外水压力增大速度逐渐加快,分析其原因:在地下水位逐渐增大时,水在渗流过程中冲散了试验模型体内的细小骨料,形成了较为连通发育的渗流通道,围岩防渗质量下降,灌浆圈的"堵水"作用被削弱,因此出现了渗压增速加快的情况。

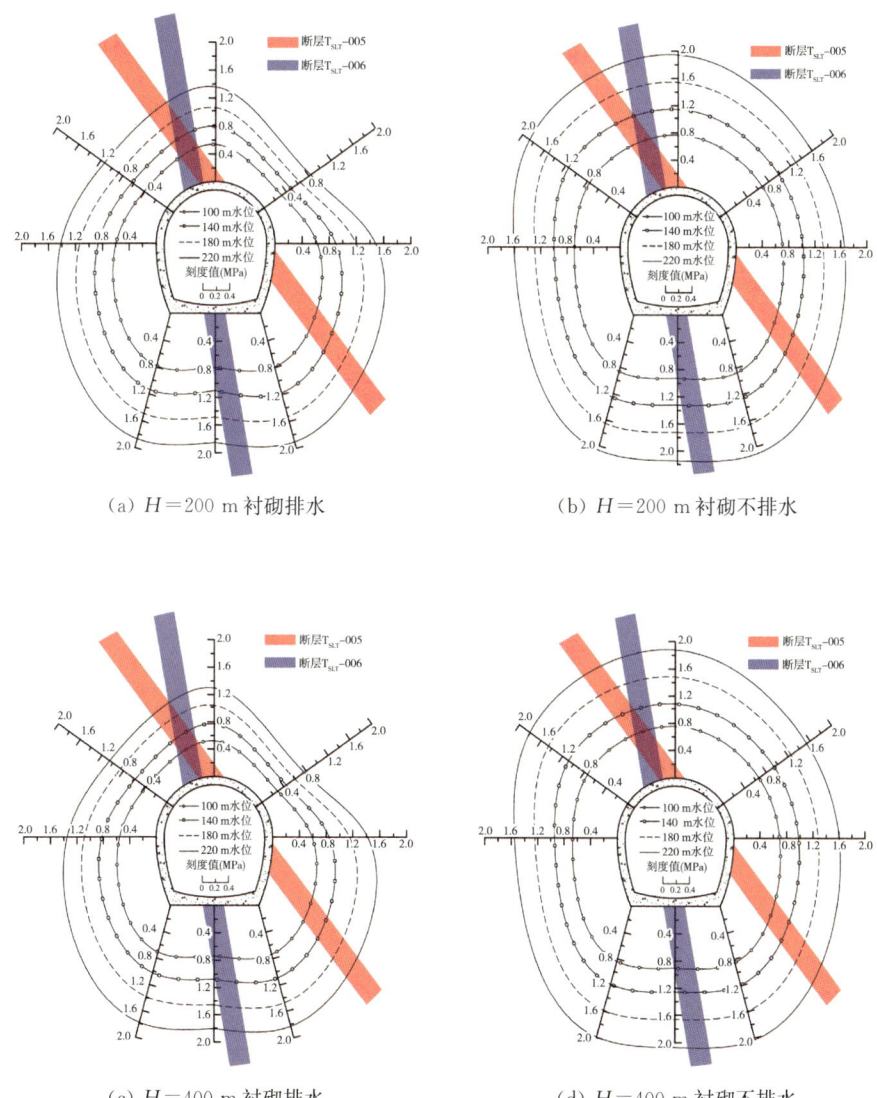

(a) $H=200$ m 衬砌排水

(b) $H=200$ m 衬砌不排水

(c) $H=400$ m 衬砌排水

(d) $H=400$ m 衬砌不排水

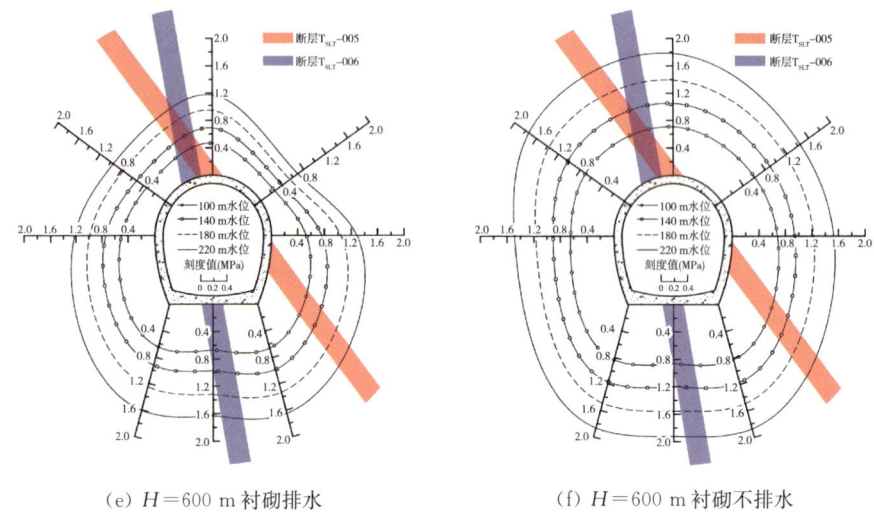

(e) $H=600$ m 衬砌排水　　　　(f) $H=600$ m 衬砌不排水

图 7.2.4　不同隧洞埋深工况衬砌外水压力包络图(单位：MPa)

当衬砌排水时，在隧洞埋深分别为 200、400、600 m 工况下，地下水位由 100 m 增大到 140 m 时，衬砌全环外水压力增长量均值分别为 282.5、267.8、238.8 kPa，地下水位由 140 m 增大到 180 m 时，衬砌全环外水压力增长量均值分别为 291.5、299.5、275.8 kPa，地下水位由 180 m 增大到 220 m 时，衬砌全环外水压力增长量均值分别为 303.4、281.4、252.4 kPa。

在隧洞围岩存在交叉断层工况下，地下水位由 100 m 升高到 220 m 的过程中，衬砌外水压力增长速度逐渐加快，随着隧洞埋深的增大，衬砌全环外水压力增长速度减小。另外，衬砌不排水时的全环外水压力增长量高于衬砌排水时的外水压力增长量，且增长速度更快，在一定程度上体现了在高地下水位工况下隧洞工程设置排水措施的必要性。

7.2.2.3　衬砌排水条件影响

将物理模型试验中衬砌排水与不排水两种情况下的监测数据进行对比，讨论衬砌排水后衬砌各部位外水压力变化规律，如表 7.2.1 所示。由表 7.2.1 可知，设置排水孔后，衬砌全环外水压力均有所降低，但是各部位降低幅度有较大差别，距离排水孔最近的拱肩部位降低幅度最大，右拱肩处各工况外水压力变化率在 47.7%～59.0%，左拱肩由于交叉断层分布的影响，排水孔减压效果受到削弱，左拱肩处各工况外水压力变化率在 39.3%～51.5%，约为右拱肩的

80.2%～89.6%；其次就是拱顶处降低幅度较大，各工况变化率在29.4%～34.2%；右拱腰处受T_{SLT}-005断层分布影响，外水压力降低幅度较左拱腰处略小，右拱腰处外水压力各工况变化率在9.8%～21.6%；拱脚和拱底处距离排水孔最远，外水压力降低幅度较小，各工况变化率分别在6.3%～22.6%和12.2%～23.0%。

设置排水孔可有效降低衬砌拱肩附近部位的外水压力，外水压力降幅大约在20%～60%，对距离排水孔较远的部位影响程度不够明显，外水压力降幅一般不足20%。另外，当隧洞围岩存在交叉断层分布时，受断层影响的衬砌部位的外水压力降低效果受到一定削弱，在实际工程中可以根据隧洞围岩条件，合理选择排水孔布置方案，将排水孔排水效率最大化，更好地发挥排水减压作用。

表7.2.1 衬砌排水后各部位外水压力变化率

埋深/m	地下水位/m	衬砌排水后外水压力变化率/%							
		拱顶(L1)	左拱肩(L2)	右拱肩(L3)	左拱腰(L4)	右拱腰(L5)	左拱脚(L6)	右拱脚(L7)	拱底(L8)
200	100	−30.1	−46.1	−53.2	−13.2	−11.7	−9.1	−8.9	−17.4
	140	−30.6	−45.0	−50.6	−13.4	−11.7	−9.2	−6.3	−16.3
	180	−31.1	−42.5	−50.1	−12.1	−9.8	−9.8	−7.7	−13.9
	220	−30.0	−39.3	−47.7	−11.8	−10.6	−9.5	−9.9	−13.8
400	100	−30.8	−48.7	−56.6	−17.4	−16.0	−15.6	−13.2	−19.1
	140	−29.4	−46.7	−52.8	−12.6	−13.9	−14.0	−8.2	−14.2
	180	−29.7	−41.8	−52.1	−12.6	−10.0	−13.0	−7.5	−12.2
	220	−31.0	−41.6	−50.1	−13.2	−11.4	−10.8	−9.8	−13.1
600	100	−33.6	−51.5	−59.0	−22.6	−21.6	−22.6	−20.1	−23.0
	140	−34.2	−49.3	−55.0	−18.3	−19.2	−21.5	−16.0	−19.2
	180	−32.2	−43.9	−53.5	−15.6	−14.6	−16.1	−10.8	−15.2
	220	−34.3	−45.2	−52.0	−17.8	−16.0	−13.9	−11.9	−15.2

通过分析表中数据，可发现衬砌排水后各部位外水压力变化有如下特点：

(1) 随着地下水位增大，各部位外水压力降低幅度大体呈现减小趋势，这说明衬砌排水孔的排水效率随着地下水位的增大而降低。排水孔的排水效率与其排距、直径、延伸长度、同一断面数量、是否有其他导水设施等因素有关。本物理模型试验中的衬砌排水构造直径只有1cm，排距为8cm，延伸长度为衬砌厚度的排水孔，衬砌总体排水效率不高，因此，在地下水位较高时，排水孔带来的降压效果被削弱，工程实际中需要布置一些辅助导水设施，与衬砌排水孔搭配使用，提高隧洞支护系统整体排水效率。

（2）随着隧洞埋深增大，各部位外水压力降低幅度基本呈现递增趋势。由之前的分析可知，围岩与灌浆圈受高地应力影响，自身的孔隙度与渗透性下降，对地下水渗流势能起到了较好的削弱作用，导致衬砌外水压力整体呈现降低趋势，此时设置衬砌排水孔，排水效率得以充分发挥，因此在水工隧洞工程建设过程中，设置衬砌排水孔对降低外水压力具有更高性价比。

7.2.2.4 外水压力折减系数讨论

含交叉断层岩体高外水压力作用物理模型试验所有工况下衬砌各监测点外水压力折减系数如表 7.2.2～表 7.2.4 所示，从表中可以看出，当衬砌不排水时，各监测点外水压力折减系数较大，根据前文对隧洞埋深、地下水位、衬砌排水条件等因素对衬砌外水压力影响的讨论，可知在衬砌不排水条件下，200 m 埋深 220 m 地下水位工况的外水压力折减系数最大，各监测点折减系数在 0.731～0.954，最不利点为衬砌拱底（断层通过处），高达 0.954，近乎全水头压力。

总体来看，当衬砌不排水时，400 m 埋深外水压力折减系数约为 200 m 埋深外水压力折减系数的 96.4%，600 m 埋深外水压力折减系数约为 200 m 埋深外水压力折减系数的 91.8%。在相同排水条件下，400 m 埋深外水压力折减系数约为 200 m 埋深外水压力折减系数的 94.6%，600 m 埋深外水压力折减系数约为 200 m 埋深外水压力折减系数的 84.5%。

当衬砌不排水时，220 m 地下水位外水压力折减系数约为 100 m 地下水位外水压力折减系数的 1.077 倍；当衬砌排水时，220 m 地下水位外水压力折减系数约为 100 m 地下水位外水压力折减系数的 1.141 倍。

由交叉断层分布特点可知，衬砌拱顶、拱底处有断层穿越，其次右拱腰处距离断层较近，这三处外水压力均有不同程度的提高。在不排水情况下，拱顶处外水压力折减系数在 0.740～0.902，拱底处外水压力折减系数在 0.822～0.954，右拱腰处外水压力折减系数在 0.677～0.754；在排水情况下，拱顶处外水压力折减系数在 0.491～0.631，拱底处外水压力折减系数在 0.633～0.822，右拱腰处外水压力折减系数在 0.531～0.674。

表 7.2.2　隧洞埋深 200 m 工况下衬砌各监测点外水压力折减系数

地下水位/m	100 不排水	100 排水	140 不排水	140 排水	180 不排水	180 排水	220 不排水	220 排水
拱顶(L1)	0.804	0.562	0.846	0.587	0.878	0.605	0.902	0.631
左拱肩(L2)	0.777	0.419	0.833	0.458	0.855	0.492	0.859	0.521
右拱肩(L3)	0.695	0.325	0.712	0.352	0.729	0.364	0.733	0.383
左拱腰(L4)	0.688	0.597	0.711	0.616	0.719	0.632	0.731	0.645
右拱腰(L5)	0.707	0.624	0.726	0.641	0.737	0.665	0.754	0.674
左拱脚(L6)	0.815	0.741	0.860	0.781	0.890	0.803	0.914	0.827
右拱脚(L7)	0.833	0.759	0.867	0.812	0.897	0.828	0.936	0.847
拱底(L8)	0.885	0.731	0.912	0.763	0.932	0.802	0.954	0.822

表 7.2.3　隧洞埋深 400 m 工况下衬砌各监测点外水压力折减系数

地下水位/m	100 不排水	100 排水	140 不排水	140 排水	180 不排水	180 排水	220 不排水	220 排水
拱顶(L1)	0.788	0.545	0.802	0.566	0.845	0.594	0.871	0.601
左拱肩(L2)	0.758	0.389	0.790	0.421	0.823	0.479	0.830	0.485
右拱肩(L3)	0.678	0.294	0.682	0.322	0.701	0.336	0.705	0.352
左拱腰(L4)	0.671	0.554	0.674	0.589	0.692	0.605	0.706	0.613
右拱腰(L5)	0.694	0.583	0.699	0.602	0.709	0.638	0.728	0.645
左拱脚(L6)	0.795	0.671	0.815	0.701	0.856	0.745	0.883	0.788
右拱脚(L7)	0.812	0.705	0.822	0.755	0.863	0.798	0.902	0.814
拱底(L8)	0.863	0.698	0.865	0.742	0.897	0.788	0.922	0.801

表 7.2.4　隧洞埋深 600 m 工况下衬砌各监测点外水压力折减系数

地下水位/m	100 不排水	100 排水	140 不排水	140 排水	180 不排水	180 排水	220 不排水	220 排水
拱顶(L1)	0.740	0.491	0.773	0.509	0.793	0.538	0.826	0.543
左拱肩(L2)	0.722	0.350	0.747	0.379	0.772	0.433	0.799	0.438
右拱肩(L3)	0.646	0.265	0.644	0.290	0.658	0.306	0.662	0.318
左拱腰(L4)	0.645	0.499	0.649	0.530	0.649	0.548	0.675	0.555
右拱腰(L5)	0.677	0.531	0.669	0.542	0.678	0.579	0.694	0.583
左拱脚(L6)	0.789	0.611	0.804	0.631	0.803	0.674	0.827	0.712

续表

地下水位/m	100		140		180		220	
	不排水	排水	不排水	排水	不排水	排水	不排水	排水
右拱脚(L7)	0.792	0.633	0.810	0.680	0.809	0.722	0.835	0.736
拱底(L8)	0.822	0.633	0.827	0.668	0.841	0.713	0.854	0.724

7.3 小结

本章介绍了松林隧洞倾斜断层水工隧洞高外水压力作用物理模型试验，开展了 Fv-163 单一倾斜断层分布和松林隧洞 T_{SLT}-005 与 T_{SLT}-006 交叉断层工况，小结如下：

1. 随着隧洞埋深的增大，衬砌全环外水压力呈现减小趋势，由于水工隧洞受高地应力影响，围岩与固结灌浆圈自身的孔隙度与渗透性下降，对地下水渗流势能起到了较好的削弱作用，导致衬砌外水压力整体呈现降低趋势。

2. 随着地下水位的升高，衬砌全环外水压力呈现增大趋势，且由于模型材料中的细颗粒会被水流冲散，从而在模型体内形成较为发育的渗流通道，渗压增速也会随着地下水位的升高而增大。

3. 设置排水孔后，衬砌全环外水压力均有所降低，但是各部位降低幅度有较大差别，距离排水孔较近的部位降低幅度最大，单一断层外水压力降幅为 25%～40%，交叉断层降幅为 15%～40%，对距离排水孔较远的部位影响程度不够明显，单一断层外水压力降幅一般不足 10%，交叉断层不足 20%。另外，当隧洞围岩存在断层分布时，受断层影响的衬砌部位的外水压力降低效果受到一定削弱，在实际工程中可以根据隧洞围岩条件，合理选择排水孔布置方案，将排水孔排水效率最大化，更好地发挥排水减压作用。

4. 排水措施可有效降低隧洞拱肩以上部位的外水压力，围岩含 Fv-163 断层工况下，衬砌不排水时，衬砌各位置外水压力折减系数在 0.533～0.861，当衬砌排水时，衬砌各位置外水压力折减系数在 0.321～0.818，最不利点为衬砌拱底；围岩含 T_{SLT}-005 与 T_{SLT}-006 交叉断层工况下，衬砌不排水时，衬砌各位置外水压力折减系数在 0.644～0.954，当衬砌排水时，衬砌各位置外水压力折减系数在 0.265～0.847，最不利点为衬砌拱底。

第 8 章

水工隧洞高外水压力监测

外水压力监测是水工隧洞衬砌结构和渗控措施优化设计与长期安全评估的重要手段。对于水工隧洞外水压力监测方法，主要是在施工期通过在衬砌背后埋设渗压计监测外水压力进行洞内监测，这种做法也是工程中常用方法。工程中通常是采用堵排结合的渗控措施来处理隧洞外水压力，若采用常规监测方法，仅能够获得渗控处理后的衬砌外水压力，无法用来分析施工前→施工期→运行期外水压力的形成演化过程，也难以用于评估渗控措施对于外水压力的影响。

近年来，深埋隧洞不断涌现，因其埋深大，隧洞上方普遍会发育有多个不同透水能力的地层，而且局部可能还存在有一个或多个隔水层，使得不同地层之间失去了水力联系，进而对隧洞外水压力也会产生重要的影响。如何准确监测不同地层的地下水压力，对于准确评估衬砌外水压力十分重要。目前工程中常用地表长观孔对地下水压力进行监测，采用这种方法获得的地下水压力是钻孔内不同地层的混合地下水压力，无法得到不同地层内部的地下水压力以及施工期不同地层地下水压力的演化规律，缺乏一种分层监测不同地层地下水压力的方法。

为了考虑渗控措施对地下水压力分布的影响，洞内不同深度围岩中水压力监测，主要是在单孔内布置多个渗压计进行监测，这种做法对于地下水压力较大的地层，常常会导致孔内不同监测段发生窜孔，而且对于不同监测段的封堵难度也较大。目前缺乏一种有效的洞内监测方法。

针对水工隧洞外水压力监测缺乏一套有效的监测体系。本章依托滇中引水工程，提出水工隧洞高外水压力监测体系，可实现对水工隧洞施工前→施工→运行全生命期内外水压力的形成演化过程进行实时监测与分析，可为水工隧洞外水压力的研究和渗控提供技术支撑。

8.1 隧洞外水压力监测体系

为了全面和准确掌握水工隧洞施工期和运行期地下水压力的变化以及衬砌结构外水压力的形成演化规律，结合地表深孔分层水压监测以及洞内渗压与流量监测，提出一种水工隧洞高外水压力全过程监测体系，实现对水工隧洞施工前→施工→运行全生命期内外水压力的形成演化过程进行实时监测，见图8.1.1。该体系由以下两部分共同构成：

(1) 地表深孔分层水压监测

地表深孔分层水压监测体系设计如图 8.1.1(a)所示。该监测体系的主要思想是：结合地层发育特征，结合地表勘探孔，超前分层。对不同地层分层监测地下水压力，可以获得施工前→施工期→运行期整个过程中的地下水水压力变化规律。同时，结合自动化监测技术，实现地表深孔分层水压自动化监测。

(2) 洞内水压与流量监测

水工隧洞洞内监测主要监测水压、衬砌受力和流量。如图 8.1.1(b)，为了考虑渗控措施对衬砌外水压力分布的影响，洞内监测体系设计除了考虑衬砌结构外水压力常规监测（浅部监测）外，还增设了深孔监测（深部监测），分别布置于灌浆圈内和灌浆圈外，用于后续分析水工隧洞围岩-灌浆圈-衬砌结构外水压力分布规律以及排堵措施对外水压力的影响。

衬砌外水压力不仅与初始地下水位分布、灌浆设计有关，而且与排水量密切相关。目前普遍采用限量排放原则，为此采用多级单向流量阀来调控排水量，同时可监测衬砌受力的变化，见图 8.1.1(b)。

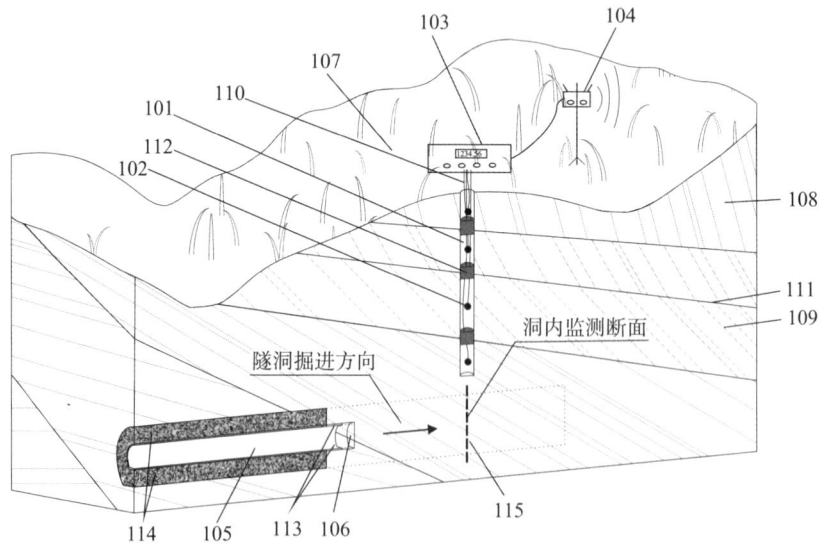

101—地表孔；102—水压监测仪器；103—多通道数据采集仪；104—无线传输模块；105—水工隧洞；106—隧洞开挖掌子面；107—地表；108—山体；109—地层；110—信号线缆；111—地层分界线；112—地表深孔封堵段；113—衬砌层；114—固结灌浆层；115—监测断面

(a) 地表深孔分层监测

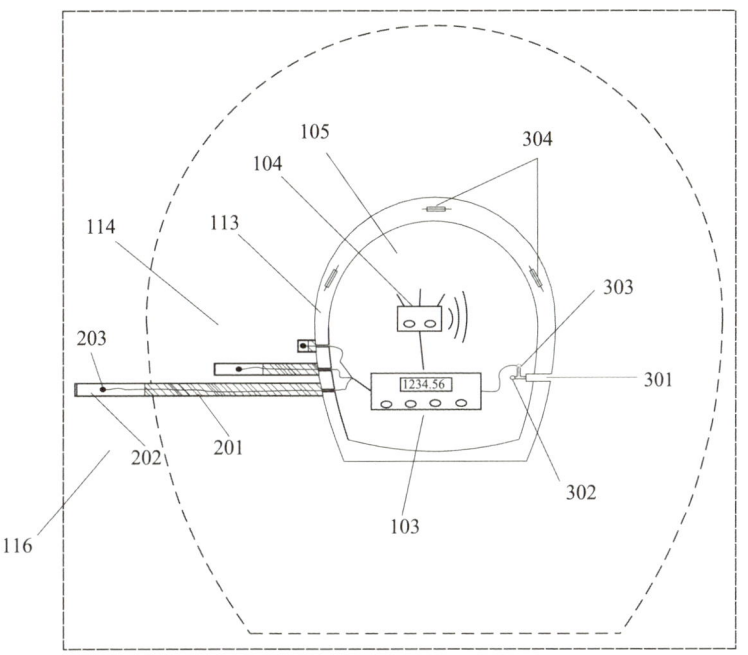

103—多通道数据采集仪；104—无线传输模块；105—水工隧洞；113—衬砌层；114—固结灌浆层；116—围岩；201—洞内封堵段；202—洞内监测段；203—水压监测仪器；301—排水孔；302—排水阀；303—流量监测仪器；304—钢筋计

(b) 洞内多孔监测整体图

图 8.1.1 水工隧洞高外水压力监测体示意图

8.2 外水压力监测技术

8.2.1 地表深孔分层水压监测技术

为监测到地下水的初始分布状态，地表深孔分层监测的实施应在隧洞开挖扰动前完成。当工程处于地质勘探阶段，此时地下水分布处于原始状态，可选择合适的地表勘探孔进行分层监测；若处于隧洞施工阶段，考虑到隧洞开挖扰动的影响，选取的地表钻孔应位于隧洞掌子面前方开挖影响范围外，从而可监测到隧洞施工扰动前的地下水初始分布状态。对于隧洞施工阶段而言，可采用数值模拟或解析公式近似估算方法确定地表孔距掌子面前方的距离。

解析公式近似估算方法基于"源-汇"理论模型（图 8.2.1）估算隧洞开挖对地下水的影响半径 R，R 由下式确定：

$$R = \frac{2h}{\sqrt{\dfrac{1}{\mathrm{e}^{\frac{4\pi k(\beta h - h)}{Q}} - 1}}} \quad (8.2\text{-}1)$$

式中，R——地下水影响半径；

Q——隧洞掌子面的流量；

k——隧洞上覆地层最大渗透系数；

β——隧洞掌子面对初始地下水影响系数，定义为 $\beta = \varphi/h$ $(0<\beta<1)$；

φ——隧洞掌子面周围的地下水总水头；

h——地下水位线至隧洞轴线的垂直距离。

隧洞掌子面周围地下水总水头 φ 可依据"源-汇"理论计算（如图 8.2.1），其表达式为：

$$\varphi = \frac{Q}{2\pi k} \ln \frac{r_1}{r_2} + h \quad (8.2\text{-}2)$$

式中，r_1——掌子面（汇）周围岩体中某点到掌子面的距离；

r_2——该点到掌子面沿水位线对称点（源）的距离。

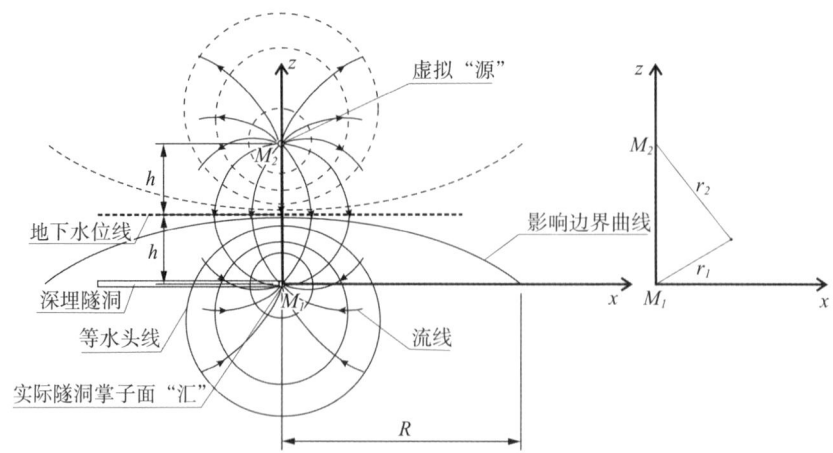

图 8.2.1 "源-汇"理论计算隧洞掌子面开挖地下水影响边界

一般认为，$\beta=99\%$ 时，可以得到：

$$\varphi = 99\% h = \frac{Q}{2\pi k}\ln\frac{r_1}{r_2} + h \tag{8.2-3}$$

上式是一条由(r_1,r_2)定义的椭圆曲线,即为"源-汇"理论模型下隧洞施工影响边界曲线,椭圆曲线的半长轴即隧洞开挖对地下水的影响半径R。

根据掌子面的桩号K_0及地下水影响半径R,可以确定地表孔的桩号K_1:

$$K_1 = \alpha R + K_0 \tag{8.2-4}$$

式中,K_1——地表孔桩号;

K_0——掌子面的桩号;

α——安全系数,考虑到掌子面始终在推进,为保证在地表深孔孔内施工过程中,钻孔始终位于掌子面的地下水影响范围之外,一般取$\alpha=1.5$。

计算得出地表深孔的桩号K_1后,在桩号K_1的上方自地表向下钻孔即地表深孔。地表深孔的孔径不小于76 mm,孔的深度h_0应满足如下条件:

$$h_0 = H_0 - r - T - D \tag{8.2-5}$$

式中,h_0——地表深孔的钻孔深度;

T——水工隧洞固结灌浆层厚度;

r——水工隧洞半径;

H_0——水工隧洞的埋深,即为水工隧洞轴线至地表的距离;

D——表示地表深孔孔底至固结灌浆层外圈的距离,为了避免高压灌浆时浆液进入地表深孔造成监测仪器损坏,一般D应大于5.0 m。

地表深孔分层水压监测技术方案的总体布置示意图见图8.2.2。

根据分层监测要求,每一个监测段需对应有一个封堵段,利用封堵段将该监测段与相邻监测段间的地下水进行隔开。因此,整个分层监测方案的实施步骤被划分为若干个"监测段-封堵段"的重复实施。

由于钻孔空间有限,为了避免实施中注浆管与监测仪器电缆线出现缠绕,或者两者发生碰撞使电缆线发生断裂,导致实施失败,在实施时,须先下注浆管,当注浆管下放至封堵段底部位置时,采用卡钳将其进行固定;然后,再从注浆管与孔壁之间的缝隙中缓慢下放监测仪器。

图8.2.3给出了一个"监测段-封堵段"的孔内实施步骤,具体步骤为:下放注浆管→下放监测仪器→倾倒砂粒→水下注浆→压入替浆水→缓慢拔出注浆

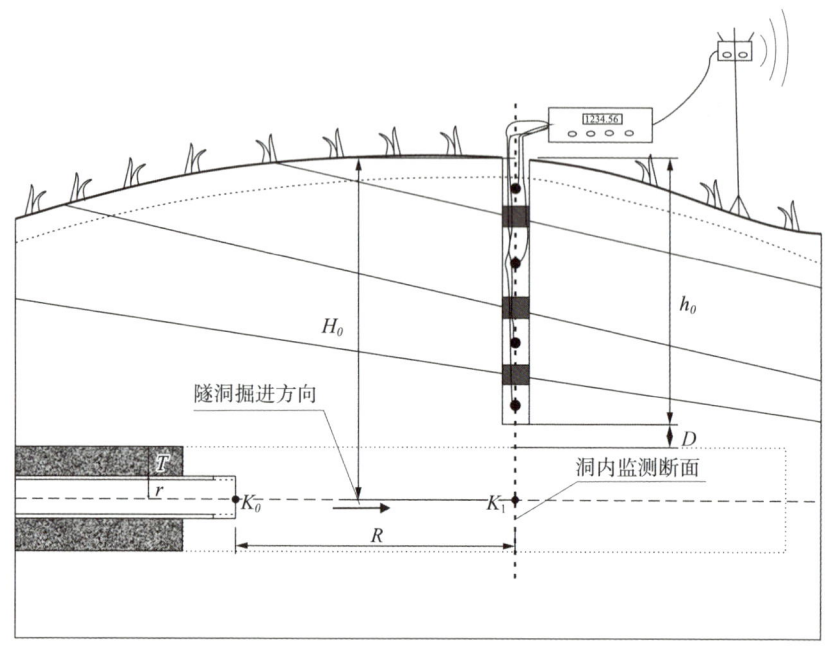

图 8.2.2　地表深孔分层水压监测示意图

管。根据具体的分层监测方案,当一个"监测段-封堵段"孔内作业结束后,待水泥凝固 48 h 后,然后由下至上依次进行下一个"监测段-封堵段"的孔内作业,直至完成所有分层监测工作。

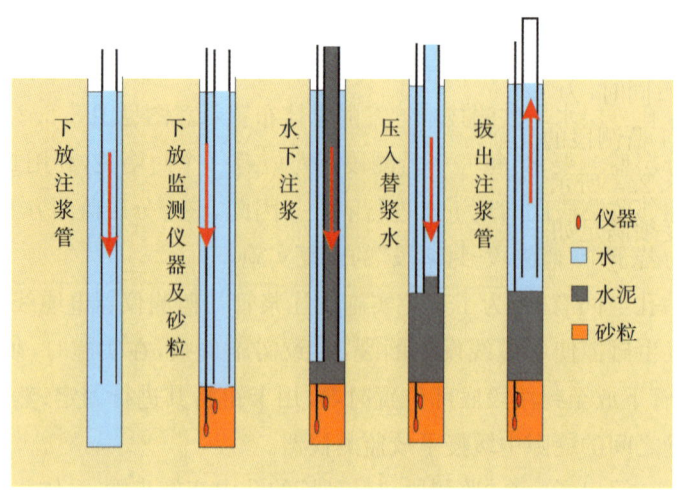

图 8.2.3　一个"监测段-封堵段"实施过程示意图

8.2.2 洞内水压与流量监测技术

水工隧洞洞内水压监测主要监测洞内不同深度围岩内部的水压力,用来分析水工隧洞围岩-灌浆圈-衬砌结构外水压力的分布规律以及排堵措施对外水压力的影响。对于洞内水压监测,传统监测方法是在同一钻孔内不同深度埋设监测仪器,用来监测不同深度围岩内部水压力,这种监测方法易出现窜孔现象。为了监测衬砌外侧水压力、灌浆圈内及灌浆圈外的水压力,本书中洞内监测采用 3 个孔分别对不同深度围岩内部水压进行监测,即每个钻孔内仅单独埋设 1 支仪器。

由于岩体内部的水流通道是由裂隙连通组成,水流在裂隙网络中流动,因此,在测量岩体中的水压力时,需要将监测仪器埋设于揭穿裂隙的部位。目前,传统方法在进行岩体中水压力监测时,渗压计的埋设段(监测段)普遍较短,这相当于监测的是一点的水压力,若该点位于裂隙部位,则可以测到水压力值,若该点位于完整岩石部位,则测得的水压力值基本为零,监测结果容易产生误导。特别是,在监测隧洞围岩中不同深度岩体水压力时,若采用传统的渗压计埋设方法,很容易测得不同深度水压力值相差巨大,沿不同深度分布的规律性不好。

在进行水工隧洞周围不同部位水压力监测(衬砌外侧水压力、灌浆圈内水压力、灌浆圈外的水压力)时,水压力监测段(即未封孔段)均保留一定的长度。如图 8.2.4 所示,每个监测断面布置了 3 个钻孔,分别为 ZK1、ZK2 和 ZK3,其中,钻孔 ZK1 用以监测衬砌外水压力,钻孔 ZK2 用以监测灌浆圈内围岩的水压力,钻孔 ZK3 用以监测灌浆圈外围岩的水压力,且在每个孔内的监测段放置 1 个渗压计;同时,为了避免各个孔间监测段间的相互影响,ZK2 封堵段的长度要大于 ZK1 监测段的长度,ZK3 的封堵段要略大于灌浆圈厚度。

如图 8.2.4 所示,为了避免不同孔内监测段数据的相互影响,3 个钻孔监测段的长度须满足如下关系:

$$\begin{cases} d_{11} \geqslant 0.5 \\ d_{21} \geqslant 1.0 \\ d_{31} \geqslant 2.0 \\ d_{12} \geqslant 0.3 \\ T > d_{22} > d_{11} + d_{12} \\ d_{32} > T > d_{21} + d_{22} \end{cases} \quad (8.2\text{-}6)$$

式中，d_{11}、d_{21}、d_{31}——孔深由小到大的三个监测孔的监测段的长度，单位 m；

d_{12}、d_{22}、d_{32}——孔深由小到大的三个监测孔的封堵段的长度，单位 m；

T——深埋隧洞固结灌浆层的厚度，单位 m。

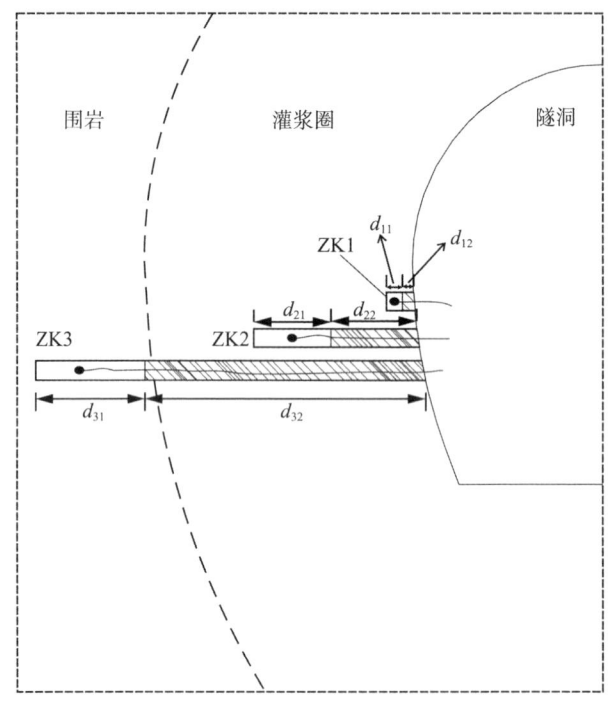

图 8.2.4 水工隧洞洞内水压监测示意图

衬砌外侧水压力不仅与初始地下水压力分布、灌浆圈设计有关，而且与排水量密切相关。目前普遍采用限量排放原则，为此采用多级单向流量阀来调控排水量。

8.2.3 关键技术室内实验

基于地表深孔的水工隧洞地下水分层水力联系监测技术，属于一种首创技术。为此，针对地表深孔分层水力联系监测的相关核心技术，开展了室内试验验证，论证技术的可操作性。

(1) 封堵段封堵效果实验

进行分层监测水压时,封堵段的封堵效果直接决定分层监测的成败,因此,需要对水泥的封堵效果进行验证。

如图8.2.5,封堵段存在两种可能的渗漏情况:①沿着封堵材料与钻孔孔壁之间的界面渗漏;②沿着监测仪器电缆与封堵材料之间的界面发生渗漏。

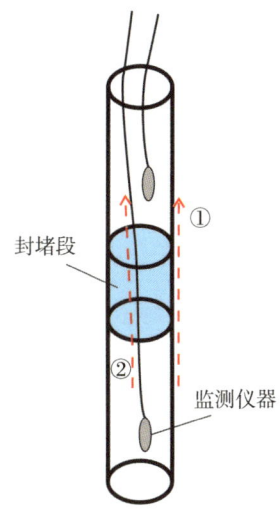

图 8.2.5　封堵段可能出现的两种渗漏通道

针对渗漏情况②,在电缆上每隔 0.5 m 安装机械密封塞,通过控制紧固螺栓的松紧程度来调节橡胶密封圈变形量,从而使橡胶密封圈抱紧数据电缆,与数据电缆外表面紧密贴合,防止沿数据电缆与封堵材料之间的缝隙发生渗漏,导致分层监测段连通。机械密封塞原理如图 8.2.6 所示。

室内封堵段封堵效果测试步骤如下:

① 组装室内钻孔模拟装置。为了测试封堵效果,试验采用密封钢管模拟现场钻孔,钢管分为封堵段和加压段,其长度分别为 1 m 和 0.2 m,钢管内径为 70 mm,组装完成后,采用法兰盘对顶部和底部进行密封。

② 放置监测仪器电缆线。根据钢管的长度,将 2.0 m 长的监测仪器线缆从钢管下部法兰盘穿过,并从钢管上部引出,线缆在管道内呈自然松紧状态。针对电缆线状态设置对照组,第一组实验,电缆线无特殊处理,第二组实验,电缆线每隔 0.5 m 长度安装一个机械密封装置。

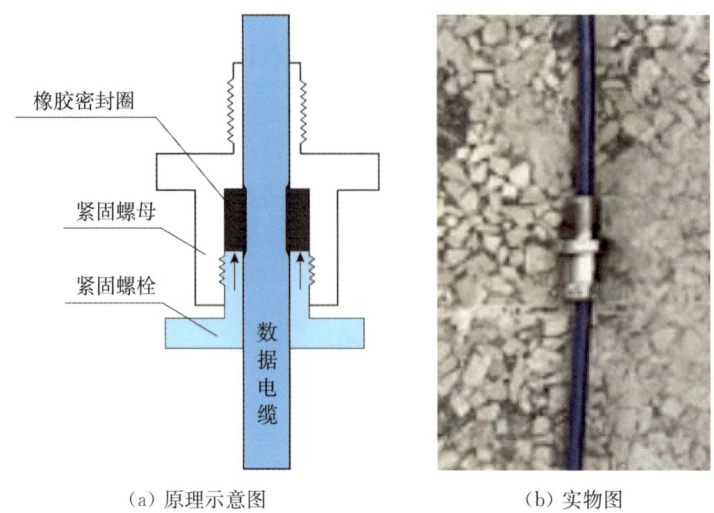

(a) 原理示意图　　　　　　(b) 实物图

图 8.2.6　机械密封装置原理图

③ 向钢管加压段内加压注水，模拟现场一定深度钻孔内部的地下水压力。

④ 配置封堵浆液。封堵材料由微膨胀水泥和水配置而成，水灰比为 0.13，配置后的浆液密度为 1.8～2.0 g/cm³。

⑤ 封堵段注浆。采用直径 40 mm 的 PVC 导管，将浆液引导至钢管底部，由上到下逐步注浆，直至浆液高度达到约 1.1 m 后，停止注浆，等待浆液凝固 24 h。

⑥ 连接加压装置。待封堵段微膨胀混凝土凝固后，拆除下法兰盘，在上端安装上法兰盘，并在电缆线上安装机械密封装置，同时安装压力表和压力泵接口。

⑦ 加压测试。采用压力泵通过注水管对加压段进行加压，加压至 1.5 MPa，稳压保持 5 min。为了便于观察渗漏现象，加压时，在水中掺入高锰酸钾。

⑧ 记录实验结果。观察系统下端面是否出现渗水现象，若无渗水现象，可结束试验；若出现渗水现象，观察水渗漏位置（管壁或者线缆接口位置），保持上端水压力稳定 5 min，测量渗水量，计算封堵段渗透系数。

⑨ 泄压后拆除系统。

⑩ 结束试验。

图 8.2.7(a)所示为室内模型实验装置。图 8.2.7(b)给出了电缆未经处理

的试验结果,可以看出,沿电缆与水泥交界面存在渗漏现象,而沿水泥柱与管壁接触面未出现渗漏现象。图 8.2.7(c)给出了电缆线上增加机械密封后的试验结果,试验结果显示,在电缆上每隔 0.5 m 安装一个机械密封装置,试验过程中在水泥柱下端面未出现渗漏现象。

当封堵段长为 1 m 时,在 1.5 MPa 的水压力、压力保持 5 min 情况下,装置未出现上述两种渗漏现象,由此可以得出,在水力梯度为 150 时,封堵段长度为 1 m,封堵段封堵效果可以满足封堵隔水要求。因此,采用微膨胀混凝土作为封堵材料是可行的。考虑到实际钻孔孔壁不平,根据滇中工程现场实际施工效果,建议封堵段长度大于 10~15 m。

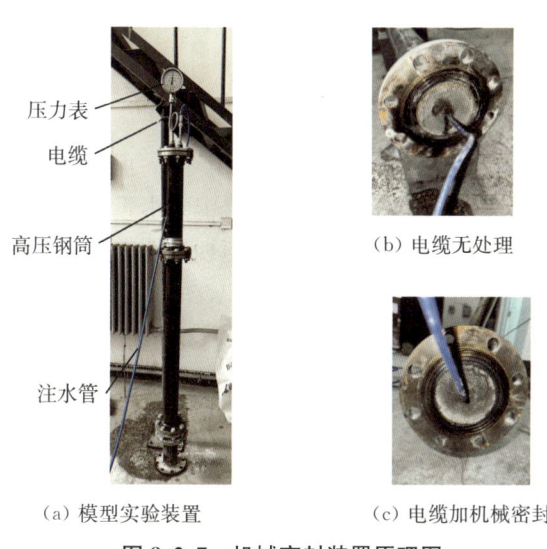

图 8.2.7 机械密封装置原理图

(2) 监测段砂粒粒径选型实验

为保护监测仪器的同时为上部封堵段注浆提供底座支撑,监测段内需要回填砂粒。若选取的砂粒粒径太小,则砂粒在水中下降的速度慢且容易发生不密实的现象;若选取的砂粒粒径太大,则形成的砂柱孔隙较大,导致封堵段的浆液容易渗入监测层内,使监测仪器失效。为此,开展监测段填充砂粒选型实验。

监测段砂粒粒径选型实验步骤如下:

① 组装室内钻孔模拟装置。为了方便观察封堵段注浆过程以及浆液侵入监测段的情况,采用透明亚克力管模拟现场钻孔,整个装置由两根 1 m 长透明亚克力圆管组成,下部密封后垂直竖立,并向圆管中注入满管水,观察亚克力管

连接处是否漏水,若漏水则对漏水处使用防水胶带或密封胶涂抹密封,直至不漏水,进行下一步试验。

② 回填监测段砂柱。将电缆放入管内,从上端管口倒入清洗过的中粗砂,记录沙粒在水中下沉时间,直至砂柱堆满约 1 m 高,待砂柱沉淀稳定后再进行下一步。

③ 调制封堵段浆液与注浆。按比例调制微膨胀混凝土,将混凝土从上端管口倒入管内直至混凝土堆至管口。

④ 等待微膨胀混凝土凝固。

⑤ 记录微膨胀混凝土侵入砂柱内的深度。

⑥ 结束试验。

根据实验测试效果,采用中粗砂(粒径 3~5 mm)回填监测段时,封堵段实施后,混凝土浆液侵入砂柱深度约 0.3 m,证实了在砂柱的保护下,混凝土浆液不会完全充满监测段,且当砂柱长度满足一定要求后,在砂柱保护下,浆液侵入的范围不会造成监测仪器失效。结合后续滇中引水工程现场实施效果,监测段回填砂柱的粒径为 3~5 mm 时,既可以方便现场孔内下砂过程的施工,又可以达到好的防止浆液入侵的效果。另外,现场条件允许时,监测段回填砂柱时,可以采用不同粒径砂柱,在监测段下方砂柱的粒径为 5~10 mm,可以加快回填过程,在监测段最上方(靠近封堵段),砂柱可以采用小粒径的中粗砂,粒径为 3~5 mm。

(3) 监测段封存水压力消散实验

注浆完成后,此时水泥浆液并未凝固,下方监测段内地下水将承受上方封堵段水泥浆液和孔内地下水的自重,由于水泥浆液的密度比水大,导致监测段内地下水压力升高,形成超孔隙水压力。若现场实施结束后,超孔隙水压力无法消散,会导致监测结果为封存水压力,而不是实际水压力。因此,本书在室内开展实验,分析封堵段注浆过程中监测段水压力的变化情况。

实验选用 2 种不同特性的封堵材料(A:微膨胀水泥,具有微膨胀性,水灰比 0.13;B:普通硅酸盐水泥,水灰比 0.4)进行对比实验。监测段内填充的砂粒粒径为 3~5 mm。监测段封存水压力消散实验步骤如下:

① 模拟现场钻孔。将三根 1 m 长透明亚克力圆管依次连接并将底部封住。

② 监测试验装置是否漏水。向圆管中注满水,观察亚克力管连接处是否

漏水,若漏水则对漏水处使用防水胶带或密封胶涂抹密封,直至不漏水。

③ 安装监测仪器。将渗压计放入透明圆管内,并将渗压计连接至计算机进行读数采集,根据渗压计在管中的深度对渗压计读数进行标定,记录渗压计读数。

④ 监测段回填砂柱。从圆管上端管口倒入清洗后的中粗砂,直至砂柱堆满至约 0.5 m 高度,待砂柱沉淀稳定后进行下一步。

⑤ 配置封堵浆液。根据不同类型浆液,按比例配置封堵浆液,并利用小直径 PVC 导管倒入砂柱顶部,直至水泥浆液堆至 2.5 m 高度,混凝土上断面至管口保留 0.5 m 水柱。

⑥ 等待水泥浆液凝固。

⑦ 记录试验过程中渗压计的读数。

⑧ 结束试验。

待封堵段凝固后,通过观察发现,封堵段与监测段砂柱存在明显的分层效果,浆液侵入砂柱仅约 10 cm,有效地防止了浆液通过砂粒间的孔隙侵入至监测仪器部位,保护了监测仪器的安全。

下面分别对采用不同封堵材料试验过程中渗压计读数变化情况进行分析。试验中采用自动采集装置记录了整个过程的渗压计变化过程。

A. 微膨胀水泥:水灰比 0.13

采用微膨胀水泥作为封堵材料,图 8.2.8 给出了整个实验过程中各个阶段监测段的水压力变化过程,图上标记了实验过程中的七个主要阶段。本次试验选用的渗压计量程为 0~50 kPa,精度 ±5%。

(a) 仪器安装阶段。此阶段随着仪器从管内逐渐下降,压力读数也在增加。

(b) 静置阶段。此阶段,由于水位面不变,渗压计读数也保持不变。

(c) 回填砂柱阶段。由于管内处于满水状态,下砂过程中,多余水会溢出管内,水位面始终保证满水状态。因此,此阶段,渗压计读数也保持不变。

(d) 注浆封堵阶段。在注浆过程中,水被置换为了浆液,由于浆液密度较水的密度大,因此,此阶段,随着注浆量的增加,渗压计读数在不断增加。

(e) 浆液凝固初期阶段。在注浆封堵结束后,随着浆液逐渐凝固,由于西卡材料凝固过程具有微膨胀性,浆液会产生微小膨胀,挤压下部监测段的砂柱,导致此阶段渗压计读数缓慢上升。如图 8.2.8 所示,在注浆后约 1 小

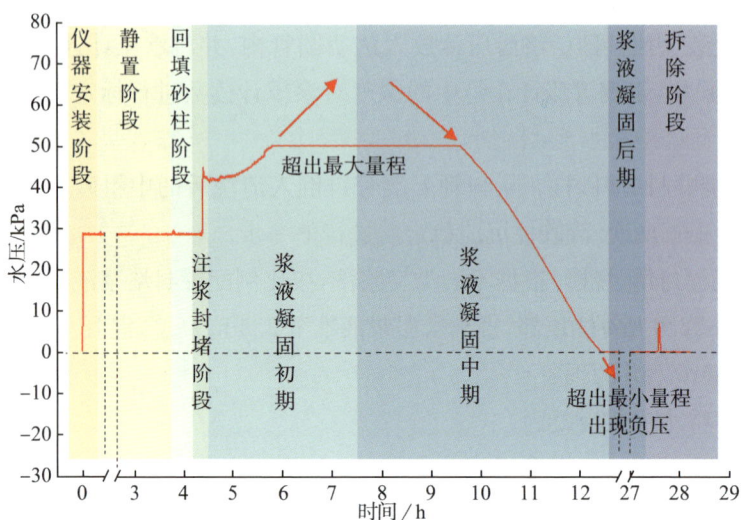

图 8.2.8　采用微膨胀水泥试验过程中渗压计读数变化过程

时后,渗压计读数由注浆结束后的 42.5 kPa 逐渐上升到 50.0 kPa(量值达到仪器最大量程,大于 50.0 kPa 值仍显示 50.0 kPa),预计读数仍会继续上升,最大值应该在 60.0~70.0 kPa 之间。此阶段,西卡浆液与管壁的黏结力还无法支撑自重。

(f) 浆液凝固中期阶段。如图 8.2.8 所示,在此阶段,注浆结束约 5 小时 20 分钟后,渗压计压力重新降低到了 50.0 kPa,并持续降低,注浆结束约 8 小时后,渗压计读数归 0,监测段底部水压力值为 0.0 kPa。渗压计读数降低的主要原因是随着封堵段凝固膨胀,封堵段与管壁黏聚力和摩阻力逐渐可以承受封堵段和水体的重量,监测段内的水不再承受上方重量,但随着凝固过程中的吸水,导致监测段内的水逐渐减少,渗压计读数出现不断下降。

(g) 浆液凝固后期阶段。如图 8.2.8 所示,注浆结束约 8 小时后,监测段读数底部水压力值为 0.0 kPa,达到渗压计最低量程(负压不显示)。根据渗压计监测曲线可推测,在此之后监测段砂柱产生了负压,由此进入浆液凝固后期,直至 24 小时后压力读数仍为 0。

由上分析可知,采用微膨胀水泥作为封堵材料,随着浆液的凝固吸水,监测段内部的封存压力会先增大后减小甚至产生负压,但这种现象在实际中并不会出现,这是由于在实际中浆液凝固可以从周围岩体中吸水,即使监测段内部产生了负压,在负压作用下周围岩体的水也会进入监测段,使监测段内的水转变为静水状态。由此可以看出,采用微膨胀水泥作为封堵材料,随着浆液凝固,监测段封存压力会逐渐消除。

B. 普通硅酸盐水泥:水灰比 0.4

实验步骤与材料 A 相同,传感器型号相同,仪器量程为 $-50 \sim 100$ kPa,精度 $\pm 5\%$。根据两次实验的结果对比发现,采用普通硅酸盐水泥,试验过程中封堵段内水压力演化规律与微膨胀水泥的基本类似,大致也存在七个主要阶段。

如图 8.2.9 所示,由于普通硅酸盐水泥没有膨胀性,因此,注浆结束后并未出现水压继续上升的现象,在大约 8 小时后浆液基本凝固,水压达到静水压力,在 24 小时后,监测段水压力一致处于静水压力状态。

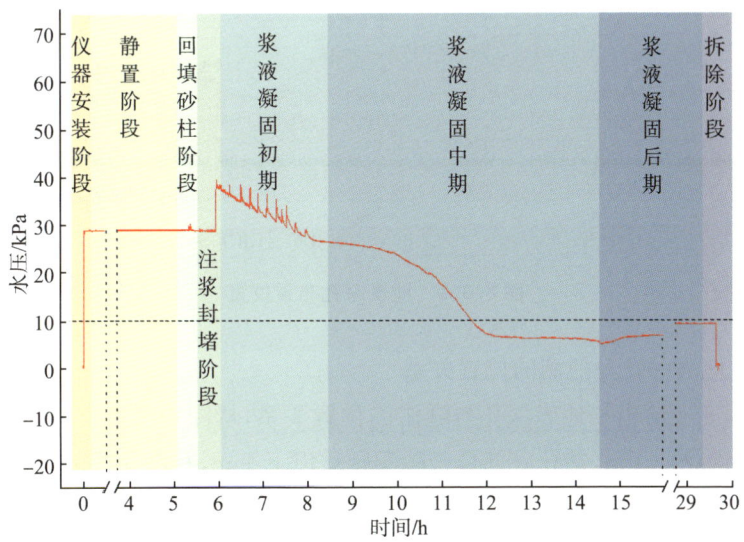

图 8.2.9　采用普通硅酸盐水泥试验过程中渗压计读数变化过程

结果表明无论采用何种水泥,由于水泥凝固过程吸水,注浆过程中监测段内产生的超孔隙水压力逐步消散完,最终恢复到静水状态,故对监测结果不会产生影响。

8.3 地表深孔分层水压监测

8.3.1 工程地质概况

(1) 地表深孔位置

根据滇中引水工程施工进度情况,新增地表深孔选择蔡家村隧洞,钻孔点位于蔡家村隧洞 4# 施工支洞控制主洞下游段及蔡家村隧洞 5# 施工支洞控制主洞上游之间,桩号约 CJCT13+722,该部位靠近大竹箐向斜核部,见图 8.3.1 所示。

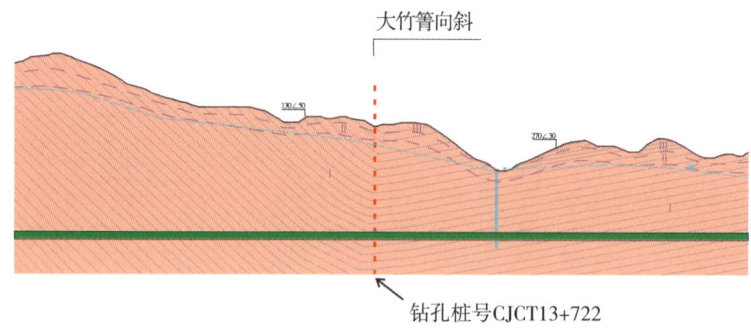

图 8.3.1 地表深孔布置位置

(2) 地表深孔与隧洞的位置关系

图 8.3.2 给出了地表深孔与隧洞的位置关系,从图中可看出,地表深孔与洞轴线相距约 10 m,钻孔底部位于隧洞腰线以下 1 m,孔深为 277.81 m。

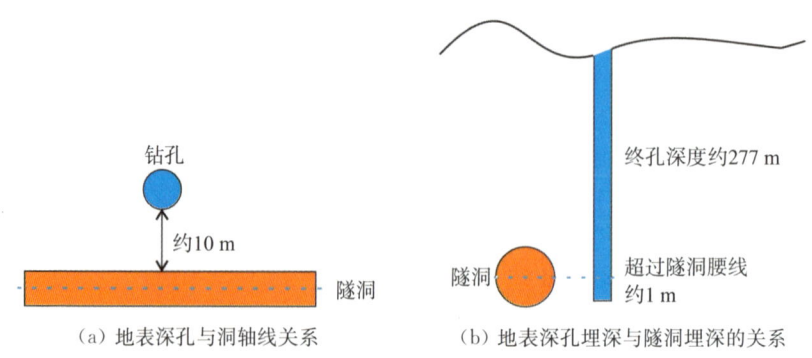

图 8.3.2 地表深孔与隧洞的位置关系

(3) 地表深孔地质条件

地表深孔钻孔岩芯见图 8.3.3。从钻孔揭露的地质条件显示,此部地层为震旦系与前震旦系昆阳群,岩性主要为粗粒岩屑长石石英砂岩,呈紫红色,局部夹泥岩,上部裂隙较为发育,下部裂隙相对不发育。

(a) 深度 18.63 m～22.72 m

(b) 深度 72.48 m～76.60 m

(c) 深度 132.37 m～137.20 m

(d) 深度 260.52 m～265.43 m

图 8.3.3　滇中引水工程蔡家村隧洞 ZKSY301 钻孔岩芯图

(4) 地表深孔压水试验

钻孔实施完成后,对钻孔全段进行压力试验。从压水试验结果来看,地层表层覆盖层透水率相对较大,透水率约在 2～8 个吕荣值,深度为 60 m 以上,60 m 以下地层透水率相对较低,小于 1 个吕荣值。

8.3.2　现场实施过程

根据地表深孔地层和压水试验试验结果,地表深孔分三段进行监测,具体分层水力联系监测方案见图 8.3.4。

(1) 第一段实施(277 m～228 m)

根据前述的实施步骤,隧洞上方第一段实施过程具体实施步骤如下:

① 实施前先进行清孔;

② 下注浆导管;

③ 下监测仪器,然后从孔口继续下填充砂;
④ 利用导管注浆;
⑤ 压入替浆水。

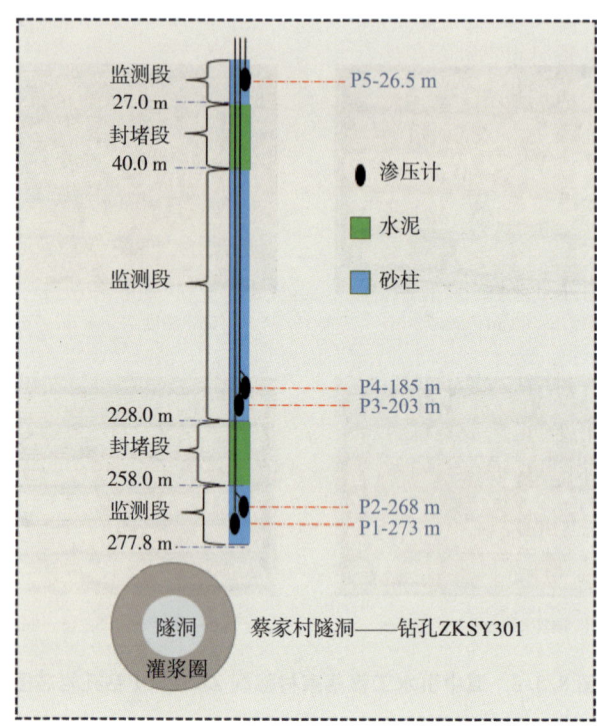

图 8.3.4　地表深孔分层监测方案

注浆结束后,拔注浆导管至本次封堵段上方 5 m～10 m。

(2) 中间段实施(228 m～40 m)

中间第二段实施过程与第一段实施步骤类似,具体实施步骤包括:
① 先从孔口下部分粗砂;
② 下监测仪器,然后从孔口继续下粗砂;
③ 利用导管注浆;
④ 注浆结束后,拔出注浆导管。

(3) 地表段实施(40 m～0 m)

地表段实施过程与第一和第二段实施步骤类似,具体实施步骤包括:
① 先从孔口下部分粗砂;

② 下监测仪器,然后从孔口继续下粗砂;

③ 封堵孔口。

(4) 监测仪器安装及自动化采集

孔内作业完成后:首先,进行封孔,防止地下水涌出地表;其次,将监测仪器接入数据采集设备,同时为设备提供太阳能供电;最后,浇筑保护措施。

上述步骤完成后即可进行自动化采集数据,并将数据上传至云端服务器以供数据分析。

8.3.3 现场实施建议

结合滇中引水工程蔡家村洞段的实践经验,提出如下工程施工建议。

(1) 封堵段长度。封堵段长度决定渗流路径的长度,并直接影响孔内分层监测的成败。若封堵段过短,则可能会因渗径不足导致封堵段上下2个监测段的地下水仍彼此连通,造成封堵失败;若封堵段过长,水泥消耗较多,则会导致注浆封堵时间过长,且费用高。

根据工程案例的经验,封堵段长度应不低于15 m。若隔水地层厚度较小,建议封堵段长度与隔水地层厚度一致或略长;若隔水地层厚度较大(大于30 m),建议封堵段长度取15~20 m。对于裂隙发育的地层,封堵段长度应适当增加。

(2) 钻孔孔径。钻孔孔径影响孔内作业的便捷性和施工难度。一般情况下,孔径越大,施工越方便,但会增加钻孔成本;若孔径过小,实施过程中极易导致监测仪器电缆线与注浆管发生碰撞,使电缆线断裂。

根据工程实施经验:当孔深小于200 m时,钻孔的终孔孔径不低于76 mm;当孔深为200~400 m时,终孔孔径不低于91 mm;当孔深大于400 m时,终孔孔径不低于125 mm。

(3) 封堵段水泥浆(减水剂、水、水泥)配合比。当孔深较大时,利用注浆管水下注浆时,水泥浆液的配合比极为关键。若水灰比过高,水下注浆浆液会被进一步稀释,不仅会导致浆液凝固时间较长,还会使封堵效果不佳;若水灰比过低,水泥浆液较稠,此时不仅对注浆设备要求较高,而且浆液凝固时可能出现开裂现象,导致封堵失败。

综合考虑封堵效果及凝固时间,建议减水剂、水、水泥的质量配比为0.01∶0.35~0.40∶1。

(4) 注浆管选取。注浆管在下放过程中,由于需要承受自身重量及下放过程中因摆动产生的弯矩,因此,为保证现场顺利实施,注浆管及其接头选材尤为重要。

根据工程实施经验,当孔深小于 100 m 时,可使用 PPR(polypropylene random)或 PVC(polyvinyl chloride)塑料管作为注浆管;当孔深为 200~300 m 时,推荐使用 DN(nominal diameter)25 国标镀锌钢管作为注浆管,推荐采用不锈钢接头,且内螺纹至少为 6 圈;当孔深大于 300 m 时,须对注浆管及其接头的性能进行重新评估,可现场进行拉拔试验,测试注浆管性能。

8.4 洞内水压监测

为了分析渗控措施对外水压力的影响,避免同一孔内布置多个监测段导致的窜孔问题,在松林隧洞,每个监测断面布置 3 个钻孔,并分别埋设 1 支渗压计,用于监测衬砌外侧、灌浆圈内及灌浆圈外的水压力。如图 8.4.1,P1、P2、P3 渗压计分别安装于 ZK1、ZK2、ZK3 三个钻孔内,钻孔深度为 1 m、3 m 和 7 m。

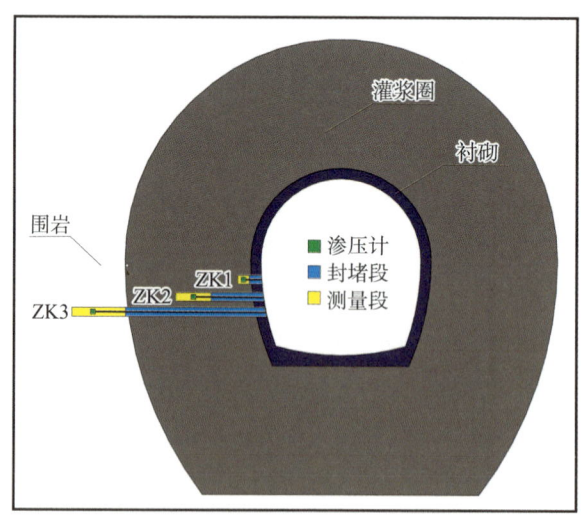

图 8.4.1 典型监测断面钻孔布置图

结合施工条件,松林隧洞洞内围岩水压监测分三个阶段实施,共布置了 7 个监测断面。其中,第一阶段实施了 3 个监测断面,围岩类型为Ⅳ类,桩号分别为 SLT1+924、SLT1+975、SLT2+030;第二阶段实施了 2 个监测断面,部位为断层,桩号分别为 SL2+191、SL2+196;第三阶段实施了 2 个监测断面,部位为断层,桩号分别为 SL2+230、SL2+235,各监测断面布置情况见表 8.4.1。

表 8.4.1　松林隧洞监测断面布置情况

阶段	实施时间	布置断面数量	桩号	围岩类别
第一阶段	2022 年 4 月 25 日—5 月 12 日	3	SLT1+924 SLT1+975 SLT2+030	Ⅳ类
第二阶段	2022 年 9 月 7 日—9 月 10 日	2	SL2+191 SL2+196	断层
第三阶段	2022 年 10 月 27 日—10 月 30 日	2	SL2+230 SL2+235	断层

考虑到松林隧洞突涌水风险高,若采用人工进行监测数据采集,不仅需要花费大量的人力和物力,而且存在安全风险。鉴于此,松林隧洞洞内监测采用自动化监测,可以实现监测数据实时在线采集和在线查询。图 8.4.2 所示为松林隧洞洞内监测在线自动采集界面。

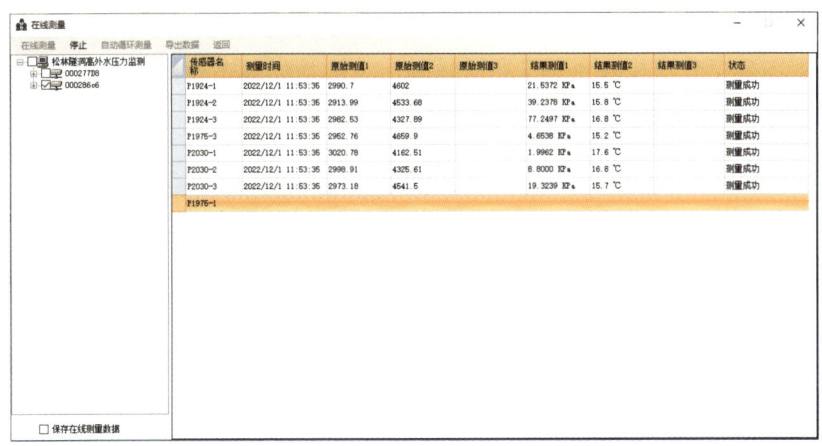

图 8.4.2　松林隧洞洞内监测在线自动采集界面

8.5　小结

本章针对水工隧洞高水压力监测,开展了外水压力监测体系和现场应用研究,小结如下:

(1) 针对水工隧洞高外水压力监测方法,结合地表深孔监测和洞内多孔监测,提出了一种水工隧洞高外水压力全生命期监测体系,可以实现对水工隧洞施工前→施工→运行全生命期内外水压力的形成演化过程进行实时监测,并成功应用于滇中引水工程。

(2) 针对传统洞内单孔多点监测易出现窜孔问题,提出了多孔单点洞内水压监测技术,并应用于滇中引水工程松林隧洞。从监测数据来看,隧洞施作二衬后,不同深度处围岩的水压力值均出现了快速上升,而且测点位置越深,围岩水压力值越大。

(3) 针对传统长观孔监测方法的缺陷,提出一种水工隧洞地下水分层水力联系地表深孔监测技术,并应用于滇中引水工程蔡家村隧洞。从实施后监测数据来看,目前各分层测量段数据均在减小,水压力值与埋深呈非线性关系,地下水存在分层现象。由于存在水力分层现象,对于蔡家村隧洞外水压力的取值,采用初始地下水位面来计算初始水头是不合理的,会导致外水压力取值偏高,可将现场分层监测获得的未扰动前隧洞上方的初始地下水的水头作为隧洞外水压力计算时的初始水头。

第 9 章

高外水压力下水工隧洞全阶段渗控

本章以滇中引水工程楚雄、昆明段输水隧洞为例,阐述高外水压力下水工隧洞全阶段渗控体系构想,主要包括三方面内容[97]:围岩-灌浆圈-衬砌复合渗控系统,考虑渗流演化的全阶段渗控体系,以及水工隧洞复合渗控体系动态调整。

9.1 水工隧洞围岩-灌浆圈-衬砌复合渗控系统设计

围岩-灌浆圈-衬砌复合渗控系统包括以下设计要点:
(1) 高外水渗控须综合考虑围岩、固结灌浆圈和衬砌的联合作用;
(2) 合理确定围岩和固结灌浆圈对外水的折减作用;
(3) 结合工程实际特点确定外水控制原则和方法,合理选择衬砌型式、厚度及排水孔、衬砌分缝、止水等细部结构,通过结构计算确定衬砌配筋。

9.1.1 围岩-灌浆圈-衬砌复合渗控系统设计原则

9.1.1.1 外水控制原则与方法

本书根据地下水有无腐蚀性、地下水水质、隧洞排水对地下水环境的影响等因素将隧洞外水控制方法划分为以下几类:

(1) 排水洞段

适用于地下水水质不存在污染因子洞段、地下水对混凝土或钢筋无腐蚀性洞段、隧洞穿越的地层无膨胀岩(土)洞段、隧洞排水对地下水用户无影响洞段、隧洞排水对地表库塘及河渠无影响洞段。

排水洞段衬砌结构采用透水衬砌,即在衬砌结构顶拱设排水孔,排水孔孔径 $\phi 50$,入岩 0.5 m,纵向排距 3 m。一般洞段横向在设计水面线以上顶拱按"3孔—4孔—3孔"交错布置;对于泥质岩类及断层破碎带洞段,横向在设计水面线以上顶拱按"3孔"布置,为防止排水孔失效,横向设毛细排水带连通各排水孔。

(2) 限制排水洞段

适用于地下水对混凝土或钢筋腐蚀性洞段、隧洞穿越的地层存在膨胀岩(土)洞段、隧洞排水对地下水用户有影响洞段、隧洞排水对地表库塘及河渠有影响洞段。

此类型洞段主要是限制隧洞排水量,根据隧洞外水荷载采用两种衬砌类型:

① 不透水衬砌:适用于外水水头小于 50 m 洞段,衬砌结构不设排水孔。

② "衬砌结构+防渗固结灌浆圈"联合防渗:适用于外水水头大于 50 m 洞段,根据外水情况设置不同防渗固结灌浆圈降低外水荷载,同时在衬砌顶拱设排水孔释压。排水孔孔径 $\phi50$,仅穿透衬砌结构,纵向排距 3 m。一般洞段横向在设计水面线以上顶拱按"2 孔—1 孔—2 孔"交错布置;对于泥质岩类及断层破碎带洞段,横向在设计水面线以上顶拱按"2 孔"布置,为防止排水孔失效,横向设毛细排水带连通各排水孔。

(3) 不排水洞段

适用于地下水水质存在污染因子洞段。衬砌结构采用不透水衬砌,不设排水孔。根据外水情况设置不同防渗固结灌浆圈,降低外水荷载。对于外水水头大于 50 m 洞段,在衬砌与防渗固结灌浆圈间顶拱设横向和纵向排水管引排释压;横向在顶拱 180°设毛细排水带,纵向排距 3 m,毛细排水带与纵向引排管间连通,纵向排水管就近引排至隧洞进出口或支洞口外。

9.1.1.2 衬砌类型划分原则

本书依据上述外水控制原则和方法,以及隧洞排水条件,将隧洞衬砌类型划分为平压型衬砌(A 型、透水)与承压型衬砌(B 型、不透水)两种类型。

(1) 平压型衬砌(A 型):适用于排水洞段,衬砌结构顶拱设排水孔。

(2) 承压型衬砌(B 型):适用于限制排水洞段及不排水洞段。对于衬砌外水水头小于 50 m 的限制排水洞段及不排水洞段均不设排水孔。对于外水水头大于 50 m 的限制排水洞段设少量排水孔释压,同时在衬砌外根据外水情况设置不同防渗固结灌浆圈降低外水荷载。对于外水水头大于 50 m 的不排水洞段,在衬砌与防渗固结灌浆圈间顶拱横向和纵向设排水管引排释压,同时在衬砌外根据外水情况设置不同防渗固结灌浆圈降低外水荷载。

9.1.2 衬砌厚度选择

9.1.2.1 A 型(平压)衬砌厚度分析

滇中引水工程隧洞围岩类别划分Ⅱ类、Ⅲ$_1$ 类、Ⅲ$_2$ 类、Ⅳ类和Ⅴ类[含特殊不良地质洞段Ⅴ(特)类]。Ⅱ类、Ⅲ$_1$ 类围岩自身稳定条件较好,除部分存在水腐蚀问题、有环保要求及夹在其他围岩类别中的局部Ⅱ类和Ⅲ$_1$ 类围岩洞段采用 B 型衬砌(承压型衬砌)外,其余Ⅱ类、Ⅲ$_1$ 类围岩洞段原则上均采用 A 型衬砌,不考虑承担围岩压力和外水压力等荷载,衬砌厚度满足减糙及施工要求即可,拟定减糙衬砌厚度为 0.3 m。

对于Ⅲ₂类、Ⅳ类、Ⅴ类围岩 A 型衬砌(平压)洞段,在相同的外水水头下,分别拟定不同的衬砌厚度进行配筋计算,通过比较投资金额选出最优衬砌厚度(以滇中引水工程昆明段松林隧洞为例,断面为马蹄形,衬后宽×高为 7.62 m× 8.22 m)。

表 9.1.1 平压型衬砌洞段每延米①衬砌工程量及投资金额比较表

围岩类别	衬砌厚度(m)	石方洞挖(m³)	衬砌混凝土(m³)	喷混凝土(m³)	钢筋(t)	投资金额(元)
Ⅲ₂	0.45	68.962	14.470	2.355	1.26	30 603
Ⅲ₂	0.50	70.488	16.060	2.382	0.92	30 048
Ⅲ₂	0.55	72.031	17.666	2.408	0.87	31 222
Ⅳ	0.55	74.470	16.060	4.847	2.22	40 014
Ⅳ	0.60	76.056	17.666	4.900	1.91	39 693
Ⅳ	0.65	77.658	19.289	4.952	1.83	40 760
Ⅴ	0.55	74.470	17.666	4.847	2.30	41 672
Ⅴ	0.60	76.056	19.289	4.900	1.94	41 067
Ⅴ	0.65	77.658	20.927	4.952	1.86	42 119

由表 9.1.1 的投资金额对比可知,平压型衬砌洞段中Ⅲ₂类围岩洞段衬砌厚度为 0.5 m 时投资最少,Ⅳ类围岩洞段衬砌厚度为 0.60 m 时投资最少,Ⅴ类围岩洞段衬砌厚度为 0.6 m 时投资最少。

9.1.2.2 B 型(承压)衬砌厚度分析

对承压型衬砌洞段Ⅱ类、Ⅲ₁类、Ⅲ₂类、Ⅳ类围岩、Ⅴ类围岩,在相同的外水水头下,分别拟定不同的衬砌厚度进行配筋计算,通过比较投资金额选出最优衬砌厚度(同样以滇中引水工程昆明段松林隧洞为例)。

由表 9.1.2 的投资金额对比可知,承压型衬砌洞段中Ⅱ类、Ⅲ₁类、Ⅲ₂类围岩洞段衬砌厚度为 0.5 m 时投资最少,Ⅳ、Ⅴ类围岩洞段衬砌厚度为 0.6 m 时投资最少。

---

① 延米:延长米,用于统计或描述不规划的条状或线状工程的工程计量单位。

表 9.1.2　承压型衬砌洞段每延米衬砌工程量及投资金额比较表

围岩类别	水头 (m)	衬砌厚度 (m)	主要工程量				投资金额 (元)
			石方洞挖 (m^3)	衬砌混凝土 (m^3)	喷混凝土 (m^3)	钢筋 (t)	
Ⅱ、Ⅲ₁	50	0.45	68.962	13.563	2.355	1.704	32 454
		0.5	70.488	15.063	2.382	1.376	31 938
		0.55	72.031	16.580	2.408	1.274	32 729
Ⅲ₂	50	0.45	68.962	13.563	2.355	1.888	33 506
		0.50	70.488	15.063	2.382	1.571	33 055
		0.55	72.031	16.580	2.408	1.447	33 721
Ⅳ	50	0.55	74.470	16.580	4.847	2.281	40 756
		0.60	76.056	18.113	4.900	1.921	40 107
		0.65	77.658	19.662	4.952	1.758	40 605
Ⅴ	50	0.55	74.470	16.580	4.847	2.640	42 809
		0.60	76.056	18.113	4.900	2.294	42 246
		0.65	77.658	19.662	4.952	2.192	43 088

9.1.2.3　衬砌厚度拟定

根据以上分析成果,拟定输水隧洞各类围岩衬砌厚度如下:

(1) A 型(平压)衬砌:Ⅱ类、Ⅲ₁类围岩洞段采用减糙衬砌,衬砌厚度为 0.3 m;Ⅲ₂类围岩洞段衬砌厚度为 0.5 m;Ⅳ类、Ⅴ类围岩洞段衬砌厚度为 0.6 m;不同围岩类别及外水荷载条件下,通过配筋来进行协调。

(2) B 型(承压)衬砌:Ⅱ类、Ⅲ₁类、Ⅲ₂类围岩洞段衬砌厚度为 0.5 m,Ⅳ类、Ⅴ类围岩洞段衬砌厚度为 0.6 m。不同围岩类别及外水荷载条件下,通过配筋来进行协调。

9.1.3　衬砌结构设计

9.1.3.1　衬砌结构基本参数

(1) 平压洞段

① Ⅱ类、Ⅲ₁类围岩洞段采用减糙衬砌,衬砌厚度为 0.3 m,仅在衬砌内层配限裂钢筋。

② Ⅲ₂类围岩洞段衬砌厚度为 0.5 m,Ⅳ类、Ⅴ类围岩洞段衬砌厚度为

0.6 m，不同围岩类别及外水荷载条件下，通过配筋来进行协调。

③ 衬砌混凝土采用 C30，抗渗等级为 W8，抗冻等级为 F150。

④ 衬砌按限裂结构设计，最大裂缝宽度按小于 0.3 mm 控制。

（2）承压洞段

① Ⅱ类、Ⅲ₁类、Ⅲ₂类围岩洞段衬砌厚度为 0.5 m，Ⅳ类围岩、Ⅴ类围岩洞段衬砌厚度为 0.6 m。不同围岩类别及外水荷载条件下，通过配筋来进行协调。

② 无特殊有害地下水洞段衬砌混凝土采用 C30，抗渗等级为 W8，抗冻等级为 F150，衬砌结构裂缝开展宽度按不大于 0.3 mm 控制。

③ 当存在有害地下水（对混凝土或钢筋有腐蚀性）时衬砌混凝土采用 C35（有硫酸盐腐蚀的采用抗硫酸盐混凝土），抗渗等级为 W10，抗冻等级为 F150，衬砌结构裂缝开展宽度按不大于 0.25 mm 控制。

9.1.3.2 衬砌结构计算

隧洞衬砌结构极限状态设计计算依据《水工隧洞设计规范》（SL 279—2016）、《水工混凝土结构设计规范》（SL 191—2008）、《水工建筑物荷载设计规范》（SL 744—2016）、《水工建筑物抗震设计标准》（GB 51247—2018）及《水工建筑物抗震设计规范》（SL 203—1997）等相关规范进行计算，根据计算成果按控制工况进行配筋。

（1）荷载

隧洞衬砌结构极限状态设计计算的主要荷载包括结构自重、内水压力、外水压力、围岩压力、地震荷载、灌浆压力等，重点介绍外水压力取值。

① 平压型衬砌外水荷载取值

对于平压型衬砌，由于洞顶设置排水孔，按类似工程经验可以有效释放衬砌结构外水荷载，外水压力取至洞顶以上 10 m。

② 承压型衬砌外水荷载取值

对承压型衬砌，外水压力依据规范及本书中相关研究成果对地下水头进行折减计算。计算确定的衬砌外水荷载小于 0.5 MPa 的洞段按折减后水头取值；对于构造、裂隙发育、透水性好，外水水头大于 0.5 MPa 的承压型衬砌洞段，单纯采用衬砌结构抵抗外水荷载经济性差，需设置灌浆圈填充围岩裂隙、降低围岩渗透系数，降低衬砌外水荷载。

③ 防渗固结灌浆圈对外水压力折减分析

不同外水荷载条件下不同防渗固结灌浆圈厚度对外水荷载的折减效应数

值分析(图9.1.1)研究成果表明：

a. 灌浆前作用于衬砌外水水头51 m,灌浆圈厚度大于3 m时基本可以将作用于衬砌外水水头减小至30 m以内；

b. 灌浆前作用于衬砌外水水头111 m,灌浆圈厚度大于5 m时基本可以将作用于衬砌外水水头减小至50 m以内；

c. 灌浆前作用于衬砌外水水头133 m,灌浆圈厚度大于6 m时基本可以将作用于衬砌外水水头减小至50 m以内；

d. 灌浆圈范围在0～6 m时,衬砌外水压力显著减小；灌浆圈范围大于6 m时,衬砌外水压力减小的幅度有所降低。

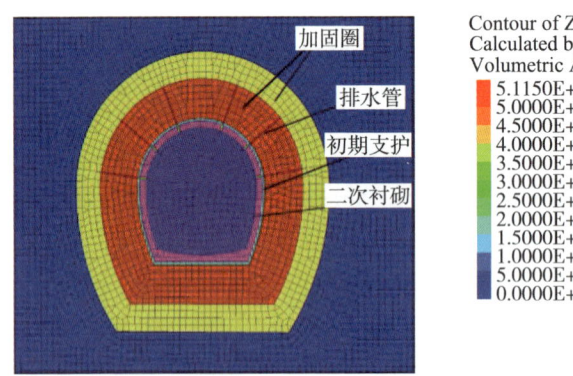
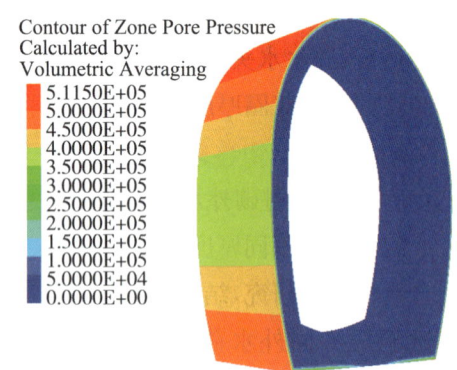

图9.1.1　防渗固结灌浆圈外水折减效应数值分析

④ 防渗固结灌浆圈允许水力梯度

防渗固结灌浆圈允许水力梯度可参考孙钊[①]等提出的关于防渗帷幕幕体厚度与幕体允许水力坡降、防渗帷幕幕体透水性与幕体允许水力坡降间关系，如表9.1.3及表9.1.4。

表9.1.3　帷幕幕体厚度与幕体允许水力坡降关系

帷幕厚度(m)	允许水力坡降 Ia
<1	10
1～2	18
>2	25

---

① 孙钊.大坝基岩灌浆[M].北京:中国水利水电出版社,2004.

表 9.1.4　帷幕幕体透水性与幕体允许水力坡降间关系

幕体透水性		允许水力坡降 I_a
透水率 q(Lu)	渗透系数 K(cm/s)	
3~5	$<1\times10^{-4}$	10
1~3	$<6\times10^{-5}$	15
<1	$<2\times10^{-5}$	20

输水隧洞外水水头大于 50 m 的承压型衬砌洞段衬后防渗固结灌浆圈透水率控制标准为 1~3 Lu,灌浆圈的厚度均在 5 m 以上,参考防渗帷幕灌浆允许水力坡降,隧洞衬后防渗固结灌浆圈水力梯度取 15,考虑衬砌承担 50 m 外水时计算:外水水头 100 m 时防渗固结灌浆圈厚度为 3.33 m,外水水头 150 m 时防渗固结灌浆圈厚度为 6.67 m,外水水头 200 m 时防渗固结灌浆圈厚度为 10 m。

⑤ 承压型衬砌外水水头大于 50 m 洞段防渗固结灌浆圈厚度

综合上述不同厚度防渗固结灌浆圈数值分析成果及相关文献对防渗幕体允许水力坡降研究,结合类似工程相关经验,并考虑适当安全裕度确定承压型衬砌洞段不同外水荷载防渗固结灌浆圈厚度:0.5 MPa≤外水压力 P<1 MPa 洞段,灌浆圈厚度为 6 m;1 MPa≤外水压力 P<1.5 MPa 洞段,灌浆圈厚度为 8 m;外水压力 P≥1.5 MPa 洞段,灌浆圈厚度为 10 m。

⑥ 外水压力取值

平压型衬砌洞段:在隧洞顶拱均设置排水孔,衬砌结构外水水头取洞顶以上 10 m。

承压型衬砌洞段:外水水头小于 50 m 洞段,不设置专门防渗灌浆圈且不设排水孔释压,作用于衬砌结构外水水头取 50 m。外水水头大于 50 m 洞段,若根据不同外水水头采取不同厚度防渗灌浆圈可将作用于衬砌结构外水水头折减至 50 m 内,同时设排水孔或引排释压,则外水水头也取 50 m。

(2) 荷载组合

隧洞结构承载能力状态计算荷载组合见表 9.1.5。

表 9.1.5　隧洞结构承载能力状态计算荷载组合

荷载组合	工况	工况	自重	内水压	外水压	垂直围岩压力	水平围岩压力	地震	灌浆压力
基本组合	正常	设计水深＋外水压力	√	√	√	√	√	—	—
	施工	施工期	√	—	—	√	√	—	√
	检修	施工完建期及检修期	√	—	√	√	√	—	—
偶然组合	地震	设计水深＋外水压力＋地震	√	√	√	√	√	√	—
	事故	总干渠退水事故工况	√	√	√	√	√	—	—

9.1.4　衬砌分缝与止水设计

9.1.4.1　分缝

隧洞衬砌分缝设置主要包括结构缝和施工缝。结构缝按照功用分为沉降缝、构造缝、变形缝，基本上按照构造要求进行设置，一般结构受力变化较大部位均需设置结构缝，缝宽一般为 2 cm；除结构缝以外各浇筑块之间的缝均按施工缝处理。

衬砌结构分缝设置：

（1）隧洞段进出口 50 m 洞段每个浇筑段设置一道结构缝。

（2）在岩性变化部位设置结构缝。

（3）对于围岩性质均一的洞身段原则上每隔 3~5 个浇筑段设置一道结构缝。

（4）施工过程中若先浇块与后浇块浇筑时间超过正常工序衔接时间，为了减少裂缝，均设置结构缝。

9.1.4.2　止水

施工缝面做凿毛处理，并使纵向钢筋通过，一般缝内嵌 BW-Ⅱ型止水条，富水洞段视情况可设 651 型橡胶止水带，具体见图 9.1.2。

无有害地下水洞段结构缝内设 651 型橡胶止水带，缝面采用闭孔发泡板充填，具体见图 9.1.3。

存在有害地下水（对混凝土或钢筋有腐蚀性、地下水水质不达标）洞段，衬砌结构缝处设铜止水片及橡胶止水带各一道，缝面采用闭孔发泡板充填，具体见图 9.1.4。

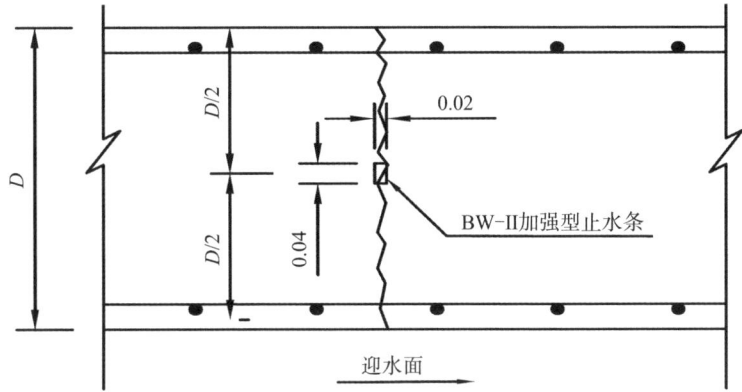

图 9.1.2 施工缝缝面处理详图

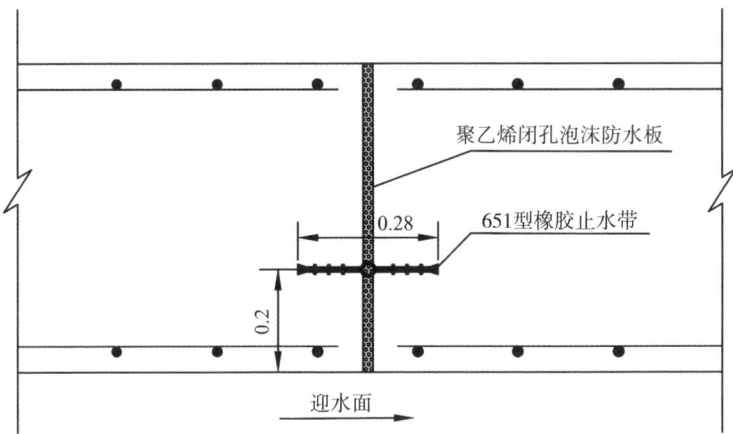

图 9.1.3 普通结构缝缝面处理详图

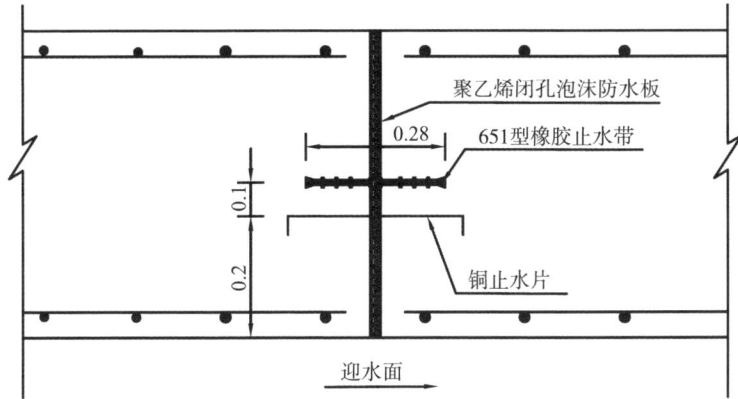

图 9.1.4 有害地下水洞段结构缝缝面处理详图

9.2 水工隧洞全阶段渗控体系设计

滇中引水工程隧洞外水压力大于 1 MPa 洞段长约 68 km,局部洞段洞顶水头超过 10 MPa,高外水渗控问题突出,同时还存在其他地下水控制及水环境影响控制问题,比如岩体富水地层涌水问题、过区域断层、构造破碎带涌水突泥和围岩稳定问题,地下水水质污染、地表存在污染源、对地表水用户影响问题等,需要系统进行考虑。

针对水工隧洞开挖支护和衬砌施工过程,考虑不同阶段地下水渗流场动态演化特征,采取不同的渗控措施,建立适用于渗流场动态演化的高外水压力条件下水工隧洞全阶段渗控体系,如图 9.2.1 所示。

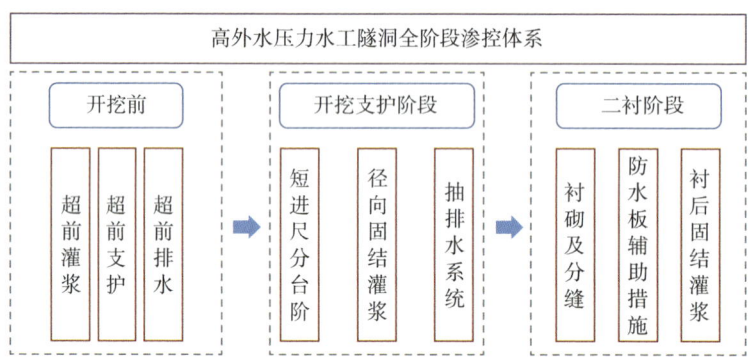

图 9.2.1　高外水压力水工隧洞全阶段渗控体系

9.2.1　开挖前渗控设计

统筹考虑隧洞开挖前渗控设计和围岩变形破坏控制,基于断层洞段围岩变形破坏危险等级划分(表 9.2.1)和涌突水灾害危险等级划分(表 9.2.2),综合评定隧洞过断层、构造密集带围岩稳定及涌水突泥综合防治措施分类(表 9.2.3),确定超前灌浆和超前支护等系统措施。

表 9.2.1　断层洞段围岩变形破坏危险等级划分标准表

级别	A	B	C	D
危险性	极高危险区	高危险区	一般危险区	低危险区
断层发育规模	断层规模大,断层带宽度≥10 m,如Ⅰ级断裂和较大的Ⅱ级断层;断层带组成物质松散,以糜棱岩、断层泥为主,胶结差;断层规模较大,但走向与隧洞轴向交角＜30°,相交洞段长	断层规模较大或发育较密集,断层带或断层密集带宽度在5～10 m,如较小的Ⅱ级断裂、Ⅲ级断层密集带;断层带组成物质较松散,以碎裂岩、糜棱岩为主,挤压较紧密,胶结较差;断层规模较大,走向与隧洞轴向交角＜30°,相交洞段较长	断层规模一般,断层带或断层密集带宽度在0.5～5 m,如Ⅲ级断层、一般断层密集带;断层带组成物质以碎裂岩、糜棱岩为主,挤压紧密,胶结较差;断层走向与隧洞轴向交角≥30°	Ⅳ级结构面,如规模小的断层、挤压面和节理密集带,破碎带或节理密集带宽度在＜0.5 m之间;断层带组成物质以碎裂岩、糜棱岩为主,胶结较差;断层走向与隧洞轴向交角≥30°
地下水活动状态	涌水量大,单位长度最大涌水量＞50 m³/(d·m),具有高水头压力	涌水量较大,单位长度最大涌水量在20～50 m³/(d·m),具有较高水头压力	涌水～线状流水,单位长度最大涌水量在5～20 m³/(d·m)	涌水～线状流水,单位长度最大涌水量＜5 m³/(d·m)
围岩变形破坏程度	变形破坏极严重,可能存在大规模的塌方、冒顶、涌水突泥及极严重挤压变形等	变形破坏严重,可能存在较大规模的塌方、冒顶、涌水突泥及严重～极严重挤压变形等	变形破坏较严重,可能存在塌方、冒顶、突泥及中等～极严重挤压变形等	变形破坏不严重,可能存在小规模塌方、突泥及中等～严重挤压变形等
对施工安全影响程度	影响很大,可能产生大规模突发性围岩变形破坏、涌水突泥灾害,迫使施工停止,造成人员伤亡及财产损失,处理难度大	影响大,可能产生较大规模突发性围岩变形破坏、涌水突泥灾害,迫使施工停止,危及施工人员及财产安全,处理难度较大	影响较大,可能产生一般规模突发性围岩变形破坏、涌水突泥,可能危及施工人员及财产安全	影响较小,可能产生小规模围岩变形破坏、涌水突泥,一般不造成财产损失,无人员伤亡

注:①本表划分参考主要指标为断层规模及组成物性状特征,地下水活动状态为辅助参考指标;
　②当断层与隧洞小角度相交时,对应规模将危险等级提升一级。

表 9.2.2 隧洞涌突水灾害危险等级划分标准表

级别	A	B	C	D
类别	极高危险区	高危险区	一般危险区	低危险区
单位长度最大涌水量 [m³/(d·m)]	>50	20~50	5~20	<5
岩体发育程度	强	中等~强	弱~中等	微~弱
涌突水对施工安全影响程度	产生大规模突发性涌突水灾害；短时间淹没施工掌子面和隧洞中的施工设备，水量持续稳定，迫使施工停止，造成人员伤亡及财产损失	产生较大规模突发性涌突水灾害，短时间淹没施工掌子面和隧洞中的施工设备，在短时间内地下水量达到稳定，迫使施工停止，一般不危及施工人员安全	产生中等规模突发性涌水，造成一定财产损失，不危及施工人员安全	产生少量突发性涌水，一般不造成财产损失，无人员伤亡
诱发地质灾害对工程危害程度	诱发塌方、冒顶及突泥等规模较大次生灾害，对工程的危害程度大	诱发次生地质灾害的可能性中等，次生地质灾害规模较小，对工程的危害程度中等	诱发地质灾害的可能性小，对工程危害程度小	对工程无危害
可能产生的环境影响程度	袭夺和疏干重要泉水点，造成重要水库渗漏，诱发地面重要建筑地基失稳，环境影响程度大	影响对象一般性敏感，影响程度中等	环境影响程度小，一般无敏感对象	

表 9.2.3 隧洞过断层、构造密集带围岩稳定及涌水突泥综合防治措施分类表

断层、构造密集带洞段围岩变形破坏危险等级	涌突水灾害风险等级		
	A(极高危险区)	B(高危险区)	C/D(一般危险区)
	综合防治分类		
A	A1	A1	A2
B	A1	B1	B2
C	A1	B1	C/D

9.2.1.1 A1 类处理措施

（1）洞周及掌子面超前灌浆堵水兼顾加固围岩。A1 类洞段涌水突泥问题最为突出，且多存在断层、构造密集带围岩稳定问题，采用超前灌浆堵水兼顾加固围岩，洞周及掌子面进行超前灌浆，灌浆孔的布置以浆液扩散不出现空白为

原则。

（2）掌子面喷混凝土封闭，采用玻璃纤维锚杆工艺进行注浆加固，以提高岩土体的抗侧压能力。

（3）超前支护：顶拱超前大管棚＋超前小导管注浆加固。

（4）根据开挖揭露地下水情况，必要时进行超前排水降压。

（5）预留隔水岩柱。

9.2.1.2　A2类处理措施

（1）边顶拱超前灌浆加固围岩。A2类洞段涌水突泥问题不突出，主要是断层、构造密集带围岩稳定问题，采用超前灌浆加固围岩，边顶拱进行超前固结灌浆，灌浆孔的布置以浆液扩散不出现空白为原则。

（2）掌子面喷混凝土封闭，采用玻璃纤维锚杆工艺进行注浆加固，以提高岩土体的抗侧压能力。

（3）超前支护：顶拱超前大管棚＋超前小导管注浆加固。

（4）根据开挖揭露地下水情况，必要时进行超前排水降压。

9.2.1.3　B1类处理措施

（1）洞周超前灌浆堵水兼顾加固围岩。B2类洞段涌水突泥问题较突出，部分洞段还存在断层、构造密集带围岩稳定问题，采用超前灌浆堵水兼顾加固围岩，洞周进行超前堵水灌浆，灌浆孔的布置以浆液扩散不出现空白为原则。

（2）掌子面喷混凝土封闭，采用玻璃纤维锚杆工艺进行注浆加固，以提高岩土体的抗侧压能力。

（3）超前支护：顶拱超前大管棚＋超前小导管注浆加固。

（4）根据开挖揭露地下水情况必要时进行超前排水降压。

（5）预留隔水岩柱。

9.2.1.4　B2类处理措施

B2类洞段涌水突泥风险不大，主要是断层、构造密集带围岩稳定问题。

（1）掌子面喷混凝土封闭，采用玻璃纤维锚杆工艺进行注浆加固，以提高岩土体的抗侧压能力。

（2）超前支护：顶拱超前大管棚＋超前小导管注浆加固。

9.2.1.5　C、D级洞段类处理措施

对地表水存在疏干影响洞段采用以下措施：

（1）限量排放，在局部集中渗水点布置堵水灌浆进行封堵，并按照相应围岩等级进行一次支护。

（2）对断层、构造密集带围岩稳定 C 级风险洞段顶拱采用超前小导管注浆加固。

9.2.2 开挖支护阶段渗控设计

隧洞开挖及一次支护完成之后，针对隧洞沿线局部或散状出水点，根据围岩加固、变形处理或地下水治理需求，在隧洞衬砌前实施径向固结灌浆等渗控措施：

（1）对水环境敏感洞段局部或散装出水点，涌突水灾害风险等级为 C 级和 D 级的 Ⅳ 类、Ⅴ 类和 Ⅴ（特）类围岩，一般考虑实施径向固结灌浆。

（2）施作径向固结灌浆无法成孔时，可采用超前小导管进行径向固结灌浆加固。

（3）支洞与主洞交叉口由于开挖过程多次扰动，易变形，受施工条件限制，不能及时进行二次衬砌，安全风险较高，为确保围岩稳定和施工安全，支洞与主洞交叉口两侧各 30 m 范围进行径向固结灌浆。

（4）灌浆压力综合围岩条件、地下水压力、支护情况等因素考虑，灌浆深度结合岩体发育情况及外水水头进行综合考虑。

（5）短进尺、分台阶开挖，边挖边衬，在开挖过程中根据开挖揭露的围岩条件及时跟进一次支护措施，一次支护采用钢支撑结合系统喷锚支护体系。对于 Ⅳ、Ⅴ 及 Ⅴ（特）围岩局部较差洞段，可局部加强一次支护或增加超前支护，如增加随机锚杆、顶拱 120°～180°范围内增设超前小导管等措施。

（6）增加隧洞垫层混凝土厚度，部分洞段素混凝土垫层调整为钢筋混凝土垫层。

（7）抽排水系统：主要包括边顶拱设深排水孔，增加抽排水设施，清污分流等措施。

9.2.3 二衬阶段渗控设计

根据围岩-灌浆圈-衬砌复合渗控系统，结合隧洞实际特点，按照排水、限制排水和不排水进行衬砌和固结灌浆设计。富水洞段、初期支护渗水严重洞段可考虑增设防水板等辅助措施。

9.2.3.1 排水洞段

采用平压型衬砌（Ⅱ、Ⅲ₁为减糙衬砌）；结构缝设橡胶止水一道，仅对Ⅴ类围岩边顶拱进行加固型固结灌浆，为减小作用于衬砌上的外水压力，衬砌结构均采用透水衬砌，即在衬砌结构顶拱设排水孔。

9.2.3.2 限制排水洞段

采用承压型衬砌，对于外水水头大于 50 m 的洞段设少量排水孔释压，同时在衬砌外根据外水情况设置不同防渗固结灌浆圈降低外水荷载；结构缝设铜止水及橡胶止水各一道。外水压力 $P<0.5$ MPa 洞段：仅对Ⅴ类围岩边顶拱进行加固型固结灌浆，不设排水孔；外水压力 $P \geqslant 0.5$ MPa 洞段：全断面进行固结灌浆，设排水孔释压。

9.2.3.3 不排水洞段

采用承压型衬砌，在混凝土表层喷一层水固化聚氨酯防水涂料，混凝土衬砌内表面均涂水固化聚氨酯防水涂料，衬砌外表面设置 HDP 防水板，且在防水板外侧铺设缓冲层无纺土工布，衬砌结构缝处设铜止水及橡胶止水各一道；外水压力 $P<0.5$ MPa 洞段：仅对Ⅴ类围岩边顶拱进行加固型固结灌浆，不设排水孔；外水压力 $P \geqslant 0.5$ MPa 洞段：全断面进行固结灌浆，在衬砌与防渗固结灌浆圈间顶拱设横向和纵向排水引排释压。

9.3 水工隧洞复合渗控体系动态调整

隧洞所处工程地质和水文地质条件的复杂性和不确定性决定了渗控体系不可能是一成不变的，需结合施工过程和实际揭露情况，对高外水压力作用下隧洞围岩-灌浆圈-衬砌复合系统渗控设计进行复核分析与动态调整，本节以滇中引水工程昆明段松林隧洞为例，介绍复合渗控体系的复核和动态调整方法及措施。

9.3.1 水工隧洞复合渗控体系设计复核

9.3.1.1 施工期涌水情况

松林隧洞最大埋深 606 m，穿越地层岩性主要为震旦系灯影组（Zbdn）薄～中厚层状白云岩，受地下水和断层及破碎带影响，施工过程中多次发生涌水突泥,如 SLT1+826 m～1+922 m 段涌水,掌子面呈现喷射状股状流水,外水压力超过 1 MPa,涌水量约 20 000～30 000 m³/d,总体突泥涌砂量超过 10 000 m³,围岩类别判定为Ⅴ类,存在地下水疏干风险,属于承压衬砌洞段,衬砌厚度为 0.6 m。针对该段隧洞大流量、高外水涌水突泥,现场采取了边顶拱设深排水孔排水泄压、洞周及掌子面超前灌浆、顶拱施做超前大管棚、边顶拱施做超前小导管及径向固结灌浆、底板增加钢支撑横撑、增加锁脚锚管、空腔回填混凝土等处理措施,涌水突泥得到有效控制,但是由于总体外水压力大,需从结构安全角度考虑对原有渗控体系进行复核和优化。

9.3.1.2 涌水洞段衬砌结构设计复核

现场实测外水压力如下:

(1) SLT1+650～SLT1+700 m 段外水压 0.7 MPa;

(2) SLT1+700～SLT1+826 m 段外水压力 0.7～0.88 MPa;

(3) SLT1+826～SLT1+880 m 段外水压力 1.2 MPa;

(4) SLT1+880～SLT1+922 m 段外水压力 1.18～1.3 MPa;

(5) SLT1+922～SLT2+130 m 段外水压力 0.7～1.0 MPa。

根据现场实测外水压力,对原设计衬砌结构进行复核,计算结果如表 9.3.1 所示。

表 9.3.1 松林隧洞承压型衬砌结构复核表

	外水水头(m)	50		100		150	
底拱	轴向力 (kN)	−2 032.957 (底拱中心)	−2 162.677 (底角)	1 088.196 (底拱中心)	−4 458.345 (底角)	−6 312.860 (底拱中心)	−6 758.980 (底角)
	弯矩 (kN·m)	−2 032.957 (底拱中心)	−2 162.677 (底角)	1 088.196 (底拱中心)	−4 458.345 (底角)	−6 312.860 (底拱中心)	−6 758.980 (底角)
	纵向钢筋 (mm²)	−2 032.957 (底拱中心)	−2 162.677 (底角)	1 088.196 (底拱中心)	−4 458.345 (底角)	−6 312.860 (底拱中心)	−6 758.980 (底角)
侧拱	轴向力 (kN)	−2 032.957 (底拱中心)	−2 162.677 (底角)	1 088.196 (底拱中心)	−4 458.345 (底角)	−6 312.860 (底拱中心)	−6 758.980 (底角)
	弯矩 (kN·m)	−2 032.957 (底拱中心)	−2 162.677 (底角)	1 088.196 (底拱中心)	−4 458.345 (底角)	−6 312.860 (底拱中心)	−6 758.980 (底角)
	纵向钢筋 (mm²)	−2 032.957 (底拱中心)	−2 162.677 (底角)	1 088.196 (底拱中心)	−4 458.345 (底角)	−6 312.860 (底拱中心)	−6 758.980 (底角)

续表

外水水头(m)	50		100		150	
顶拱	轴向力 (kN)	−2 032.957 (底拱中心)	−2 162.677 (底角)	1 088.196 (底拱中心)	−4 458.345 (底角)	−6 312.860 (底拱中心)	−6 758.980 (底角)
	弯矩 (kN·m)	−2 032.957 (底拱中心)	−2 162.677 (底角)	1 088.196 (底拱中心)	−4 458.345 (底角)	−6 312.860 (底拱中心)	−6 758.980 (底角)
	纵向钢筋 (mm²)	−2 032.957 (底拱中心)	−2 162.677 (底角)	1 088.196 (底拱中心)	−4 458.345 (底角)	−6 312.860 (底拱中心)	−6 758.980 (底角)

复核结果表明：

（1）外水水头为 50 m 时，断面除底角钢筋需加强外，其余部位受力钢筋为 ⏀25@300。

（2）外水水头为 100 m 时，底角截面尺寸（抗剪）不满足要求。顶拱、侧拱受力钢筋为 ⏀25@300，底拱受力钢筋为 ⏀25@150。

（3）外水水头为 150 m 时，底拱、侧拱截面尺寸（抗剪）不满足要求。除顶拱受力钢筋为 ⏀25@300 外，其他部位受力钢筋较大。

原设计断面只能满足外水水头 50 m 的工况，外水水头增加至 100 m 和 150 m 时，截面尺寸不满足要求，需采取排水及增强防渗措施降低外水压力。

9.3.2 水工隧洞复合渗控体系动态调整

复合渗控体系动态调整主要包括：排水及固结灌浆优化调整，衬砌分仓长度及施工缝优化，部分洞段增设防水板，结构缝优化及设置毛细排水带等。

9.3.2.1 排水及固结灌浆优化调整

结合隧洞实测外水压力和外部敏感因素，对后续高外水压力作用下排水及固结灌浆措施进行动态调整，详见表 9.3.2。

表 9.3.2　松林隧洞高外水隧洞复合渗控动态调整

桩号	衬砌类型	敏感因素	外水压力（MPa）	排水	固结灌浆
SLT0+000 m～ SLT1+446 m	平压	疏干或袭夺泉水点、袭夺水井	—	—	—

续表

桩号	衬砌类型	敏感因素	外水压力（MPa）	排水	固结灌浆
SLT1+446 m～SLT1+650 m	承压	疏干或袭夺泉水点,袭夺水井	—	"2孔—1孔—2孔"排水孔	—
SLT1+650 m～SLT1+700 m	承压	疏干或袭夺泉水点,袭夺水井	0.7	"2孔—1孔—2孔"排水孔	固结灌浆,孔深$L=8$ m,孔深$L=6$ m,间距2 m,排距2.5 m
SLT1+700 m～SLT1+826 m	承压	疏干或袭夺泉水点,袭夺水井	0.7～0.88	"2孔—1孔—2孔"排水孔	固结灌浆,孔深$L=8$ m,孔深$L=6$ m,间距2 m,排距2.5 m
SLT1+826 m～SLT1+880 m	承压	疏干或袭夺泉水点,袭夺水井	1.2	"2孔—1孔—2孔"排水孔	固结灌浆,孔深$L=8$ m,间距1.5 m,排距2.5 m
SLT1+880 m～SLT1+922 m	承压	疏干或袭夺泉水点,袭夺水井	1.18～1.3	"2孔—1孔—2孔"排水孔	固结灌浆,孔深$L=8$ m,间距1.5 m,排距2.5 m
SLT1+922 m～SLT2+130 m	承压	疏干或袭夺泉水点,袭夺水井	0.7～1.0	"2孔—1孔—2孔"排水孔	固结灌浆,孔深$L=8$ m,孔深$L=6$ m,间距2 m,排距2.5 m
SLT2+130 m～SLT2+285 m	承压	疏干或袭夺泉水点,袭夺水井	—	"2孔—1孔—2孔"排水孔	根据外水压力加密及加深固结灌浆区域
SLT2+285 m～SLT4+279 m	承压	疏干或袭夺泉水点,袭夺水井	—	"2孔—1孔—2孔"排水孔	根据外水压力加密及加深固结灌浆区域
SLT4+279 m～SLT6+659 m	承压	地下水铁、锰超标	—	衬砌无排水孔	根据外水压力加密及加深固结灌浆区域
SLT6+659 m～SLT6+735 m	承压	地下水铁、锰超标	—	衬砌无排水孔	根据外水压力加密及加深固结灌浆区域

9.3.2.2　衬砌分仓长度及施工缝优化

为确保衬砌浇筑质量,对衬砌分仓长度及施工缝等细部结构明确以下要求:

（1）为避免浇筑段过长造成不均匀沉降及温度裂缝，影响衬砌结构防渗效果，各输水隧洞衬砌混凝土浇筑段长度，平直洞段取 6～12 m，圆弧转弯段取 4～6 m。

（2）各输水隧洞与施工支洞交叉口位置上、下游方向各三个浇筑段之间均设置结构缝，施工过程中可根据现场情况适当增加结构缝。

（3）施工缝缝面用压力水、风砂枪或人工打毛等措施加工成毛面，清除缝面上所有浮浆、松散物料及污染体，以露出粗砂粒或小石为准，但不得损伤内部骨料。缝面冲打毛后清洗干净，保持清洁、湿润，采用同强度等级富浆混凝土浇筑首层。

（4）已浇筑的混凝土强度未达到 2.5 MPa 前，不得进行下一层混凝土浇筑的准备工作。

（5）承包人按要求对施工缝面处理后仍不能满足防渗性能要求时，可在后续衬砌施工缝位置将膨胀止水条改为 651 型橡胶止水带。为确保衬砌结构的耐久性，设置止水的施工缝面，同样需按缝面处理要求进行处理。

（6）设置 651 型止水带的施工缝应采取有效的止水固定措施（如埋设钢筋卡扣、短筋短料与主筋焊接固定），防止下一层混凝土浇筑时止水带弯卷变形。

（7）边顶拱浇筑完成后如出现施工缝结合不良、渗水等现象时，应及时进行灌浆处理。

9.3.2.3　衬砌前增设防水板

部分富水洞段一次支护后洞身出水量大，隧洞混凝土浇筑时，洞周渗水流入混凝土仓内造成水胶比变化及拌和物泌水、离析，和易性变差，影响混凝土强度及浇筑质量，抗渗透能力、抗腐蚀能力及抗碳化能力都随之下降。针对该类问题，主要采取以下措施：

（1）对集中涌水点衬砌施工前采用 $\phi 50/\phi 100$ 软管引至前方合适位置集中抽排。

（2）对散点出水部位，采用隧洞全断面铺设复合防水板（350 g/m² 无纺布，−1.5 mm 厚预铺反粘型 HDPE 自粘胶膜防水卷材），防水板内沿两侧边墙腰部及底板两端各设置一道纵向 $\phi 50/\phi 100$ 软式透水管，并每隔 10 m 设置一道 $\phi 50/\phi 100$ 环向软式透水管，引至前方合适位置集中抽排处理。

（3）环、纵向排水管采用三通连接，排水管外均缠绕无纺土工布，以防止水泥或泥土堵塞管道，确保排水畅通。复合防水板采用水泥钉锚固（结合衬垫、垫片），水泥钉长度不小于 50 mm。

(4) 防水板典型断面如图 9.3.1 所示：

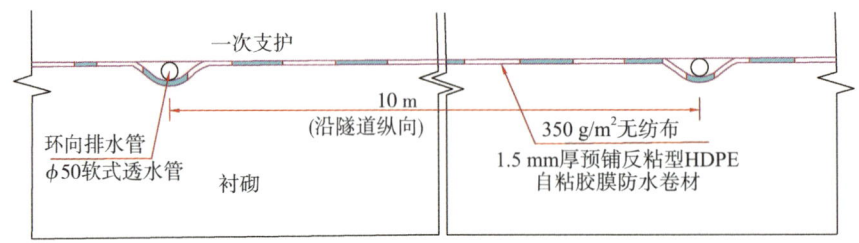

图 9.3.1　防水板典型断面

9.3.2.4　结构缝优化

针对膨胀止水条失效导致缝面渗水严重以及仓面裂缝问题，为提高衬砌质量和止水效果，在原渗控要求基础上对结构缝分缝及止水设置进行优化。

（1）输水隧洞衬砌结构分缝设置原则不变

为满足衬砌混凝土浇筑质量和止水效果，可根据现场施工情况在每个浇筑段均设置一道结构缝，每个浇筑段设置的结构缝可为无宽结构缝。

（2）输水隧洞衬砌结构缝止水设置

结构缝止水设置原则：普通洞段结构缝内设 651 型橡胶止水带，缝面采用聚乙烯闭孔泡沫防水板充填；存在有害地下水（对混凝土或钢筋有腐蚀性）、地下水存在污染因子及地下水疏干影响洞段，衬砌结构缝处设铜止水及 651 型橡胶止水带各一道，缝面采用聚乙烯闭孔泡沫防水板充填。

结构缝止水布置如下图所示。

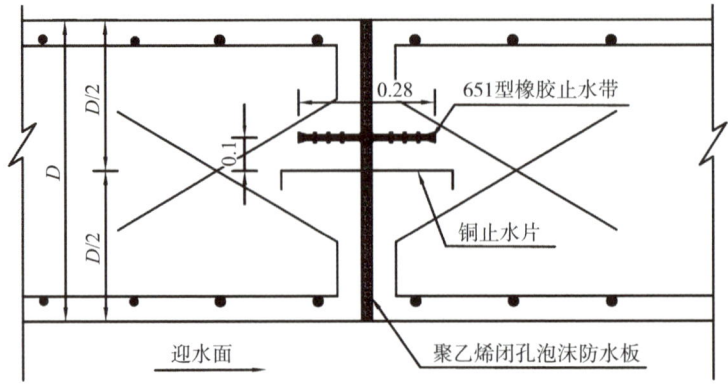

①存在有害地下水（对混凝土或钢筋有腐蚀性）、地下水存在污染因子
及地下水疏干影响洞段结构缝止水布置

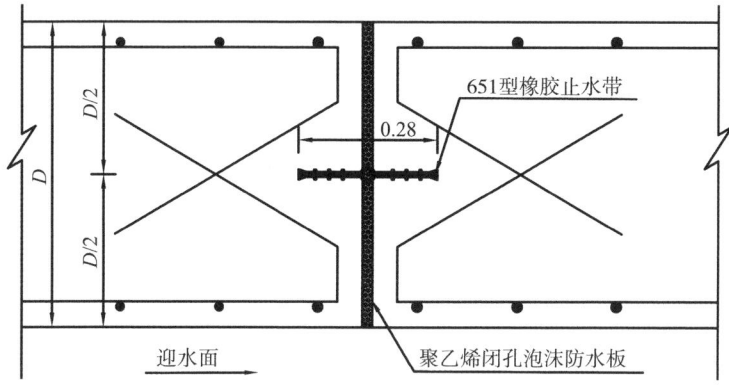

②普通洞段结构缝止水布置

图 9.3.2　结构缝止水布置图

（3）进行存在有害地下水（对混凝土或钢筋有腐蚀性）、地下水存在污染因子及地下水疏干影响洞段结构缝止水布置时，为保证两道止水之间混凝土的浇筑质量，在不影响衬砌钢筋布置的前提下，可根据需要调整两道止水之间的距离。

9.3.2.5　毛细排水带设置

为保证隧洞永久排水系统的可靠有效性，对各个洞段平压型排水布置及承压型排水布置排水系统设计进行补充细化。

隧洞永久排水系统可有效降低运行期的外水压力对隧洞衬砌结构的不利作用，改善衬砌混凝土的受力条件，因此隧洞排水系统的通畅性对隧洞运行安全至关重要。为避免隧洞衬后灌浆导致隧洞排水系统的封堵破坏，对输水隧洞Ⅴ类、Ⅴ类（特）围岩洞段排水措施优化调整如下：

（1）毛细排水带背水侧附贴 0.8 m 宽土工布，土工布标称断裂强度不小于 10 kN/m，性能指标符合《土工合成材料　短纤针刺非织造土工布》(GB/T 17638—2017)相关规定。

（2）浇筑混凝土前，须将毛细排水系统紧贴并固定在隧洞喷混凝土表面，为避免排水系统中 PVC 管与衬砌结构钢筋干扰影响，毛细排水系统中 PVC 排水管规格可适当调整。

9.4 小结

高外水压力下水工隧洞全阶段渗控体系包括三方面:围岩-灌浆圈-衬砌复合渗控系统,考虑渗流演化过程的全阶段渗控体系,复合渗控体系的动态调整。本章以滇中引水工程楚雄、昆明段输水隧洞为例,详细阐述了上述内容,具体要点如下:

1. 高外水渗控须综合考虑围岩、固结灌浆圈和衬砌的联合作用;

2. 渗控体系设计须合理确定围岩和固结灌浆圈对外水的折减作用;

3. 应结合工程实际特点确定外水控制原则和方法,合理选择衬砌型式、厚度,以及排水孔、衬砌分缝、止水等细部结构,通过结构计算确定衬砌配筋;

4. 根据地下水有无腐蚀性、地下水水质、隧洞排水对地下水环境的影响等因素将隧洞外水控制方法划分为排水洞段、限制排水洞段和不排水洞段;衬砌类型分为平压型和承压型;

5. 渗控体系设计须考虑隧洞不同阶段地下水渗流场动态演化特征,采取不同的渗控措施,主要包括开挖前渗控设计、开挖及一次支护渗控设计、二次衬砌及固结灌浆渗控设计;

6. 须结合施工过程和实际揭露情况,对高外水压力作用下隧洞复合渗控体系进行复核分析与动态调整,包括排水及固结灌浆优化调整,衬砌分仓长度及施工缝优化,部分洞段增设防水板,结构缝优化及设置毛细排水带等。

第10章

高外水压力水工隧洞渗控工程案例

本章以滇中引水工程昆明段龙泉隧洞、松林隧洞和楚雄段风屯隧洞为例，基于高外水压力条件下水工隧洞工程全阶段渗控体系，结合具体工程地质条件、水文地质条件、周边环境、涌水突泥风险和现场施工条件等，介绍全阶段渗控体系的工程应用实践。

10.1　龙泉隧洞过铁峰庵断裂及松林水库段渗控

滇中引水工程昆明段龙泉隧洞全长 9 218 m，设计流量 80 m³/s，穿越Ⅰ级区域性断裂——铁峰庵断裂（F_{28}），下穿松林水库。隧洞受断层影响，岩体破碎，围岩类别为极不稳定的Ⅴ（特），断层构造带围岩稳定风险为 A 级（极高风险），涌水突泥风险为 B 级（高风险），单位长度最大涌水量 20.15～25.61 m³/(d·m)，过断层洞段节理裂隙发育，裂隙连通性好，现场涌水量超过 35 m³/(d·m)。该段隧洞上部含水体厚度 88～114 m，断层带岩体破碎，透水性增强，以中等透水为主，根据现场隧洞涌水情况对外水压力进行计算折减后，得到最大外水压力为 0.63 MPa，存在隧洞高外水压力问题，同时存在松林水库沿断层破碎带向隧洞发生渗漏的问题，施工过程中高外水渗控难度大，涌水突泥风险高，且容易对地表水库造成不良影响。

10.1.1　工程地质条件分析

10.1.1.1　基本地质条件

龙泉隧洞地处中低山地貌区，穿越侏罗系中统上禄丰组（J_2l）泥岩、砂岩、粉砂岩和二叠系上统峨眉山组玄武岩组玄武岩段（$P_2\beta^2$）玄武岩和凝灰岩。

龙泉隧洞过铁峰庵断裂及松林水库段平面布置如图 10.1.1 和图 10.1.2 所示。

（1）断层。隧洞穿越Ⅰ级区域大断裂——铁峰庵断裂（F_{28}）及其影响带，产状 SN，∠50°～70°，倾向隧洞下游侧，与洞轴线近垂直相交。此外，断层上游侧发现 3 条旁侧次级断裂，分别是 F_{28-1}、F_{28-2}、F_{28-3}。主断裂带宽度约 87 m，含影响带总宽度约 414 m。

（2）地下水。地下水类型主要为基岩裂隙水，断层带部位为断层脉状水，地下水主要接受大气降雨补给。铁峰庵断裂部位含水较为丰富，具有稳定的流

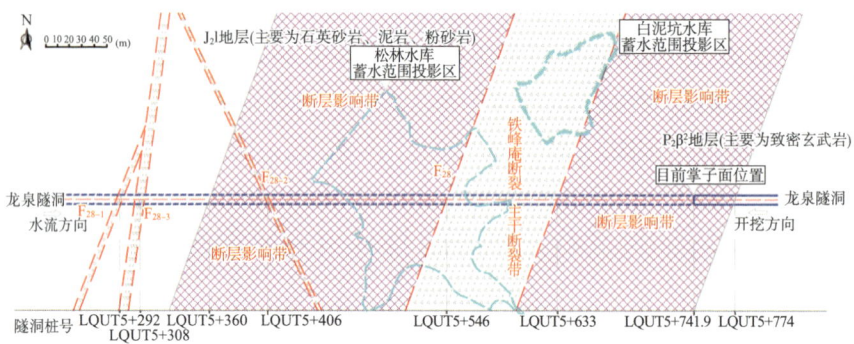

图 10.1.1　龙泉隧洞过铁峰庵断裂及松林水库段平面布置图

图 10.1.2　龙泉隧洞过铁峰庵断裂及松林水库高风险洞段平面影像图

量和畅通的径流，与深部和被其切割沟通的含水层(组)有较强的水力联系。

（3）岩体透水性。根据压注水试验分析，隧洞穿越 $P_2\beta^2$ 玄武岩总体以弱透水性为主，局部中等透水性；侏罗系中统上禄丰组 $J_2 l$ 岩体总体以弱～微透水性为主，属相对隔水层；玄武岩内断层洞段岩体以中等透水性为主。

（4）地应力。隧洞处于普渡河断裂以东的 NNW～NW 向主构造应力场区，区内自重应力为主导应力，侧压系数取值≤1。

10.1.1.2　地质条件及风险分析

（1）断层洞段围岩稳定问题。铁峰庵断裂组成物质主要为角砾岩、糜棱岩、断层泥，遇水极易软化、崩解、垮塌，隧洞穿越时围岩稳定问题突出；断层影响带内岩体强度低、较破碎、岩体嵌合能力弱，围岩稳定问题较突出，为围岩变形破坏极高风险区(A)。

(2) 高外水渗控问题。根据柯斯嘉科夫法预测正常涌水量为 4 359.61 m^3/d，单位长度正常涌水量为 9.01 $m^3/(d·m)$，古德曼经验式预测最大涌水量为 10 544.75 m^3/d，单位长度最大涌水量为 21.79 $m^3/(d·m)$。断层洞段单位长度最大涌水量为 20.6 $m^3/(d·m)$。隧洞地下水水头为 88～114 m，折减后隧洞外水压力为 0.63 MPa，松林水库极易沿断层破碎带向隧洞发生渗漏，存在隧洞涌水突泥问题。

(3) 软岩塑性变形问题。龙泉隧洞过铁峰庵洞段上游侧地层岩性为上禄丰组(J_2l)泥岩、粉砂质泥岩、泥质粉砂岩，属于滇中红层软岩，位于地下水位之下，可能出现软岩大变形问题。

(4) 水环境影响问题。隧洞下穿松林水库，具备铁峰庵断裂 F_{28} 沟通隧洞的条件，水库向隧洞产生渗漏的风险较大，隧洞施工降水和围岩变形破坏均可能引发地基沉降、地表水和地下水疏干问题。

10.1.2　龙泉隧洞与松林水库位置关系分析

龙泉隧洞自西南方向东北方下穿松林水库，整体位于坝轴线防渗区域南侧，距坝轴线防渗区南端最小水平距离约 15.41 m，距坝轴线防渗区北端最大水平距离约 90.5 m，并下穿水库库盆，帷幕灌浆底界高程 1 973.2～1 992.5 m，隧洞顶高程 1 911.60 m，最小高差约 61.60 m。

龙泉隧洞过铁峰庵断裂及松林水库段地质构造如图 10.1.3 所示，龙泉隧洞与松林水库三维关系图如图 10.1.4 所示。

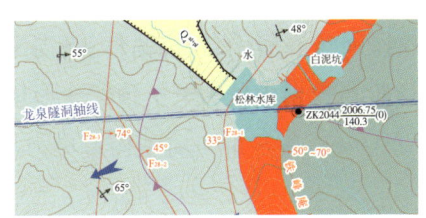 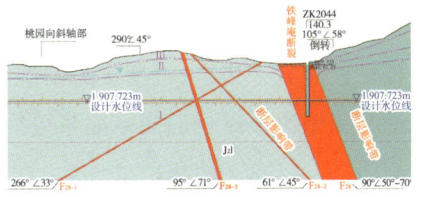

图 10.1.3　龙泉隧洞过铁峰庵断裂及松林水库段地质构造图

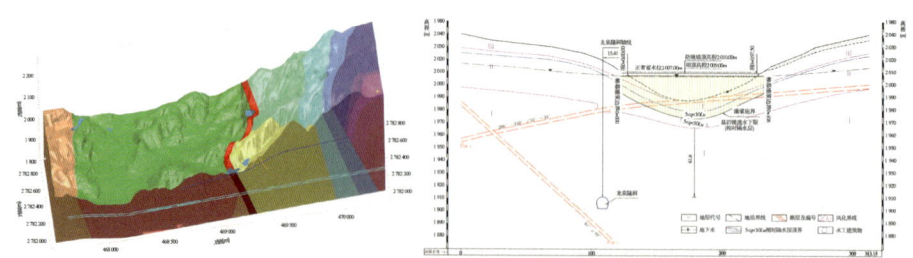

图 10.1.4　龙泉隧洞与松林水库三维关系图

10.1.3　渗控体系设计

针对龙泉隧洞过铁峰庵断裂及松林水库段存在的高外水渗控问题，总体上按照严格控制隧洞排水和地层扰动的思路开展渗控设计，保证隧洞围岩稳定，避免隧洞施工对水库的扰动和对水环境的不良影响。

10.1.3.1　开挖前渗控设计

（1）超前地质预报：用长短结合的超前地质预报，预报措施为地质素描、三维地震波探测 TSP 或 TRT(100 m)、地质雷达(15～30 m)、红外线探水或瞬变电磁(20 m)。

（2）超前支护：主断裂带在顶拱 180°范围采用超前大管棚及超前小导管支护；影响带在顶拱 120°～180°范围采用超前大管棚及超前小导管支护。

（3）超前预加固：主断裂带采用全断面超前灌浆，掌子面玻璃纤维锚杆注浆加固；影响带采用洞周超前灌浆。

10.1.3.2　开挖支护阶段渗控设计

（1）开挖：采用微台阶开挖、控制爆破及机械开挖掘进。

（2）一次支护：主断裂带和影响带采取挂网喷混凝土、系统锚杆、钢支撑、底板设素混凝土垫层、根据实际情况和现场监测数据设置和调整预留变形量、视情况施做边顶拱径向固结灌浆等措施。

10.1.3.3　二衬阶段渗控设计

（1）衬砌及衬后灌浆：龙泉隧洞段属于限制排水洞段，隧洞衬砌结构采用承压型衬砌，地下水存在敏感因子，结构缝设铜止水及橡胶止水各一道；仅对Ⅴ

类围岩边顶拱进行加固型固结灌浆;设排水孔释压,仅穿透衬砌结构。

(2) 安全监测:加强隧洞施工过程中围岩变形观测,每 5 m 设置一个变形观测断面,及时埋设监测设施,加强洞内外安全巡视,做好施工过程中影响取证。

(3) 地下水监测:根据区段工程地质与水文地质条件、需要监测的项目以及各类监测方法的适宜性等,确定了监测的主要方法为钻孔地下水水位长期观测、地表水体、泉点定期巡视巡查,地下水涌水量监测。

10.1.3.4　渗控效果分析

通过长短距离超前地质预报、常规地质预报与专项地质预报结合及对比分析,有效预见及降低了隧洞开挖风险;采用控制爆破及机械开挖掘进,主断裂带按照微台阶法施工,有效控制了隧洞施工过程中的岩体扰动;落实超前堵水措施后,隧洞施工中多以顶拱滴渗水为主,未发生涌水突泥事件,出水量未超出抽排水能力,未对地下水及地表库塘造成不良影响;采取加密大小管棚等超前支护和加强钢支撑等措施后,围岩得到有效加固,施工过程中除局部掉块和垮塌外,无大规模塌方问题;采取各项开挖支护措施后,隧洞围岩变形受控,监测月报显示,龙泉隧洞过铁峰庵断裂洞段洞身周边收敛累计值为 2.9~18.5 mm,拱顶下沉累计值为 3~18.3 mm。图 10.1.5 为隧洞施工地下水影响范围变化图,采取渗控措施后,地下水影响范围显著降低。

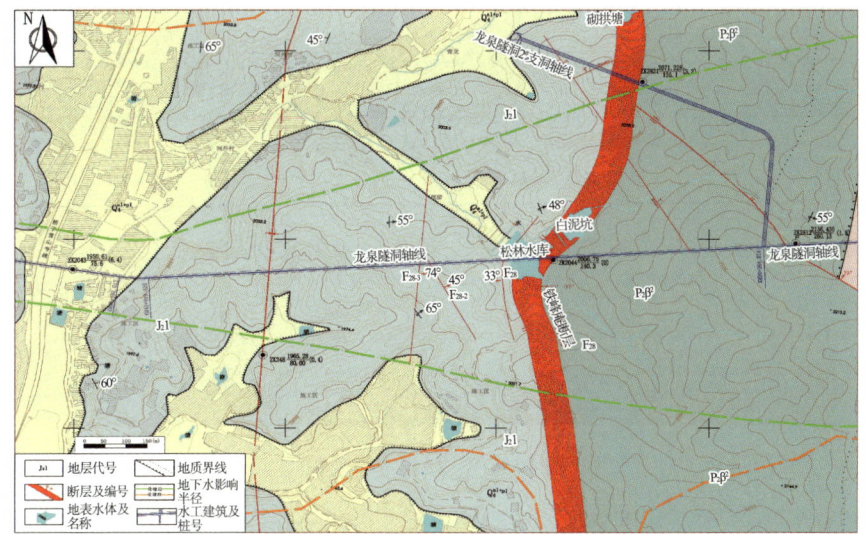

图 10.1.5　隧洞施工地下水影响范围变化图

总体上,龙泉隧洞过铁峰庵断裂和松林水库高风险洞段渗控措施合理、有效,目前隧洞已成功穿越,图 10.1.6 为目前龙泉隧洞内部情况,图 10.1.7 为松林水库现貌。

图 10.1.6　龙泉隧洞穿越铁峰庵断裂和松林水库高风险段隧洞现貌

图 10.1.7　松林水库现貌

10.2 凤屯隧洞涌突水段渗控

滇中引水工程楚雄段凤屯隧洞总长 9 866 m，设计流量为 $Q=115 \text{ m}^3/\text{s}$，埋深大，断层构造较发育，地层强富水，涌突水风险高，高外水渗控难度大。凤屯隧洞进口段 2020 年 11 月开始出现涌水，2022 年 4 月后洞内涌水量持续增加，由日均 15 000 m^3/d 增加至近 70 000 m^3/d，特别是 2022 年 7 月以后掌子面（FTT2+030 m）涌水量急剧增大。特大涌水产生较大的施工安全风险，历经 130 天仅掘进 122 m，特别是 2022 年 7 月至 9 月仅掘进 12 m。凤屯隧洞进口特大涌水严重制约了滇中引水工程楚雄段的建设进展。

10.2.1 工程地质条件

凤屯隧洞通过地段属低中山地貌，地势总体中部高、两端低，主要山脊、河流一般近南北向展布。沿线地形起伏较大，地面高程一般为 1 926～2 600 m，谷底高程一般为 1 930～2 000 m，山顶高程一般为 2 300～2 500 m，最高峰位于隧洞中部的歪头山，山顶高程 2 670 m（烧香台）。凤屯隧洞埋深多大于 300 m，埋深大于 300 m 的洞段，约占隧洞全长的 48.5%，埋深在 100～300 m 的洞段，约占隧洞全长的 44.9%，埋深小于 100 m 的洞段约占 7.0%，最大埋深约 632 m，位于隧洞中段烧香台山脊，最小埋深约 92 m，位于过沟段理河冲沟。

凤屯隧洞穿越的河流、箐沟规模一般不大，除牛鼻子河、起起米独扎、理河较大外，其他以规模较小的箐沟为主。地下水类型主要为基岩裂隙水，局部有断层脉状水、承压水。隧洞沿线地下水位埋深一般在 5～120 m，地下水位随季节变化，一般在 8～11 m，按照外水压力≥0.5 MPa 统计有 4.4 km 存在高外水压力，最大外水压力约 1.91 MPa，外水压力大于或接近 1.0 MPa 的洞段有 5 段。

凤屯隧洞进口段施工至妥甸组钙质泥岩与高峰寺组长石石英砂岩层交接面，砂岩地层持续长度约 1 000 m，专项超前地质预报结果显示整体富水性强。

凤屯隧洞进口段地质剖面如图 10.2.1 所示。

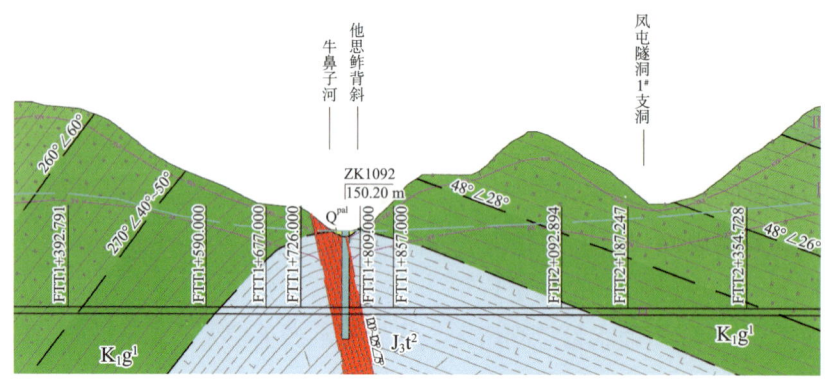

图 10.2.1　凤屯隧洞进口段地质剖面图

10.2.2　凤屯隧洞涌水过程

2020 年以来，凤屯隧洞进口段持续发生突泥涌水，受牛鼻子河主断层影响，次发断层及结构面密集，影响距离长，涌突水过程如下：

（1）2020 年 11 月 16 日，隧洞进口上台阶掌子面掘进至 FTT1+349.7 m 处，发生涌水突泥现象，突泥总量为 3 569 m³，最大涌水量约 12 900 m³/d，采用超前灌浆、增强支护等处理措施后掌子面于 2021 年 2 月 20 日恢复掘进，后续施工洞段中多次发生小规模涌水突泥。

（2）2022 年 4 月 30 日，掌子面施工至桩号 FTT1+943.6 m 处，在穿越牛鼻河断层时，掌子面水量由 4 000 m³/d 增长至 6 000 m³/d，洞内日抽排水总量达 12 000 m³/d，且呈现逐步增大趋势（图 10.2.2）。

图 10.2.2　2022 年 4 月 30 日凤屯隧洞进口掌子面涌水

(3) 2022 年 5 月 10 日,洞内出水达 15 000 m³/d,采用超前灌浆、洞周径向灌浆等措施堵水后继续掘进(图 10.2.3)。

(4) 2022 年 6 月 26 日,水量增加至 18 000 m³/d,继续采用超前灌浆及径向灌浆堵水处理后掘进(图 10.2.4)。开挖揭露侏罗系上统妥甸组上段(J_3t^2)灰黑色钙质泥岩夹泥灰岩。弱风化。节理裂隙发育,节理泥质充填,平直光滑。岩体破碎,呈碎裂状结构。综合判定围岩类别为极不稳定的Ⅴ类围岩。

图 10.2.3　2022 年 5 月 10 日凤屯隧洞进口掌子面涌水

图 10.2.4　2022 年 6 月 26 日凤屯隧洞进口掌子面涌水

(5) 2022 年 7 月 22 日至 7 月 28 日,掌子面开挖至桩号 FTT2+053 m,洞内总出水量增加至 21 000 m³/d,重新调整布设洞内抽排水系统及超前、径向灌浆后,施工至 8 月底,洞内出水量达 31 000 m³/d。

（6）2022年8月底至9月初，采用凝结快、胶结强度高的新型灌浆材料进行堵水灌浆，中台阶水量明显减少，水量集中于上台阶，上台阶因外水压力大、水量大，浆液渗漏严重，未达到预期效果。9月10日，掌子面施作超前泄水孔后恢复掘进，掌子面水量达42 000 m³/d，至9月17日掌子面再次施工两处超前泄水孔后，整体水量达54 034 m³/d。

（7）2022年10月31日，掌子面开挖至桩号FTT2+079 m，洞内总出水量增加至64 000 m³/d，掌子面打设5个超前探孔，水量持续增大。

（8）2022年11月13日，掌子面开挖至桩号FTT2+089 m，洞内总出水量增加至69 520 m³/d，增设300 mmPE管抽排水，打设4个排水孔，其中两孔满水且压力较大，掌子面打设5个超前探孔，水量未有减小趋势。

10.2.3 渗控体系设计

凤屯隧洞进口段持续发生大规模涌突水，前期灌浆堵水效果不理想，开挖支护进度严重受阻，尾水处理能力达到极限，持续全断面超前堵水代价大，关键线路工期不可控，环保风险大。统筹考虑凤屯隧洞进口后续洞段（桩号FTT2+065 m～FTT3+066 m）为砂岩地层，虽然涌水量大，但围岩稳定性问题不突出，发生突泥灾害风险可控，故将凤屯隧洞进口段突水治理总体思路调整为"堵排结合、以排为主、清污分流、平稳推进"，抽排水专项方案结合施工方案总体采用"清污分流＋管线抽排＋明渠自排"的设计理念。在隧洞施工过程中采取了以下措施。

10.2.3.1 开挖前渗控设计

加强超前地质预报，探明掌子面前方地质条件和富水情况，必要时针对局部存在突泥风险洞段进行超前灌浆堵水和掌子面泄水，为开挖支护施工创造条件。

10.2.3.2 开挖支护阶段渗控设计

（1）掌子面以超前排水为主，带水开挖掘进，确保掌子面的平稳推进。掌子面顺利通过后根据已开挖洞段出水情况，必要时采用径向灌浆堵水，为衬砌施工创造条件。

（2）清污分流：考虑到凤屯隧洞出口场地情况，扩容污水处理规模无法完全满足处理洞内全部排水量且代价较大，因此抽排水采用清污分流措施，尽量收集清水直排双殿河,降低废水处理池处理压力。

(3)清水抽排系统:在掌子面桩号FTT2+075 m设置清水泵站,泵站内施工两处孔深30 m超前清水泄水孔。在隧洞FTT0+000 m~FTT1+500 m左侧采用浆砌红砖墙体和衬砌边墙形成排水通道,通过6台300S-58A离心式清水泵连接3根DN315PE管抽排至洞内明渠。

(4)污水排水系统:掌子面附近桩号FTT2+030 m处设置污水泵站,污水泵站内安装4台水泵连接2根DN400PE管抽至洞外废水处理池处理后排放。

10.2.3.3 二次衬砌渗控设计

为保证衬砌施工质量,出水洞段初期支护采用径向堵水灌浆处理,采用水泥-水玻璃双浆液。堵水完成后的出水点铺设防水板,采用排水盲管进行集中引排。衬砌采用平压型,Ⅴ类围岩洞段加设加固型固结灌浆,混凝土浇筑完成达到设计强度后再进行衬后灌浆。硬质岩洞段顶拱110°范围按"3孔—4孔—3孔"交错布置ϕ50排水孔,入岩0.5 m,排距3 m;泥质岩或过断层洞段ϕ50排水孔仅穿透衬砌,敷设PVC毛细排水带,排距3 m。

10.2.4 渗控效果分析

凤屯隧洞进口段持续发生大规模涌突水,特别是2022年7月后掌子面涌水量急剧增大,特大涌水产生较大的施工安全风险,持续堵水效果不理想,废水外溢存在较大的环保风险,施工进度严重受阻。鉴于后续洞段围岩稳定性问题不突出,发生突泥灾害风险可控,故将涌突水治理思路调整为"堵排结合、以排为主、清污分流、平稳推进",抽排水总体采用"清污分流+管线抽排+明渠自排"方案。随着凤屯隧洞进口段清污分流和渗控措施实施到位,掌子面开挖稳步推进,施工风险总体可控。依据当前施工进度,结合后续施工洞段设计围岩类别及标段日施工强度推断,项目整体工期可控。

凤屯隧洞进口段施工面貌如图10.2.5所示。

图 10.2.5　凤屯隧洞进口段施工面貌

10.3　松林隧洞涌突水段渗控

松林隧洞总长 6 735 m，设计流量为 80 m³/s，最大埋深 606 m，穿越地层岩性主要为震旦系灯影组（Zbdn）薄～中厚层状白云岩，富水性强，地下水头高，高外水渗控问题突出，施工过程中多次发生涌水，尤其是 2021 年 10—11 月桩号 SLT1+826 m～SLT1+848 m 洞段发生大规模涌水突泥，最大涌水量达 40 000 m³/d。基于该段涌水突泥分析，对后续未开挖高风险洞段（桩号 SLT1+848 m～SLT1+880 m）开展针对性渗控设计，避免涌突水问题再次发生。松林隧洞平面布置如图 10.3.1 所示。

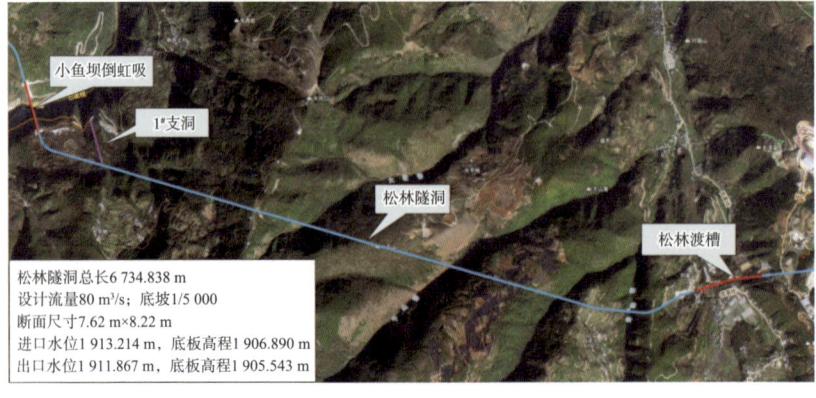

图 10.3.1　松林隧洞平面布置图

10.3.1 工程地质条件

松林隧洞桩号 SLT1+826 m～SLT1+848 m 埋深 430～440 m,开挖揭露地层岩性均为震旦系灯影组(Zbdn)浅灰色、灰白色薄层状白云岩夹深灰色泥质白云岩条带,弱风化～微风化,呈碎裂状结构,岩体完整性差～较破碎,岩体发育程度弱～中等,局部白云岩存在轻微～中等砂化现象,主要分布于断层及破碎带部位。隧洞发育多条导水断层,宽度一般为 0.5～2.0 m,受断层构造影响白云岩砂化现象明显,部分砂化白云岩细小颗粒物被地下水携带走,形成宽度约 1.0～2.0 m 的溶蚀宽缝。该段位于地下水位以下,含水体厚度约 150 m,推测外水压力超过 1.0 MPa,地下水赋存于基岩裂隙及断层储水带内,隧洞涌水量 20 000～30 000 m³/d。

该段发育两组断层构造,组成物质主要为碎裂岩、碎块岩,两盘影响带内白云岩砂化明显、岩体破碎,透水性强～极强。其中一组断层与洞轴向大角度相交,陡倾洞内;另外一组断层与洞轴向小角度斜交,陡倾左边墙,两组断层构造相互切割、交叉,空间上形成规模较大的网状储水体,且部分断层与地表水体熊洞箐冲沟、大坡箐冲沟相连,冲沟内丰富的地表水沿断层导水构造不断下渗补给,沿着断层及影响带集中向洞内排泄,造成隧洞大量涌水并伴有突泥、流砂。此外断层将小鱼坝地下水单元与大谷律箐—井远寺地下水单元相互连通,存在大谷律箐—井远寺地下水单元内地下水向该段产生补给、径流及排泄情况。

松林隧洞断层分布如图 10.3.2 所示。

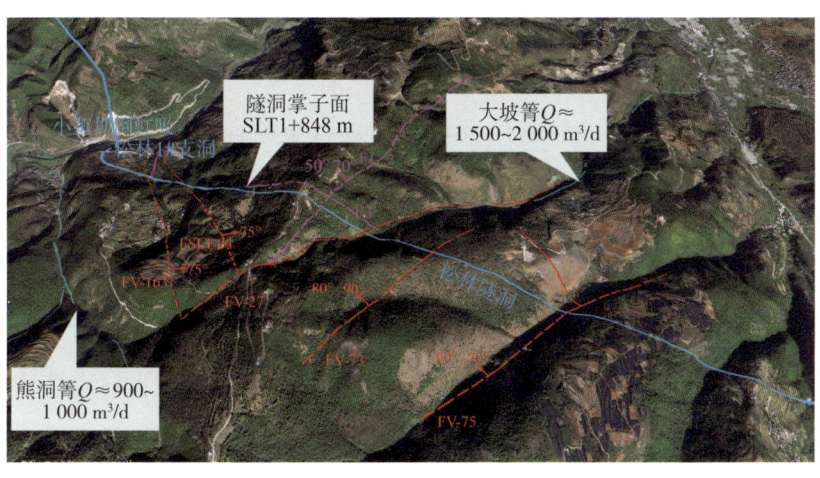

图 10.3.2　松林隧洞断层分布示意图

未开挖洞段(桩号 SLT1+848 m～SLT1+880 m)地层岩性仍为震旦系灯影组(Zbdn)薄～中厚层状白云岩夹两条薄层状泥质白云岩条带,其中两条泥质白云岩条带位于掌子面顶拱以下约 1.5 m 处和 2.5 m 处。该段围岩以弱风化硬质岩为主,岩体结构为碎屑～碎裂状结构,节理裂隙发育,岩体破碎～较破碎。受泥质白云岩夹层相对隔水作用影响,条带以上岩体白云岩砂化明显,为中等～强烈砂化,呈颗粒状、碎屑状;条带以下岩体以碎块状为主,局部碎裂状,围岩类别为Ⅴ类。该段位于地下水位以下,含水体厚度为 150 m,岩体富水性中等～强,推测外水压力超过 1 MPa,围岩变形破坏风险等级为 A 级,涌突水灾害风险等级为 A 级。综上,桩号 SLT1+848 m～SLT1+880 m 涌水突泥(流砂)、断层洞段围岩稳定问题突出,高外水渗控难度大。

10.3.2 渗控体系设计

总体上采取"先探后掘、堵排结合、加强支护、衬砌紧跟、强化监测"的原则进行渗控设计。

10.3.2.1 开挖前渗控设计

(1) 超前地质预报:a. 用超前钻孔结合钻孔电视进行探测,钻孔布置原则为每循环顶拱、左右边墙各布置 1 个钻孔,孔深 30 m,前后两个循环钻孔重叠 3～5 m;b. 掌子面位置实施超前小导洞,洞径一般为 2～3 m,长度约 60 m。利用超前小导洞揭露地质情况进行预测,同时兼顾对隧洞进行超前排水。

(2) 超前支护:主断裂带在顶拱 180°范围采用超前大管棚及超前小导管支护;起始掌子面顶拱 180°施作一排大管棚,初期作为深排水孔,管棚内设钢筋笼,之后每隔 9 m 加强一排;两侧边墙增加超前小导管,循环间搭接 2 m。

(3) 超前预加固:该段洞周及掌子面进行全断面超前灌浆;"风险段前 10 m+风险段+风险段后 10 m"范围内采用注浆小导管径向固结灌浆处理。

10.3.2.2 开挖支护阶段渗控设计

(1) 开挖:遵循"短进尺、短台阶、早封闭"总体原则,每循环进尺 0.5 m,分 3 台阶进行开挖。为使一次支护及时封闭成环,采取短台阶,上中下三台总长度按不超过 15 m 控制。为防止隧洞开挖完成后收敛变形侵占衬砌结构断面带来二次扩挖问题,开挖预留 25 cm 变形量。

(2) 一次支护:采取挂网喷混凝土、系统锚杆、钢支撑、钢支撑锁脚、底板封闭成环、顶拱设系统排水孔等措施。

10.3.2.3 二衬阶段灌浆渗控设计

(1)衬砌及衬后灌浆

①衬砌结构外水荷载按50 m设计,对于外水荷载超过50 m的采用防渗型固结灌浆降低外水荷载;外水压力$P<0.5$ MPa洞段不设排水孔;外水压力$P>0.5$ MPa洞段设排水孔释压,仅穿透衬砌结构,纵向排距3 m,横向在设计水面线以上顶拱按"2孔—1孔—2孔"交错布置。二次衬砌前若洞周出水严重,须对出水点进行集中引排或增加防水板将水阻隔,保证衬砌混凝土质量。

②固结灌浆:外水压力$P<0.5$ MPa洞段,仅对Ⅴ类围岩边顶拱进行加固型固结灌浆;0.5 MPa$\leqslant$外水压力$P<1$ MPa洞段,全断面进行防渗型固结灌浆;外水压力$P\geqslant1$ MPa洞段,全断面进行固结灌浆。

(2)安全监测:主要包括人工巡视检查、洞内收敛监测、隧洞渗流量监测等。

10.3.2.4 渗控效果分析

松林隧洞未开挖洞段(桩号SLT1+848 m～SLT1+880 m)处理前涌水量为1 600～1 700 m³/h,处理完成后随着掌子面向前推进涌水量减少,逐步降至1 100 m³/h。现场衬砌施工完毕,根据隧洞安全监测,该段变形监测数据无异常。

松林隧洞SLT1+848 m～SLT1+880 m面貌如图10.3.3所示。

图10.3.3 松林隧洞SLT1+848 m～SLT1+880 m面貌

10.4　小结

基于渗流场动态演化的高外水压力下水工隧洞全阶段渗控体系构想，以滇中引水工程昆明段龙泉隧洞、松林隧洞和楚雄段凤屯隧洞为例，介绍了不同场景下全阶段渗控体系的应用实践，工程有效应对了下穿区域性大断裂和水库、涌水突泥高风险段的渗透变形破坏问题，避免了隧洞施工期质量安全事故的发生，有力推进了工程建设进度，保证了运行期工程的安全性和耐久性。

参考文献

[1] 王梦恕. 中国隧洞及地下工程修建技术[M]. 北京:人民交通出版社,2010.

[2] 宋岳,贾国臣,边建峰. 水利水电深埋长隧洞工程地质条件复杂性分级与分类[J]. 水利水电工程设计,2008,27(4):30-33+55.

[3] 张有天,张武功. 隧洞水荷载的静力计算[J]. 水利学报,1980(3):52-62.

[4] 张有天. 隧洞及压力管道设计中的外水压力修正系数[J]. 水力发电,1996(12):30-34+71.

[5] 黄威,孙云,张建平,等. 深埋隧洞高外水压力研究进展[J]. 三峡大学学报(自然科学版),2023,45(5):1-11.

[6] 陈念,张强,汪小刚,等. 深埋隧洞地下水分层水力联系地表深孔监测技术与工程应用[J]. 清华大学学报(自然科学版),2024,64(7):1226-1237.

[7] 任旭华,王美芹,王树洪,等. 锦屏二级水电站深埋隧洞外水压力研究[J]. 水文地质工程地质,2004(3):85-88+95.

[8] 任旭华,王树洪,王美芹,等. 深埋隧洞围岩稳定性分析及结构设计研究[J]. 湖南科技大学学报(自然科学版),2004(3):39-42.

[9] 江权,冯夏庭,周辉. 锦屏二级水电站深埋引水隧洞群允许最小间距研究[J]. 岩土力学,2008,29(3):656-662.

[10] 任旭华,陈祥荣,单治钢. 富水区深埋长隧洞工程中的主要水问题及对策[J]. 岩石力学与工程学报,2004,23(11):1924-1929.

[11] 刘冲平,周云,覃振华,等. 滇中引水工程隧洞穿越古泥石流堆积体涌水分

析[J]. 三峡大学学报(自然科学版),2019,41(S1):139-144.

[12] 王旺盛,陈长生,王家祥,等. 滇中引水工程香炉山深埋长隧洞主要工程地质问题[J]. 长江科学院院报,2020,37(9):154-159.

[13] 中水东北勘测设计研究有限责任公司. 水工隧洞设计规范:SL 279—2016[S]. 北京:中国水利水电出版社,2016.

[14] 邹成杰. 水利水电岩体工程地质[M]. 北京:水利电力出版社,1994.

[15] 董国贤. 水下公路隧洞[M]. 北京:人民交通出版社,1984.

[16] 刘立鹏,汪小刚,贾志欣,等. 水岩分算隧洞衬砌外水压力折减系数取值方法[J]. 岩土工程学报,2013,35(3):495-500.

[17] 顾伟,董琪,王媛,等. 运营期铁路隧洞衬砌外水压力折减方法[J]. 科学技术与工程,2018,18(12):280-285.

[18] 郑波. 隧洞衬砌水压力荷载的实用化计算研究[D]. 北京:中国铁道科学研究院,2010.

[19] 王建宇. 隧洞围岩渗流和衬砌水压力荷载[J]. 铁道建筑技术,2008(2):1-6.

[20] 王建秀,杨立中,何静. 深埋隧洞衬砌水荷载计算的基本理论[J]. 岩石力学与工程学报,2002,21(9):1339-1343.

[21] 周亚峰,苏凯,伍鹤皋. 水工隧洞钢筋混凝土衬砌外水压力取值方法研究[J]. 岩土力学,2014,35(S2):198-203+210.

[22] 孙博,谷玲,谢金元,等. 高外水压力下水工隧洞设计理念的初步探讨[J]. 地下空间与工程学报,2017,13(S2):752-756.

[23] BOBET A. Analytical solutions for shallow tunnels in saturated ground [J]. Journal of Engineering Mechanics,2001,127(12),1258-1266.

[24] BOBET A. Effect of pore water pressure on tunnel support during static and seismic loading[J]. Tunnelling and Underground Space Technology Incorporating Trenchless Technology Research,2003,18(4),377-393.

[25] NAM S W,BOBET A. Liner stresses in deep tunnels below the water table[J]. Tunnelling and Underground Space Technology Incorporating Trenchless Technology Research,2005,21(6),626-635.

[26] 李林毅,阳军生,高超,等. 考虑注浆圈作用的体外排水隧洞渗流场解析

研究[J].岩土工程学报,2020,42(1):133-141.

[27] 张治国,汪嘉程,赵其华,等. 富水山岭地区邻近补水断层隧洞结构上的水头分布解析求解[J]. 岩石力学与工程学报,2020,39(S2):3378-3394.

[28] 关宝树.青函隧洞土压研究报告—第八章隧洞衬砌上的压力[J].隧洞译丛,1980(10):38-50.

[29] 郑波,王建宇,吴剑.轴对称解对隧洞衬砌水压力计算的适用性研究[J].现代隧洞技术,2012,49(1):60-65.

[30] 戚海棠,任旭华,张继勋.基于井流理论的隧洞外水压力解析计算方法研究[J]. 水力发电,2023,49(4):29-35+74.

[31] 胡耀青,赵阳升,杨栋.三维固流耦合相似模拟理论与方法[J].辽宁工程技术大学学报,2007(2):204-206.

[32] 李利平. 高风险岩体隧洞突水灾变演化机理及其应用研究[D].济南:山东大学,2009.

[33] 李术才,周毅,李利平,等. 地下工程流-固耦合模型试验新型相似材料的研制及应用[J].岩石力学与工程学报,2012,31(6):1128-1137.

[34] 李术才,宋曙光,李利平,等. 海底隧洞流固耦合模型试验系统的研制及应用[J].岩石力学与工程学报,2013,32(5):883-890.

[35] 李术才,王凯,李利平,等. 海底隧洞新型可拓展突水模型试验系统的研制及应用[J].岩石力学与工程学报,2014,33(12):2409-2418.

[36] 王凯,李术才,张庆松,等. 流固耦合模型试验用的新型相似材料研制及应用[J].岩土力学,2016,37(9):2521-2533.

[37] 于丽,方霖,董宇苍,等. 基于围岩渗透影响范围的隧洞外水压力计算方法模型试验研究[J].岩石力学与工程学报,2018,37(10):2288-2298.

[38] 傅睿智,郭凯,黄鹤程,等.复合衬砌外水压力模型试验研究[J].人民长江,2019,50(6):192-197.

[39] 高新强,仇文革,孔超. 高水压隧洞修建过程中渗流场变化规律试验研究[J].中国铁道科学,2013,34(1):50-58.

[40] 相懋龙,阳军生,包德勇,等. 隧洞体外排水深埋中心水沟设计参数模型试验研究[J].岩石力学与工程学报,2023,42(6):1508-1519.

[41] 李林毅,阳军生,高超,等. 排水管堵塞引起的高铁隧洞结构变形与渗流场特征模拟试验研究[J]. 岩土工程学报, 2021, 43(4):715-724.

[42] 丁浩,蒋树屏,陈林杰. 公路隧洞外水压力的相似模型试验研究[J]. 公路交通科技, 2008(10):99-104.

[43] FANG Y, GUO J, GRASMICK J, et al. The effect of external water pressure on the liner behavior of large cross-section tunnels[J]. Tunnelling and Underground Space Technology Incorporating Trenchless Technology Research, 2016, 60:80-95.

[44] 方勇,徐晨,陈先国,等. 外水压下大断面公路隧洞衬砌结构受力特性模型试验[J]. 土木工程学报, 2016, 49(8):111-119.

[45] 凌永玉,刘立鹏,汪小刚,等. 大尺寸水工隧洞衬砌物理模型试验系统研制与应用[J]. 水利学报, 2020, 51(12):1495-1501.

[46] 李璐,陈秀铜. 深埋长隧洞三维地质力学模型试验研究[J]. 工程地质学报, 2017, 25(2):384-392.

[47] 张继勋,任旭华,姜弘道,等. 高外水压力下隧洞工程的渗控措施研究[J]. 水文地质工程地质, 2006(6):62-65.

[48] 伍国军,陈卫忠,谭贤君,等. 饱和岩体渗透性动态演化对引水隧洞稳定性的影响研究[J]. 岩石力学与工程学报, 2020, 39(11):2172-2182.

[49] LIU J Z, HUANG Y, ZHOU D, et al. Analysis of external water pressure for a tunnel in fractured rocks[J]. Geofluids, 2017, 2017:1-11.

[50] HUANG Y, FU Z, CHEN J, et al. The external water pressure on a deep buried tunnel in fractured rock[J]. Tunnelling and Underground Space Technology Incorporating Trenchless Technology Research, 2015, 48:58-66.

[51] 王志杰,何晟亚,王国栋,等. 轴对称解析解对马蹄形隧洞衬砌水压力及渗透量适用性研究[J]. 武汉大学学报(工学版), 2016, 49(1):54-59+93.

[52] SHIN J H, POTTS D M, ZDRAVKOVIC L. The effect of pore-water pressure on NATM tunnel linings in decomposed granite soil[J].

Canadian Geotechnical Journal，2005，42(6)，1585-1599.

[53] ARJNOI P，JEONG J，KIM C，et al. Effect of drainage conditions on porewater pressure distributions and lining stresses in drained tunnels [J]. Tunnelling and Underground Space Technology Incorporating Trenchless Technology Research，2009，24(4)，376-389.

[54] 王思敬. 地下工程岩体稳定分析[M]. 北京:科学出版社，1984.

[55] 姚右文,任旭华,张继勋. 富水区衬砌-围岩接触关系对外水压力影响研究[J]. 三峡大学学报(自然科学版)，2015，37(6):52-55.

[56] 倪小东,王媛,陆宇光. 隧洞开挖过程中渗透破坏细观机制研究[J]. 岩石力学与工程学报，2010，29(S2):4194-4201.

[57] 丁浩,蒋树屏,杨林德. 外水压下隧洞衬砌的力学响应及结构对策研究[J]. 岩土力学，2008(10):2799-2804.

[58] 徐磊,姜磊,金永苗,等. 灌浆圈劣化条件下高外水隧洞长期服役性态演化[J]. 地下空间与工程学报,2022,18(6):1842-1852.

[59] HE B G，ZHANG Y，ZHANG Z Q，et al. Model test on the behavior of tunnel linings under earth pressure conditions and external water pressure[J]. Transportation Geotechnics，2021，26:100457.

[60] FAN H，ZHU Z，SONG Y，et al. Water pressure evolution and structural failure characteristics of tunnel lining under hydrodynamic pressure[J]. Engineering Failure Analysis，2021,130:105747.

[61] LI P F，FENG C H，LIU H C，et al. Development and assessment of a water pressure reduction system for lining invert of underwater tunnels [J]. Marine Georesources & Geotechnology，2021，39(3)：365-371.

[62] YAN Q X，CHENG X，ZHENG J. Fluid-solid coupling analysis of external water pressure distribution patterns on drainage segment lining [J]. Advanced Materials Research，2011，1279(255-260):3656-3660.

[63] 谢小帅,陈华松,肖欣宏,等. 深埋引水隧洞不同排水方案渗流场及衬砌外水压力研究[J]. 湖南大学学报(自然科学版)，2018，45(S1):64-68.

[64] 肖欣宏,王静,谢小帅,等. 复杂岩体地区引水隧洞衬砌外水压力研究[J]. 水利水运工程学报,2018(5):82-88.

[65] 刘立鹏,汪小刚,段庆伟,等.高压富水地层水工隧洞衬砌外水压力确定与应对措施[J].岩土工程学报,2022,44(8):1549-1557.

[66] 周冬林.滇中引水工程昆明段隧洞开挖对邻近水库影响研究[D].成都:成都理工大学,2015.

[67] 吕俏芬.引汉济渭隧洞(骊山段)施工对地下水环境影响研究[D].西安:长安大学,2022.

[68] 王秀英,王梦恕,张弥.计算隧洞排水量及衬砌外水压力的一种简化方法[J].北方交通大学学报,2004(1):8-10.

[69] 丁浩,蒋树屏,李勇.控制排放的隧洞防排水技术研究[J].岩土工程学报,2007(9):1398-1403.

[70] 李林毅,阳军生,王树英,等.体外排水方式在隧洞工程中的研究及应用[J].铁道学报,2020,42(10):118-126.

[71] 尚明源,张志强,代超龙.两种防排水模式对富水隧洞衬砌水压力影响分析[J].四川建筑,2018,38(1):127-130.

[72] 冯升,夏齐勇.利万高速公路齐岳山隧洞防排水系统优化[J].公路交通科技(应用技术版),2020,16(6):276-279.

[73] 王秀英,谭忠盛,王梦恕,等.高水位隧洞堵水限排围岩与支护相互作用分析[J].岩土力学,2008(6):1623-1628.

[74] 张成平,张顶立,王梦恕,等.高水压富水区隧洞限排衬砌灌浆圈合理参数研究[J].岩石力学与工程学报,2007(11):2270-2276.

[75] 苏会锋,秦忠诚,席健.山岭隧洞"控制排水"原则下的围岩注浆[J].公路,2006(10):219-222.

[76] WANG X Y, TAN Z S, WANG M S, et al. Theoretical and experimental study of external water pressure on tunnel lining in controlled drainage under high water level[J]. Tunnelling and Underground Space Technology Incorporating Trenchless Technology Research,2008,23(5):552-560.

[77] XU Z, WANG X, LI S, et al. Parameter optimization for the thickness and hydraulic conductivity of tunnel lining and grouting rings[J]. KSCE Journal of Civil Engineering, 2019,23(6):2772-2783.

[78] 王建宇. 再谈隧洞衬砌水压力[J]. 现代隧洞技术,2003(3):5-10.

[79] 吴金刚,谭忠盛,皇甫明. 高水压隧洞渗流场分布的复变函数解析解[J]. 铁道工程学报,2010,27(9):31-34+68.

[80] 皇甫明,谭忠盛,王梦恕,等. 暗挖海底隧洞渗流量的解析解及其应用[J]. 中国工程科学,2009,11(7):66-70.

[81] HARR. Groundwater and seepage[M]. New York:MacGraw-Hill Book Co,1962.

[82] BOUVARD S A. Design criteria applied for the lower pressure tunnel of the North Fork Stanislaus River hydroelectric project in California[J]. Rock Mechanics and Rock Engineering, 1988, 21(3):161-181.

[83] 应宏伟,朱成伟,龚晓南. 考虑注浆圈作用水下隧洞渗流场解析解[J]. 浙江大学学报(工学版),2016,50(6):1018-1023.

[84] 王美芹. 深埋隧洞外水压力分析与研究[D]. 南京:河海大学,2004.

[85] 陈崇希. 岩体管道-裂隙-孔隙三重空隙介质地下水流模型及模拟方法研究[J]. 地球科学,1995(4):361-366.

[86] 成建梅,罗一鸣. 岩体多重介质地下水模拟技术及应用进展[J]. 地质科技通报,2022,41(5):220-229.

[87] 常勇. 裂隙-管道二元结构的岩体泉水文过程分析与模拟[D]. 南京:南京大学,2015.

[88] 唐一格. 滇中引水昆呈隧洞穿越黑白龙潭岩体管道多尺度模型数值模拟[D]. 成都:成都理工大学,2018.

[89] 潘国营,武强,董东林,等. 焦作矿区岩体裂隙网络渗流特征及研究方法[J]. 煤炭学报,1998(6):8-12.

[90] ATKINSON T C. Present and future directions in karst hydrogeology[J] Annales de la Societe Gologique de Belgique,1985,108:293-296.

[91] 陈崇希. 地下水动力学[M]. 北京:地质出版社,2011.

[92] 赵良杰. 岩体裂隙-管道双重含水介质水流交换机理研究[D]. 北京:中国地质大学,2019.

[93] 李金兰. 泥岩渗流-应力-损伤耦合及渗透性自愈合研究[D]. 武汉:武汉大学,2014.

[94] 李培超,孔祥言,卢德唐.饱和多孔介质流固耦合渗流的数学模型[J].水动力学研究与进展(A辑),2003(4):419-426.

[95] 王新越,王如宾,王丹,等.滇中引水松林隧洞高外水压力作用数值模拟分析[J].隧洞与地下工程灾害防治,2023,5(4):72-80.

[96] 王如宾,王新越,张文全,等.含交叉断层深埋隧洞围岩衬砌外水压力物理模型试验[J].清华大学学报(自然科学版),2024,64(7):1179-1192.

[97] 闫尚龙,孙云,刘博伟,等.深埋长隧洞工程全阶段渗控体系研究[J].三峡大学学报(自然科学版),2023,45(5):19-24.